Karl Urbahn.

Ermittlung der billigsten Betriebskraft für Fabriken

unter besonderer Berücksichtigung der Abwärmeverwertung.

Zweite, vollständig erneuerte und erweiterte Auflage

von

Dr.-Ing. Ernst Reutlinger,
Direktor der Ingenieurgesellschaft für Wärmewirtschaft m. b. H. in Cöln.

Mit 66 Figuren und 45 Zahlentafeln.

Berlin
Verlag von Julius Springer
1913

ISBN-13:978-3-642-89429-9 e-ISBN-13:978-3-642-91285-6
DOI: 10.1007/978-3-642-91285-6

Alle Rechte, insbesondere das der
Übersetzung in fremde Sprachen, vorbehalten.

Copyright 1913 by Julius Springer in Berlin.
Softcover reprint of the hardcover 2nd edition 1913

Universitäts-Buchdruckerei von Gustav Schade (Otto Francke)
Berlin und Bernau.

Vorwort zur ersten Auflage.

Bei Ermittelung der geeigneten Wärmekraftmaschine für einen Fabrikbetrieb ist außer den Gestehungskosten der Kraft noch eine Reihe von Nebenumständen zu berücksichtigen, deren Nichtbeachtung leicht zu unnötig hohen Anlagekosten und ungünstigen wirtschaftlichen Ergebnissen führen kann.

Von besonderer Wichtigkeit für die Entscheidung zwischen Dampfkraft-, Dieselmotor- und Sauggasmotor-Anlagen sind die noch viel zuwenig beachteten Heizungskosten. Die zusammenfassende Behandlung der Kraft- und Heizungsfrage lohnt aber umsomehr ein näheres Eingehen, als daraus hervorgeht, daß in den meisten Fabrikbetrieben die billigsten und einfachsten der modernen Kraftmaschinen am wirtschaftlichsten arbeiten.

Zur Erhöhung der Übersichtlichkeit wurde der behandelte Stoff in zwei Teilen gruppiert.

Teil 1 behandelt als abgeschlossenes Ganzes in knapper Form die Anlage- und Betriebskosten von Kraft- und Heizungsanlagen. Für die Zusammenstellungen der Anlagekosten, Brennstoffverbrauchszahlen, Betriebskosten usw. wurde, soweit tunlich, die graphische Darstellung gewählt, welche sinnfälliger als Zahlenreihen Unterschiede zum Ausdruck bringt und dem Gedächtnis einprägt.

Teil 2 enthält die spezielleren Erörterungen über Abdampfverwertung und heizungstechnische Einzelheiten, die nicht direkt zu den Betriebskostenberechnungen gehören und deren Unterbringung im 1. Teile die Übersichtlichkeit der Kostenaufstellung gestört hätte.

Möge das kleine Werk vielen ein nützlicher Berater sein und das gleiche Interesse finden, dessen sich gelegentliche frühere Veröffentlichungen über die Kraft- und Heizungsfrage erfreuen durften.

Leipzig, im Mai 1907.

Karl Urbahn.

Vorwort zur zweiten Auflage.

Die Erstauflage dieses Werkchens, die in zusammenfassender Weise die gleichzeitige Berücksichtigung der Heizungsfrage bei der Wahl der Betriebskraft wohl zuerst in Buchform behandelte, war bereits vor mehr als 3 Jahren vergriffen. Ihrem Verfasser, Ingenieur Urbahn, war es nicht mehr vergönnt, die Bearbeitung einer neuen Auflage aufzunehmen; ein Unglücksfall setzte seinem Schaffen ein vorzeitiges Ende. Der Unterzeichnete, der bereits Herrn Urbahn seine Mitwirkung für die Neubearbeitung des Buches zugesagt hatte, übernahm dann die durch berufliche Inanspruchnahme stark verzögerte Herausgabe der vorliegenden Zweitauflage.

Die rege Entwicklung auf dem Gebiet der Kraft- und Wärmeversorgung von Fabrikbetrieben, die in dem verflossenen Jahrfünft stattgefunden hat, erforderte eine bedeutend weitergehende Einzelbehandlung aller Fragen und eine vollständig neue Einteilung und Behandlung des Stoffes. Hatte sich die Erstauflage doch auf die Untersuchung für Maschinengrößen bis nur 100 PS beschränkt und die Darstellung bei ganz knapp gehaltener Fassung der allgemeinen Gesichtspunkte vorzugsweise in Form von Zahlentafeln und von zeichnerisch dargestellten Beispielen gewählt. Der Unterzeichnete hat bei der Neubearbeitung hauptsächlich die allgemein gültigen Gesichtspunkte im Zusammenhang behandelt und Beispiele nur als Erläuterungen der allgemeinen Ausführungen eingefügt. So entstand ein mit Ausnahme des IV. Abschnittes fast völlig neues Werkchen; bei dem umfangreichen Stoffgebiet ließ sich, trotz knappster Ausdrucksweise und trotzdem die Kapitel der Erstauflage, die nicht unmittelbar auf das behandelte Thema Bezug hatten, vollständig gestrichen wurden, nicht vermeiden, daß der Umfang des Büchleins sich verdoppelt hat. Aus den zwei Abschnitten der Erstauflage entstanden sechs Hauptteile:

Vorwort zur zweiten Auflage.

Der erste Abschnitt entwickelt die allgemeinen Gesichtspunkte, welche für die Untersuchung über die wirtschaftlich richtige Wahl der Betriebskraft für den einzelnen Fabrikbetrieb maßgebend sein müssen, wenn gleichzeitig auch die der Eigenart des Betriebes angepaßte Wärmeversorgung mit den geringstmöglichen Gesamtbetriebskosten für Kraft und Heizvorgänge erreicht werden soll.

Der zweite Abschnitt enthält die für eine vergleichende Gegenüberstellung der einzelnen Maschinensysteme erforderlichen Grundlagen über die betriebstechnischen und wirtschaftlichen Eigenschaften der verfügbaren Wärmekraftmaschinen, sowie die Rechnungsunterlagen zur Ermittlung ihrer Betriebskosten.

Der dritte Abschnitt behandelt die Anwendungsformen und Wirtschaftlichkeit der Verwertung von Maschinenabwärme für Heizzwecke nebst den erforderlichen Rechnungsgrundlagen, insbesondere die verschiedenen Formen und Gebiete der Abdampfverwertung.

Der vierte Abschnitt, der im wesentlichen der Erstauflage unverändert entnommen ist, befaßt sich kurz mit der Raumheizung für Fabriken und ihrer Lösung durch Abwärmeverwertung.

Der fünfte Abschnitt bringt die wesentlichen Gesichtspunkte über die Kraftversorgung durch Bezug elektrischen Stromes und ihre Wirtschaftlichkeit.

Im sechsten Abschnitt werden die Wettbewerbsgebiete der einzelnen Krafterzeuger kritisch untersucht und tunlichst gegeneinander abgegrenzt, sowie deren Betriebskosten zusammenfassend verglichen.

Das Büchlein soll in seiner jetzigen Form, die der vorgeschrittenen Entwicklung angepaßt werden mußte, seine ursprüngliche Aufgabe erfüllen: dem Leiter eines Fabrikbetriebes nicht nur möglichst brauchbare Unterlagen als Rüstzeug für die eigene Lösung einer zweckmäßigen Kraft- und Wärmeversorgung zu verschaffen, sondern auch ihn vor allem auf all die mannigfaltigen Gesichtspunkte hinzuweisen, die bei der Wahl des Systemes und der Gesamtanordnung der Kraft- und Heizanlagen berücksichtigt werden müssen, wenn die geringstmöglichen Gesamtbetriebskosten erreicht werden sollen.

Köln, im August 1913.

Dr.-Ing. E. Reutlinger.

Inhaltsverzeichnis.

Seite

1. Abschnitt: Allgemeine wirtschaftliche Gesichtspunkte für die Kraft- und Wärmeversorgung von Fabrikbetrieben. 1

2. Abschnitt: Grundlagen für den wirtschaftlichen Vergleich der Wärmekraftmaschinen:
   1. Kapitel: Verfügbare Krafterzeuger 34
   2. Kapitel: Betriebstechnische und allgemeine wirtschaftliche Eigenschaften 38
      A. Die Dampfkraftanlagen 38
      B. Die Verbrennungskraftanlagen. 70
         1. Die Sauggasanlagen 74
         2. Die Dieselmotoren 82
      C. Verbrennungskraftmaschinen für kleine Leistungen . . 88
   3. Kapitel: Wasser- und Schmiermaterialverbrauch, Bedienungs- und Instandhaltungskosten:
      A. Wasserverbrauch 91
      B. Schmier- und Putzmaterialverbrauch. 93
      C. Bedienungs- und Instandhaltungskosten 95
   4. Kapitel: Die Brennstoffkosten 98
   5. Kapitel: Anlagekosten:
      A. Dampfanlagen 120
      B. Verbrennungskraftmaschinen 130
      C. Platzbedarf und Kosten der Maschinenhäuser 132
      D. Elektromotoren und elektrischen Zentralen 134

3. Abschnitt: Abwärmeverwertung für Raumheizung und sonstigen Wärmebedarf:
   1. Kapitel: Allgemeines 137
   2. Kapitel: Abdampfverwertung 141
      A. Anwendungsformen und Anwendungsgebiete 141
      B. Abdampfheizung für Fabrikräume 160
         Auspuffbetrieb oder Kondensationsbetrieb bei Raumheizung 166
      C. Abdampfverwertung für Warmwasserbereitung und Trockenzwecke 171
   3. Kapitel: Abwärmeverwertung der Verbrennungskraftmaschinen 175

4. Abschnitt: Allgemeines über Fabrikheizung:
   1. Kapitel: Zur Beheizung von Fabrikgebäuden erforderliche Wärmemengen 179
   2. Kapitel: Ventilation von Fabrikräumen während des Winters 188
   3. Kapitel: Niederdruckdampfheizungen und Heizungskosten . 190

5. Abschnitt: Kraftversorgung durch Strombezug 196
   A. Kraftverteilung durch elektr. u. Transmissionsantrieb 197
   B. Strombezug oder Selbsterzeugung elektrischer Energie 203

6. Abschnitt: Abgrenzung der Wettbewerbsgebiete der Krafterzeuger und zusammenfassender Betriebskostenvergleich 209

Erster Abschnitt.

Allgemeine wirtschaftliche Gesichtspunkte für die Kraft- und Wärmeversorgung von Fabrikbetrieben.

Jeder Fabrikbetrieb braucht für die Herstellung seiner Erzeugnisse, d. h. für die Veredelung von Form und Eigenschaften der Rohstoffe, Kraft und Wärme.

Die richtige Wahl der Kraft- und Wärmeversorgung bedarf bei der großen Anzahl verschiedener Betriebsmittel, die heute der Maschinenbau in gleich vollkommener Ausführung und Leistungsfähigkeit anzubieten vermag, meist eingehender Überlegung, zumal sie häufig maßgebend ist für die Wettbewerbsfähigkeit und das Gesamterträgnis eines Fabrikunternehmens. Die Wahl der Kraftmaschinen und der Heizungsanlagen (für Fabrikationsvorgänge und für Raumheizung) muß in Hinblick auf größtmögliche Wirtschaftlichkeit und Betriebssicherheit erfolgen; sie muß ferner für die beiden scheinbar voneinander unabhängigen Zwecke, Krafterzeugung und Wärmeversorgung, in allen Fällen gemeinsam erörtert werden, um die geringsten Gesamtkosten für beide Vorgänge zu sichern.

Die Betriebssicherheit einer Anlage, d. h. die dauernd gewährleistete volle Gebrauchs- und Leistungsfähigkeit und die Vermeidung aller Störungen des normalen Fabrikationsganges, muß bereits bei Entwurf, Bestellung und Ausführung der Anlage begründet werden durch sachgemäße Wahl der Gesamtanordnung (am besten in Anlehnung an gute Betriebe der gleichen Fabrikation oder durch Beiziehung unabhängiger fachmännischer Beratung). Wesentlich ist ferner die sorgfältige Ausführung aller Einzelteile, die man nur bewährten, wenn auch scheinbar etwas teureren Firmen übertragen soll, sowie die Bereitstellung vollkommen betriebsfähiger und leicht auswechselbarer Ersatzteile für Betriebsmittel, die besonders der Abnutzung und Gefährdung ausgesetzt sind. Nach der Inbetriebnahme wird jedoch die ungestörte Sicherheit des Fabrikationsganges außerdem nur durch dauernde Überwachung und Instandhaltung aller Einzelteile, sowie durch geschultes und auskömmlich entlohntes Bedienungspersonal gewährleistet. Bei der Wahl der maschinellen Einrichtungen muß die Rücksicht auf vollkommene Betriebssicherheit ausschlaggebend sein, gewöhnlich auch gegenüber der wirtschaftlichen Seite. Die Schädigung des Geschäftsganges durch eine einzige längere Betriebsstörung ist in den meisten Fällen eine so empfindliche, daß dauernde geringe Mehrkosten zur Erhöhung der Betriebssicherheit durchaus gerechtfertigt sind.

Bei den im nachstehenden entwickelten **Grundlagen zur Ermittlung der billigsten Betriebskraft** für den Einzelfall werden die Gesichtspunkte der Betriebssicherheit nur soweit behandelt, als den verschiedenen Maschinensystemen diesbezügliche Vorzüge oder Nachteile eigentümlich sind. Im übrigen wird, namentlich bei Behandlung der Anschaffungskosten, vorausgesetzt, daß die Anlagen allen besprochenen Anforderungen für ungestörten Dauerbetrieb genügen.

Unter dieser Voraussetzung kann die Zweckmäßigkeit einer zu erbauenden Maschinenanlage nach ihrer **Wirtschaftlichkeit** beurteilt werden, d. h. nach der Höhe der jährlichen Betriebskosten für Krafterzeugung und Heizvorgänge.

Zur Entscheidung über die Wahl einer Anlage ist demnach zunächst eine **vergleichende Zusammenstellung dieser Jahresbetriebskosten** erforderlich, welche durch die überhaupt für den vorliegenden Fall in Betracht zu ziehenden Maschinensysteme und Anordnungen bedingt werden. Selbstredend muß diese Gegenüberstellung auf der nämlichen Vergleichsgrundlage erfolgen, d. h. für den gleichen Verlauf des Kraft- und Wärmebedarfes während eines Betriebsjahres. Man hat sich also zunächst klar zu werden über die **Höhe**, die **Dauer** und die **zeitliche Folge der voraussichtlichen Belastung** der Kraft- und Heizanlagen; außer den Durchschnittswerten müssen auch die Grenzen, in denen sich die Belastungen bewegen, ebenfalls der Größe und Betriebsdauer nach, so genau wie möglich voraus ermittelt werden, da, wie später zu behandeln ist, der Einfluß derartiger Schwankungen auf die Betriebskosten der verschiedenen Maschinensysteme ziemlich ungleichartig ist.

Die Aufstellung dieser für alle Vergleichsrechnungen notwendigen Grundlage ist häufig nicht einfach; sie ist indes unerläßlich nicht nur zur Entscheidung über die Betriebskraft überhaupt, sondern auch zur Beurteilung des wirtschaftlichen Wertes einer mehr oder weniger vollkommenen Ausbildung des gewählten Maschinensystems. Später (S. 9) wird gezeigt werden, daß der finanzielle Wert einzelner Verbesserungen mit einiger Sicherheit nur auf Grund eines genauen Betriebsbildes über Kraft- und Heizverlauf voraus beurteilt werden kann. Die Ermittlung des Betriebsbildes über Kraft- und Wärmeverteilung erfolgt bei vorhandenen auszubauenden Betrieben durch zweckdienliche Erhebungen (Informationsversuche über Kraft- und Wärmeverbrauch der einzelnen Anlageteile) sowie an Hand der Betriebsstatistik (Brennstoffverbrauch, Wasserverbrauch der einzelnen Monate, Wechsel der Belastungen, Dauer der Heizungs- und Beleuchtungsperioden usw.). Bei neu zu erbauenden Betrieben müssen die Unterlagen aus den Angaben der Firmen, welche die Fabrikationseinrichtungen liefern, sowie auf Grund der Erfahrungen gleichartiger Betriebe ermittelt werden.

Allen Betrieben gemeinsam ist die mehr oder weniger große Steigerung des Wärmebedarfes für Raumheizung in der kalten Jahreszeit, die indes trotz großer Räume oft nur gering ist, wenn durch die Arbeitsmaschinen (Umwandlung von Kraft in Reibungswärme, z. B. Spinnerei) oder durch Dämpfe (Färberei) oder durch Wärmeabgabe geheizter Fabrikationseinrichtungen (Trockenzylinder usw.) eine erhebliche Lufterwärmung erfolgt. Der Hauptheizbedarf tritt gewöhnlich in den Morgenstunden (Anheizen) auf.

Ebenso ergeben sich in den meisten Betrieben periodische Steigerungen des Kraftbedarfes für elektrische Beleuchtung (bei Tagbetrieben 400—800 Brennstunden) in den Winter- und Übergangsmonaten. Bei Tag- und Nachtbetrieben sind die beiden Belastungsstufen (mit und ohne Licht) während des ganzen Jahres zu berücksichtigen. Ähnliche periodische Schwankungen der Maschinenbelastung, die ziemlich unabhängig vom Beschäftigungsgrad sind, treten in Fabriken mit Kältebedarf (z. B. Schokoladefabriken, Brauereien) infolge des Verlaufes der Außentemperaturen auf, so daß z. B. in Brauereibetrieben, in denen die Kälteerzeugung einen wesentlichen Anteil der Maschinenbelastung bildet, drei kennzeichnende Belastungsstufen für Sommer, Übergang und Winter sich ergeben; vorübergehende, aber regelmäßig wiederkehrende Belastungssteigerungen sind z. B. auch in Spinnereien beim Anlaufen der Spindeln bis zur Erwärmung des verharzten Öles (namentlich Montags, 30 bis 40 % Steigerung der normalen Belastung) zu berücksichtigen. Außer derartigen regelmäßig wiederkehrenden Schwankungen sind die Abweichungen vom Durchschnittswert der Krafterzeugung durch stoßweise Belastungen (Walzwerke, Pumpen, Aufzüge und dgl.) der Größe nach abzuschätzen. Es ist dies von Wichtigkeit für die Größenbestimmung der aufzustellenden Maschine, die einerseits alle Belastungsspitzen mit Sicherheit abgeben muß, andrerseits zur Vermeidung unnötig hoher Betriebskosten nicht ständig unterbelastet arbeiten soll (vgl. S. 19 u. 109). In ähnlicher Weise müssen Dauer, Durchschnittswerte und Schwankungen des Wärmeverbrauches möglichst genau voraus ermittelt werden, um die für die Wärmeversorgung bei verschiedenen Heizanordnungen erwachsenden Betriebskosten errechnen zu können.

Beispiele: Zur Vorausbestimmung der Jahresbetriebskosten für Kraft und Wärmeversorgung einer Weberei ist zu ermitteln: Kraftbedarf und Betriebszeiten der Webstühle und Schlichtmaschinen, Kraftbedarf der Beleuchtung, Brennstunden der elektrischen Beleuchtung bzw. Ladezeit der Akkumulatoren, Leerlaufskraftbedarf der Transmissionen, Wärme- bzw. Dampfbedarf der Schlichterei, Wärmebedarf der Raumheizung, Dauer der Heizperioden.

Für einen Brauereibetrieb ist zu erheben: 1. Durchschnittlicher gleichzeitiger Kraftbedarf: für Transmissionen, Aufzüge, Pumpen, Mälzerei, Sudhaus mit Hilfsmaschinen, Kälteversorgung und Eiserzeugung in den einzelnen Jahreszeiten, Wasserversorgung und Licht nebst Betriebszeiten. Daraus Belastungsbilder für Sonntage, sudfreie Tage und Sudtage mit und ohne Mälzerei. 2. Dampf- und Wärmebedarf: für Sudwerk (nebst zeitlichem Verlauf bei ein und mehr Suden), Warm- und Heißwasser (Brau-, Kesselspeise-, Reinigungswasser), Leitungsdämpfen, Trebertrocknen, Maischefilter, Raumheizung usw.; Verteilung der Sude über ein normales Betriebsjahr. Daraus Heizdampfbedarfsbilder, die durch Vergleich mit dem gleichzeitigen Kraftbedarfsverlauf die zweckmäßigste Abwärmeverwertung beurteilen lassen.

Nach der Festlegung der voraussichtlichen Betriebseinteilung kann man zur Aufstellung der jährlichen Betriebskosten für die anwendbar erscheinenden Kraftmaschinen- und Heizungsanordnungen schreiten. Die jeweilige Auswahl der zum Vergleich herangezogenen Systeme wird nach deren allgemeinen wirtschaftlichen und betriebstechnischen Eigentümlichkeiten erfolgen müssen, die später eingehender behandelt werden.

Die jährlichen Betriebskosten werden beeinflußt von der Höhe der einmaligen Anschaffungs- und Baukosten der Kraft- und Heizanlagen, sowie von den während der Dauer des Maschinen- und Heizbetriebes fortlaufenden Kosten für Brennstoff bzw. elektrischen Strom, Wasser, Schmieröl, Wartung und Instandhaltung, Revisionen, Versicherung usw.

Die Anschaffungs- oder Anlagekosten umfassen sämtliche Aufwendungen für die betriebsfähige Kraft- und Heizanlage, soweit sie der Erzeugung und Verteilung der Kraft und Wärme dient, nebst erforderlichen Gebäuden. Bei einer Dampfanlage z. B. fallen unter die Anlagekosten die Ausgaben für Kesselhaus, Speise- und Kühlwasserversorgung (Brunnen, Pumpen, Hochbehälter, Reiniger, Vorwärmer, Rückkühlung, Leitungen und Kanäle), Dampfkessel mit Fundament und Einmauerung, Kanäle mit Abdeckungen, Schornstein, Brennstofförderung und Lagerung, Rohrleitungen mit Isolierung, Maschinen- und Kondensationsanlage, Maschinenhaus, Ölversorgung usw. Streng genommen müssen auch die Anlagekosten für die Kraftverteilung in Ansatz gebracht werden (Transmissionen, Seile, Riemen, Dynamo, Schaltanlage, Kabel, Anlasser, Motoren, Akkumulatoren). Die Einziehung dieser Kosten in die vergleichende Aufstellung ist indes nur dann erforderlich, wenn die Kraftverteilung in verschiedener Weise erfolgt, z. B. elektrischer Antrieb bei Dampfturbine gegenüber Transmissionsantrieb bei Kolbendampfmaschine oder Verbrennungsmotor.

Im allgemeinen nehmen die auf die Leistungseinheit bezogenen Anlagekosten mit wachsender Größe der Maschine ab. Die Fig. 1 zeigt z. B. die Abnahme dieser spezifischen Anlagekosten mit steigender Maschinengröße für große durch Dampfturbinen und Dieselmotoren angetriebene elektrische Kraftwerke.

Die Höhe des für die gesamten Einrichtungen aufgewandten Kapitals sowie deren durch Ausführungsgüte und Betriebsdauer, ferner durch das Anwachsen des Fabrikbetriebes und den Fortschritt der Technik (Überholung durch bessere Konstruktionen) bedingte Lebensdauer oder besser **Brauchbarkeitsdauer** sind ausschlaggebend für einen Hauptteil der Jahresbetriebskosten, für die Größe der Summen für **Verzinsung** und **Abschreibung** (Tilgung) der festgelegten Mittel.

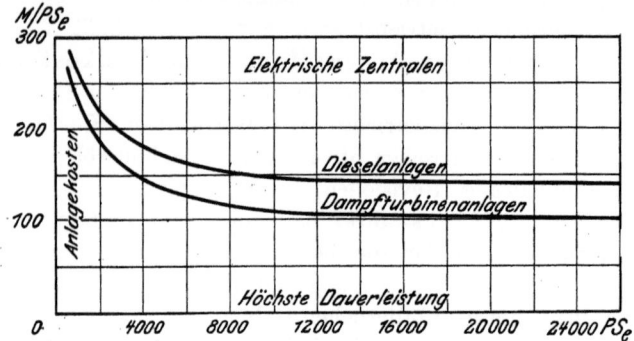

Fig. 1. Mittlere Anlagekosten betriebsfähiger elektrischer Großkraftwerke.

Das vom Unternehmer in den Fabrikbetrieb gesteckte Kapital muß von letzterem dem Geldstand angemessen verzinst werden, da die Summe bei anderweitiger richtiger Verwendung ebenfalls mindestens einen dem Zinsfuß[1]) entsprechenden Gewinn abwerfen würde. Die Höhe dieser alljährlich dem Betrieb zu belastenden Zinsensumme ist nur vom einmaligen Kapitalaufwand und dem Zinsfuß abhängig, unabhängig aber von der Betriebszeit und der Belastung, also der Ausnutzung der Anlage. Die Verzinsung gehört also zu den **festen** oder **konstanten** Betriebskosten.

Ferner muß **der Entwertung der Anlage**, die durch natürliche Abnutzung oder infolge eines Ersatzes durch wirtschaftlicher arbeitende oder leistungsfähigere Teile eintritt, in

---

[1]) Für die Verzinsung genügt ein Satz von 4—5 % auch bei hohem Geldstand. Es ist allgemein üblich, während der gesamten Abschreibungszeit den vollen Anschaffungswert zu verzinsen, ohne Rücksicht darauf, wieviel von der Anlage schon abgeschrieben ist. Die Verzinsung wächst also während der Abschreibungszeit im gleichten Verhältnis wie die Abnahme des Buchwertes. Ist der angewandte Verzinsungssatz 4 %, so wird bei 10 proz. Abschreibung z. B. nach fünf Jahren der Buchwert mit 8 % verzinst. Mit Rücksicht auf diese Sicherheitsmaßnahme ist die Wahl eines mäßigen Durchschnittszinssatzes gerechtfertigt.

den jährlichen Betriebskosten dadurch Rechnung getragen werden, daß alljährlich ein fester Teilbetrag des **Anschaffungswertes** für Erneuerung oder Tilgung rückgestellt wird. Die Rückstellung in Bruchteilen des jeweiligen **Buchwertes**, die häufig üblich ist, verlangsamt die Tilgung in unzulässiger Weise. Diese sogen. **Abschreibungen**, deren sinngemäße Festsetzung der Leitung des Unternehmens mehr oder weniger überlassen bleibt, sollen derart gewählt werden, daß im Zeitpunkt des erforderlich werdenden Ersatzes der maschinellen Einrichtungen der Anschaffungspreis bis auf den Altwert völlig getilgt ist, bzw. daß durch die rückgestellten Abschreibungssummen das Ersatzkapital wieder voll verfügbar ist. Der jährliche Abschreibungssatz soll mindestens also betragen:

$$\frac{\text{Anlagekapital} - \text{Altwert}}{\text{Nutzungsdauer}}.$$

Die Höhe der Abschreibungen ist zwar nicht ganz unabhängig von der Ausnutzung, d. h. Betriebszeit und Belastungsgrad der Anlage, da für stark belastete oder häufig betriebene Anlageteile eine geringere Nutzungsdauer eingesetzt werden muß als für wenig benutzte Maschinen. Nach einmal erfolgter Wahl sind sie jedoch für je ein Betriebsjahr unveränderlich und bilden daher den zweiten Hauptbestandteil der **festen**, d. h. vom Anlagekapital abhängigen und von vornherein ziemlich genau übersehbaren Betriebskosten. Die richtige Wahl des Abschreibungssatzes erfordert genaue Kenntnis der eigenen Betriebseinrichtungen sowie des allgemeinen Standes der Technik und der Marktlage[1]).

Die heute allgemeiner übliche Höhe für die wichtigsten Maschinen ist in der Zahlentafel 1 für Tagbetriebe, Tag- und Nachtbetriebe, sowie für nur periodisch betriebene Anlagen in Grenzwerten zusammengestellt; die untere Grenze der angegebenen Werte, die noch etwas schneller tilgt, als der ebenfalls angegebenen mittleren Lebensdauer entspricht, sollte in keinem Falle unterschritten werden.

---

[1]) Die Ausführungen behandeln die Mindesthöhe des Abschreibungssatzes, die unabhängig von der Geschäftslage immer eingehalten werden muß. Wird in guten Jahren schneller abgeschrieben, so darf der Mehrbetrag nicht den Betriebskosten zugerechnet werden, sondern ist als „stille Reserve" aufzufassen.

Zahlentafel 1.
Übliche Abschreibungssätze.

	Mittlere Lebensdauer Jahre	Tagbetrieb	Tag- u. Nachtbetrieb	Period. Betrieb, Reserven
		Abschreibung in Prozent des Anlagekapitals		
Feste Gebäude	60	2—4	2—5	—
Fachwerkbauten	40	3—5	3—5	—
Dampfkessel, Überhitzer, Vorwärmer, Wasserreiniger . .	18	5—10	7,5—12	4—7
Kolbendampfmaschinen . . .	22	4—10	5—12	3—5
Dampfturbinen	17	7—12	8—13	4—7
Gasmaschinen, Dieselmotoren	15	8—12	12—15	7—9
Wasserturbinen	20	6—8	10—15	5—7
Pumpen, Rohrleitungen . . .	25	3—9	4—10	3—5
Transmissionen, Vorgelege . .	18	5—10	7—12	4—7
Dynamos, Motoren	25	3—9	5—12	3—5
Akkumulatoren	8	—	15—20	—
Transformatoren	25	3—9	4—10	3—5
Schaltanlagen	15	8—12	12—15	7—9
Kabel, el.	20—25	—	3—9	—
Bogenlampen	10	—	12—15	—
Heizanlagen	20	4—10	6—10	—

Die untere Grenze der angegebenen Abschreibungssätze soll nicht unterschritten werden.

Verzinsung und Abschreibung bilden zwar nur buchmäßige, d. h. nicht jährlich in bar ausbezahlte Teile der festen Betriebskosten, dürfen aber, wie dies nicht selten in Vergleichsangeboten von Lieferanten zu beobachten ist, bei Aufstellung von Wirtschaftlichkeitsberechnungen keinesfalls außer Ansatz gelassen werden. Zu den festen Betriebskosten gehören ferner gleichbleibende Jahresposten wie Versicherungs-, Revisionsgebühren usw., die indes meist unerheblich sind.

Die veränderlichen und fortlaufend auszuzahlenden Beiträge zu den Jahresbetriebskosten sind unmittelbar abhängig von dem vorbesprochenen Belastungs- und Ausnutzungsbild, also von Betriebsdauer und Belastungsgrad der einzelnen Anlagenteile. Der Gesamtbetrag dieser Kosten wächst mit der Höhe des durchschnittlichen Kraft- und Heizbedarfes sowie mit der Anzahl der jährlichen Betriebsstunden und kann auf Grund des Betriebsbildes sowie der Kenntnis der Kosten für die Einheit der Kraft- und Wärmeleistung, bei der vorliegenden Größe der Durchschnittsleistung und dem vorliegenden Belastungsgrade, für die einzelnen Maschinensysteme ermittelt werden. Die diesbezüglichen Unterlagen werden später für die verschiedenen Kraftmaschinen entwickelt. Kennzeichnend ist für alle Wärmekraftmaschinen, daß die veränderlichen Kosten der Leistungseinheit ebensowohl wie deren Kapitalkosten mit wachsender Maschinengröße bei kleinen Leistungen erst schnell und bei mittleren und großen langsamer fallen, um sich einem Grenzwert bei größten Leistungen zu nähern (vgl. S. 6, Fig. 1). Dies bedeutet einen Vorteil sowohl für Großbetriebe als auch für die Zentralisation, d. h. für die Erzeugung von Kraft und Wärme an möglichst nur einer Stelle, deren Anwendung allerdings oft Schwierigkeiten in bezug auf Kraftverteilung und Übertragung, auf Betriebssicherheit (mangelnde Reserven) oder durch die Entwicklungsgeschichte des Unternehmens (allmähliche Vergrößerung) entgegenstehen. Der Gesamtbetrag der veränderlichen Kosten ist also außer von der Größe der Maschinenanlage noch von deren durch Betriebszeit und Belastungsgrad bedingten Ausnutzung abhängig, welch letztere wesentlich durch den jeweiligen Geschäftsgang und die bereits erwähnten periodischen Schwankungen beeinflußt wird, des ferneren noch von den jeweiligen Preisen für Brennstoff, Schmiermaterialien usw. sowie von der Höhe der Löhne.

Den wichtigsten Bestandteil der mit der Dauer und der Stärke des Betriebes anwachsenden Kosten, dessen Höhe meist für die Entscheidung über die Wirtschaftlichkeit des Maschinensystems ausschlaggebend ist, bilden die Brennstoffkosten. Zunächst seien die Brennstoffkosten für die Krafterzeugung betrachtet. Die beim Betriebe verschiedener Kraftmaschinen auftretenden jährlichen Brennstoffkosten ermitteln sich auf Grund der Anzahl der Betriebsstunden und der durchschnittlich abzugebenden Pferdestärken aus den Kosten des Brennstoffverbrauches für die Pferdekraftstunde bei dem vorliegenden Belastungsgrad[1]) sowie aus erfahrungsgemäß einzusetzenden

---

[1]) Belastungsgrad = Verhältnis der abgegebenen Leistung zur normalen Maschinenleistung, d. h. zur Leistung günstigsten Brennstoffverbrauches.

Betriebszuschlägen, die der Steigerung des Brennstoffverbrauches Rechnung tragen, welche durch Brennstoffverbrauch vor Beginn und in den Pausen der Kraftabgabe (Anheizen, Abbrand, Abkühlung usw.) und ferner durch weniger sorgfältigen Betrieb verursacht wird; eine derartige Steigerung gegenüber den meist angegebenen Versuchs- und Garantiewerten für den Brennstoffverbrauch, die bei besonders überwachtem Personal und unter Einhaltung günstigster Betriebsverhältnisse erreichbar sind, tritt bei den einzelnen Krafterzeugern im praktischen Betrieb in ungleichem Maße auf, so daß die Betriebszuschläge das Bild der Brennstoffkosten, das mit Garantiewerten entworfen ist, oft wesentlich verschieben. Die Gesamtbrennstoffkosten verhalten sich demnach bei den verschiedenen Maschinenarten nicht genau wie die Kosten der Leistungseinheit beim vorliegenden Belastungsgrad; letztere, d. h. die spezifischen Brennstoffkosten für die Pferdekraft- oder Kilowattstunde, bilden jedoch immer den Ausgangspunkt jeder vergleichenden Wirtschaftlichkeitsberechnung.

Die spezifischen Brennstoffkosten sind abhängig erstens vom **Wärmeverbrauch** der Maschine für die Leistungseinheit oder dem sog. **thermischen Wirkungsgrad**, d. h. der Fähigkeit der Maschine, einen mehr oder weniger großen Teil der im aufzuwendenden Brennstoff enthaltenen Wärme[1]) in nutzbar abgegebene Kraft umzuwandeln. Da 632 Wärmeeinheiten das Wärmeäquivalent einer Pferdekraftstunde sind, ergibt sich der thermische Wirkungsgrad in Prozent zu

$$\eta_t = \frac{632}{\text{aufgewendete Wärme für die PS/st}} \cdot 100$$

$$= \frac{632}{\text{Brennstoffgewicht pro PS/st} \times \text{Heizwert}} \cdot 100\,\%.$$

Dieser thermische Wirkungsgrad, der Maßstab der Brennstoffausnutzung oder des Wärmeverbrauches, ist bei den einzelnen Wärmekraftanlagen nicht nur bei günstigster Belastung (Normalleistung) sehr verschieden (z. B. bei Dampfanlagen je nach Vollkommenheit 4—15 %, bei Sauggasmotoren 17—23 %, bei Dieselmotoren 30—35 %), sondern ist auch bei der gleichen Maschinen-

---

[1]) Wärmeinhalt von 1 kg Brennstoff = Heizwert.

bauart mit der Größe der Maschine und vor allem mit dem Belastungsgrad veränderlich. Wie bereits erwähnt, ist gewöhnlich mit wachsender Maschinengröße eine Zunahme des thermischen Wirkungsgrades, also eine Abnahme des spezifischen Wärme verbrauches verbunden; ferner ändert sich der Brennstoffverbrauch bei Unter- oder Überschreitung der günstigsten Belastung (meist eine Verbrauchssteigerung) und zwar ebenfalls bei den einzelnen Wärmekraftmaschinen in verschiedenem Maße (vgl. S. 109). Die Steigerung des Wärmeverbrauchs für die Einheit der Leistung, die bei Unterlastung immer auftritt, erklärt sich zum Teil ohne weiteres daraus, daß der Verbrauch für den Leerlaufsbedarf der Maschine fast gleich bleibt, und daß auch die Abkühlungsverluste nur wenig abnehmen. Zur Ermittlung des spezifischen Brennstoffverbrauches bei der durchschnittlich geforderten Leistung muß man sich daher zunächst über die Größenwahl der Maschine klar werden (vgl. S. 20), um den Belastungsgrad bestimmen zu können.

Außer nach dem spezifischen Wärmeverbrauch richtet sich die Höhe der Brennstoffkosten für Krafterzeugung nach dem Wärmepreis des Brennstoffes d. h. nach den Kosten einer gleichen Anzahl der im Brennstoff enthaltenen Wärmeeinheiten, und zwar an der Verwendungsstelle; der Wärmepreis ermittelt sich durch Division mit dem Heizwert in den Preis des Brennstoffes, der aus dem Grundpreis (abhängig bei gleichem Heizwert u. a. von der Stückgröße bzw. Sortierung) sowie aus den Zuschlägen für Fracht[1]), Anfuhr, Abladen, streng genommen auch für Lagerung und Rückstandentfernung gebildet ist. Der Wärmepreis wird gewöhnlich auf 100 000 im Brennstoff enthaltene Wärmeeinheiten (WE) bezogen; eine Kohle von 7000 WE Heizwert, die 21 M. pro 1000 kg an der Verwendungsstelle kostet, hat z. B. einen Wärmepreis von $\dfrac{21 \cdot 100\,000}{7000 \cdot 1000} = 0{,}30$ M.; Dieselmotorentreiböl von 10 000 WE Heizwert und einem 100-kg-Preis von 12 M. hat einen Wärmepreis von $\dfrac{12 \cdot 100\,000}{10\,000 \cdot 100} = 1{,}20$ M.

---

[1]) Kohlenfrachtsatz in Deutschland: 2,2 Pf./t/km bis 350 km Streckenlänge, darüber 1,4 Pf./t/km für Verfrachtung ab Produktionsstätte (also einheimische Kohlen).

(Der Vorteil der vorerwähnten höheren Brennstoffausnutzung gegenüber der Dampfanlage wird also durch den hohen Wärmepreis sehr vermindert.)

Die Brennstoffkosten der Krafteinheit berechnen sich gemäß diesen Ausführungen nach der Beziehung:

I. Spez. Wärmeverbrauch[1]) × Wärmepreis = Brennstoffkosten/PS_e/st, oder

II. Heizwert × therm. Wirkungsgrad × Brennstoffpreis pro 1 kg = Brennstoffkosten/PS_e/st.

Am einfachsten bestimmen sich die Brennstoffkosten, wenn, wie gewöhnlich der Fall, außer dem Brennstoffpreis der Verbrauch an Brennstoffgewicht für die Leistungseinheit bekannt ist; diese Verbrauchsziffern werden in den späteren Abschnitten zusammengestellt.

In der Zahlentafel 2, die vorläufig einen Überblick über durchschnittliche Verhältnisse geben soll, sind mittlere Heizwerte, Brennstoff- und Wärmepreise der wichtigsten für deutsche Verhältnisse allgemeiner verwendeten Brennstoffe zusammengestellt. Die Figuren 16 u. 17 enthalten die Brennstoffkosten der Nutzpferdestärke ohne Betriebszuschläge, wie sie sich für gut betriebene Anlagen bei normaler Belastung stellen.

Die Brennstoffpreise sind jedoch in den letzten Jahren in einer zurzeit noch anhaltenden starken Aufwärtsbewegung begriffen; bei der immer mehr sich schließenden Syndizierung der Brennstoffgewinnung werden daher fortwährend Verschiebungen der Wärmepreise und damit der Wettbewerbsbedingungen der einzelnen Kraftmaschinen eintreten. Die kennzeichnenden Brennstoffverbrauchsziffern der Maschinen werden später eingehend behandelt; über die Brennstoff- und Wärmepreise sind für jede genaue Wirtschaftlichkeitsrechnung genaue Preiserhebungen für die voraussichtliche Jahresabschlußmenge anzustellen. In Gegenden, in denen verschiedene Brennstoffe, z. B. Steinkohle und Braunkohle (erdig und brikettiert) in Wettbewerb treten können, sind die Preise meist so gestellt, daß sich die

---

[1]) Der spezifische Wärmeverbrauch bzw. therm. Wirkungsgrad berücksichtigt bereits die Ausnutzungsmöglichkeit der sogenannten „minderwertigen" Brennstoffe bei der Dampfanlage, die infolge feinen Korns u. dgl., großen Feuchtigkeits- oder Aschengehalts bei der unmittelbaren Verbrennung nur eine geringere Wärmeausnutzung zulassen.

Gesichtspunkte für die Kraft- und Wärmeversorgung. 13

Zahlentafel 2.
Mittlere Heizwerte und Wärmepreise der gebräuchlichsten Brennstoffe (1912).

Brennstoff	Heizwert WE	Preis von 100 000 WE d. Brennstoffheizwertes Pf.	Brennstoffpreis f. 100 kg an der Verwendungsstelle M.
Steinkohle (hochwertig) . . .	7000—7500	20—40	1,40—3,00
Anthrazit (gesiebt).	8000	28—50	2,25—4,00
Koks.	7000	20—50	1,40—3,50
Braunkohlenbriketts und Rohbraunkohle (hochwertig) . .	4500—5000	18—40	0,90—2,00
Rohbraunkohle (feucht) . . .	2000—2500	17—40	0,34—1,00
Maschinentorf	2700—3500	12—16	0,33—0,55
Braunkohlenteeröl	10 000	100—120	10—12
Gasöl (galizisch)[1]	10 000	100—150	10—15
Steinkohlenteeröl	8500—8800	46—71	4—6
Steinkohlenteeröl mit Gasöl als Hilfsbrennstoff	—	50—75	—
Steinkohlenteer	8000—8500	24—31	2—2,5
Steinkohlenteer mit Gasöl als Zündbrennstoff	—	33	—
Benzin (unverzollt)	10 300	310—410	30—40
Benzol	9 300	270—300	25—28
Spiritus	5 400	850—890	46—48
Naphthalin	9 300	76—108	7—10
Leuchtgas	5 000	240	12 Pf./cbm

gleichen nutzbaren Wärmekosten (vgl. Fußnote S. 12) ergeben. Soweit für eine bestimmte Anlage Freiheit in der Wahl des Brennstoffes besteht, muß sie außer nach dem Wärmepreis, der die Ausnutzungsmöglichkeit in früher erwähntem Sinne berücksichtigt, erfolgen auch unter Hinsicht auf die Verheizungs- oder Verbrennungseigenschaften, z. B. bei Kohle auf Schlackenbildung, Angriff der Roste, Möglichkeit selbsttätiger Verfeuerung, Lagerung, Anfuhr, Rückstandbeseitigung, Flugaschen- und Rauchentwick

---

[1] Nach Niederschrift des Werkchens wurde der Zollsatz auf Gasöl um M. 1,80/100 kg ermäßigt (Ende November 1912), der gegenwärtige Wärmepreis beträgt demnach für Gasöl 82—132 Pf.

lung u. dgl. Im Wärmepreis ist ferner zu berücksichtigen, daß sich ein Brennstoff bei Schiffsverfrachtung sowie bei größeren Abschlüssen oft erheblich billiger stellt (ein weiterer Vorteil für Großbetriebe). Beträchtlich ist z. B. die Frachtermäßigung bei flüssigen Brennstoffen beim Bezug von Tankwagen (mind. 5000 kg). Geringwertige Brennstoffe, wie z. B. Rohbraunkohle, von denen große Gewichtsmengen anzufahren und zu lagern sind, können gewöhnlich nur in Betrieben mit Anschlußgleis vorteilhaft verheizt werden und erfordern oft besondere Aufwendungen für Flugaschenbeseitigung. Die Abfallprodukte der Steinkohlenwäscherei usw., die meist hohen Aschengehalt haben, können mittels geeigneter Feuerungen (künstlicher Zug, feinstufige Wurffeuerungen) meist nur in Nähe der Gewinnungsstelle wirtschaftlich verheizt werden. Die Preisstellung und der Ankauf der Kohlen genau nach Heizwert, für den regelmäßige Heizwertbestimmungen der bezogenen Kohlen erforderlich sind, hat sich bis jetzt infolge des Widerstandes der Zechen nicht allgemein durchführen lassen.

Die Dampfanlage kann bei jeweils geeigneter Ausbildung der Kesselfeuerungen ziemlich alle festen Brennstoffe einschließlich Abfallprodukte (Holzspäne, Lohe, Müll, Stroh, Koksasche usw.), ferner Teer und Öl verwerten sowie geeignete Brennstoffmischungen. Diese Unabhängigkeit von der rechtzeitigen Lieferung einer bestimmten Brennstoffsorte kann bei Ausständen oder Wagenmangel wertvoll werden. Die Sauggasanlagen mit eigenem Gaserzeuger, wie sie für Fabriken in Betracht kommen, sind auf Anthrazit, Koks, Braunkohle, Torf und bestimmte Steinkohlensorten beschränkt; die Dieselmotoren verarbeiten Erdöl (Rohöl) und seine schwereren Destillate, ferner Destillationserzeugnisse der Braunkohle und in letzter Zeit auch der Steinkohle (Teer und Teeröl), die übrigen Verbrennungsmotoren die Gase bzw. flüssigen Brennstoffe, nach denen sie benannt sind: Leuchtgas, Benzol, Benzin, Ergin, Spiritus, Petroleum, Naphthalin (fest) und ähnliche. Bei kleineren Verbrennungsmotoren ist der Übergang von einem Brennstoff auf den andern gewöhnlich ohne größere Abänderungen möglich, worüber später (S. 88) berichtet wird.

Wo es sich, wie bisher ausschließlich behandelt, überwiegend um Festsetzung der Brennstoffkosten für die Krafterzeugung handelt, sind dieselben nach den Gleichungen I oder II S. 12 aus den später behandelten Einzelwerten abzuleiten und nebst den ebenfalls noch anzugebenden Betriebszuschlägen für die jährliche Betriebszeit und die vorliegende Belastung bzw. den Belastungsgrad in die Betriebskostenrechnung einzusetzen.

In ähnlicher Weise können die Brennstoffkosten für **Heizzwecke**, wenn nicht (wie gewöhnlich) Erfahrungszahlen über deren Größe vorliegen, aus dem Gesamtwärmebedarf sowie dem thermischen Wirkungsgrad der Heizanlagen, d. h. dem Verhältnis der aufzuwendenden Wärmemenge zur nutzbar abgegebenen, errechnet werden, wobei der Wärmepreis wieder entsprechend einzusetzen und Zuschläge für Verluste bei Zuleitung und Verteilung der Wärme nicht zu versäumen sind.

In allen Fabrikbetrieben verteilen sich die Brennstoffkosten auf

a) die **Krafterzeugung** in Wärmekraftmaschinen (für Arbeitsmaschinen, Fördereinrichtungen, Licht, Kälte, Fortleitung und Verteilung der Kraft);

b) die **Raumheizung** einschließlich Lüftung, Entnebelung und Befeuchtung;

c) den **Wärmebedarf der Fabrikation** (Warm- und Heißwasser, Heißluft, Dampf, Heizgase, Heizflüssigkeiten, direkte Feuerung);

d) die **Zuschläge** für Anheiz-, Abbrand- und Stillstandsverluste, unsachgemäßen Betrieb der Feuerungen und Maschinen, starke Unter- oder Überlastung und ähnl.

Das Verhältnis, in dem sich der jährliche Brennstoffverbrauch auf die Krafterzeugung und auf die Heizvorgänge verteilt, ist beinahe in jedem Fabrikationszweig und je nach Art von Gebäudeanordnung und Einrichtungen oft in gleichartigen Betrieben sehr verschieden. In der keramischen und Glasindustrie, in großen Färbereien u. dgl. überwiegt z. B. bei weitem der Brennstoffaufwand für die Fabrikation, so daß die Wahl der sparsamsten Betriebskraft oft eine untergeordnete Rolle gegenüber einer möglichst wirtschaftlichen Wärmeausnutzung in der Fabrikation spielt (meist läßt sich beides vereinen). In Mühlenbetrieben, Maschinenfabriken, reinen Spinnereien, elektrischen Zentralen u. dgl. ist nur der Wärmebedarf für die Krafterzeugung ausschlaggebend, während in Betrieben für Massenfabrikation (kleiner

Kraftbedarf, große zu heizende Räume), in der Textil-, Brau-, Papier-, Zucker-, Leder-, Schokolade-, Gummi-, Kali- und chemischen Industrie, in Braunkohlenbrikettwerken u. a. mehr der Wärmebedarf für Kraft- und Heizzwecke von ähnlicher Größe sein kann.

In fast allen Fällen, wo ein größerer Wärmebedarf für beliebige Heizzwecke vorhanden ist, kann der Gesamtbrennstoffbedarf für Kraft und Heizung wesentlich durch sinngemäße Verbindung von Kraft- und Wärmeversorgung vermindert werden; es läßt sich dies erreichen, indem entweder Abwärme, d. h. nutzlos abziehende Wärme, der Fabrikation zur Krafterzeugung herangezogen wird (z. B. die Abgase der Platinen- und Glühöfen zur Dampferzeugung für die Antriebsmaschinen von Walzwerken, Koksöfengase zum Antrieb von Motoren u. dgl.) oder häufiger umgekehrt Abwärme der Krafterzeugung, d. h. Wärme, die bereits Arbeit geleistet hat, zu Heizzwecken in der Fabrikation. Hierher gehört u. a. das Gebiet der Abdampfverwertung mit ihren mannigfaltigen Anwendungsmöglichkeiten, die fast überall, wo Dampf zu Heizzwecken in größerem Maße gebraucht wird, sich als wirtschaftlich erweist, der Abgas- und Kühlwasserverwertung von Verbrennungskraftmaschinen und ähnl. (vgl. Abschnitt 3).

Die Möglichkeit einer derartigen Verwertung von Kraftabwärme zur Heizung oder von Heizungsabwärme zur Krafterzeugung verschiebt das Bild über die Brennstoffkosten der Krafteinheit oder Heizungskosten wesentlich, da der Geldwert der nutzbar verwendeten Abwärme von den Kraftkosten bzw. Heizungskosten in Abzug zu bringen ist. Die spezifischen Brennstoffkosten der Krafteinheit werden dabei oft absichtlich erhöht, d. h. es werden Maschinen mit großem Brennstoffverbrauch für die Leistungseinheit gewählt, um große Abwärmemengen in verwendbarer Form zu erzielen; trotzdem bleiben die Gesamtkosten des Brennstoffes für Kraft und Heizung aus dem angedeuteten Grunde niederer, als bei Heizung durch unmittelbaren Brennstoffaufwand und getrennter Krafterzeugung in Maschinen mit geringstmöglichem Brennstoffverbrauch. Bei Betrieben mit gleichzeitigem Bedarf an Kraft und Heizwärme ist daher nicht die Anlage mit geringstem Brennstoffverbrauch für die Krafterzeugung anzustreben, sondern die Anlage mit den geringsten Gesamtbrennstoffkosten für Kraft und Heizung.

Die Grundlagen für die Wahl der in diesem Falle jeweils geeigneten Betriebsmaschinen werden im 2. Abschnitt behandelt. Für die Abwärmeverwertung der Krafterzeugung kommen, namentlich bei großem Heizbedarf, vor allem Dampfkraftanlagen mit ihren (infolge des geringen thermischen Wirkungsgrades) verhältnismäßig reichlichen, leicht regelbaren und in allen praktisch erforderlichen Formen verfügbaren Abwärmemengen (Dampf von hoher und niederer Spannung, heiße Gase, Heiß- und Warmwasser) in Betracht. Für Betriebe mit geringem Heizbedarf genügt häufig auch die in Form von Heiß- und Warmwasser und heißen Gasen abströmende, der Menge nach weit geringere Abwärme der Verbrennungskraftmaschinen.

Neben den Brennstoffkosten haben die übrigen fortlaufenden Ausgaben für Schmier- und Putzmaterial, Bedienung und Reparaturen bei größeren Betrieben keine ausschlaggebende Bedeutung, bei kleineren Betrieben unterscheiden sie sich der Größe nach bei den verschiedenen Maschinenarten nicht allzusehr. Die Ausgaben für Schmiermaterial können durch Reinigung und Wiederverwendung des gebrauchten Öles als Zusatz und zu anderen Zwecken niedrig gehalten werden. Die Kosten der Wasserbeschaffung und Wasserreinigung (Kühlwasser und Kesselspeisewasser) sind dagegen oft z. B. bei Dampfturbinen beträchtlich, so daß zur Verminderung der Ausgaben häufig besondere Anlagen (z. B. Rückkühlung zur Wiederverwendung des Kühlwassers) gerechtfertigt sind. Bei größeren Dampfanlagen können die laufenden Bedienungskosten der Kessel ebenfalls durch einmalige Ausgaben für selbsttätige Brennstofförderung und Verfeuerung verringert werden.

Entscheidend für die Wirtschaftlichkeit der Gesamtanlage, die Wahl des Maschinensystems sowie die Vollkommenheit der Ausgestaltung des gewählten Systems ist das Verhältnis der fortlaufenden Kosten zu den Kapitalkosten. Da bei größeren Anlagen die Ausgaben für Bedienung, Schmierung usw. gegenüber den Brennstoffkosten weniger ins Gewicht fallen, so entscheidet über die Maschinenwahl und deren Ausgestaltung meist das Verhältnis der Kapitalkosten zu den Brennstoffkosten.

Dies sei zunächst an den Betriebskosten der **Krafterzeugung** beleuchtet, also an den durchschnittlichen Gestehungskosten der nutzbar abgegebenen Leistungseinheit, und zwar am Beispiel der Dampfanlage.

Hat man sich für eine bestimmte Größe der Maschine entschieden, so können die Brennstoffkosten der Krafteinheit noch in sehr weiten Grenzen beeinflußt werden. Jede Verminderung des Brennstoffverbrauches durch verbessernde Einrichtungen muß durch höheren Kapitalaufwand gegenüber der billigsten Anlage mit hohem Brennstoffbedarf erkauft werden. Ein und dieselbe Verbesserung, also gleicher Kapitalaufwand und gleiche prozentuelle Verminderung der Brennstoffkosten für die Leistungseinheit, ergibt in den Jahresbrennstoffkosten der Kraft einen umso größeren Ersparnisbetrag, je teurer der Brennstoff und je größer die Dauer sowie die durchschnittliche Höhe des Kraftverbrauches oder mit anderen Worten, je größer die Kraft und, bei gleicher Größe, die Ausnutzung der Maschinenanlage ist.

Aus gleichem Grunde rechtfertigt sich bei der Wahl zwischen verschiedenen Maschinensystemen, z. B. der Dampfturbinenanlage mit niederem Anlagekapital und hohem Wärmeverbrauch und der teueren Dieselmotoranlage mit geringeren Brennstoffkosten für die Krafteinheit, die Bevorzugung der Dieselanlage umso eher, je größer die abzugebende Leistung und je länger die Betriebsdauer ist.

In Gegenden, die weit vom Gewinnungsort von Brennstoffen entfernt sind (z. B. Süddeutschland, Schweiz, Italien), deren Brennstoffpreise also infolge der großen Frachtzuschläge hoch sind, ist daher meist die Aufstellung teurer, aber sparsam arbeitender Anlagen vorzuziehen, da die verminderten Brennstoffkosten den Einfluß der etwas gesteigerten Kapitalkosten für die Leistungseinheit meist überwiegen. Insbesondere zahlen sich in Fabriken mit Tag- und Nachtbetrieb, bei denen die fortlaufenden Brennstoffkosten erheblich gegenüber den festen Kosten sind, Mehranlagekosten zur Erzielung von Brennstoffersparnissen meist schnell durch die verminderten Brennstoffkosten ab, und zwar umso rascher, je größer der Kraftbedarf der Anlage ist.

In Großbetrieben darf daher, namentlich bei hohen Wärmepreisen, im allgemeinen nicht mit Anlagekapital auf Kosten des Brennstoffverbrauchs gespart werden; ohnehin verringern sich mit zunehmender Maschinengröße die Anlagekosten für die Leistungseinheit oft erheblich, so daß die großen Maschineneinheiten geringere Kapitalkosten für die Leistungseinheit zu tragen haben, also aus zweifachem Grunde hier gegenüber Kleinbetrieben vollkommenere Anlagen erstellt werden können. Umgekehrt müssen in Kohlengegenden, bei kurzen Betriebszeiten und bei geringem Kraftbedarf, wo also der Jahresbetrag der Kapitalkosten überwiegt, meist billige Anlagen aufgestellt werden. Letzteres gilt namentlich für Reservemaschinen, oder Maschinen zur Deckung von Belastungsspitzen mit ganz kurzer Betriebszeit, deren laufende Kosten gegenüber den Kapitalkosten wenig ins Gewicht fallen, bei denen also hohe Brennstoffkosten für die Leistungseinheit zugelassen werden können; der teure Dieselmotor ist daher z. B. als Reservemaschine fast immer ungeeignet (wenn nicht die Vorteile anderer betriebstechnischer Eigenschaften, z. B. Sauberkeit und jederzeitige Betriebsbereitschaft, im Einzelfalle den Ausschlag geben), während z. B. die mit Auspuff arbeitende Dampfmaschine oder sogar die Kleindampfturbine (trotz ihres sehr hohen Brennstoffverbrauches) ihrer Billigkeit halber hierfür in Frage kommen können. Ist die Möglichkeit von Strombezug gegeben, so erscheint vor allem der Elektromotor als Maschine mit den kleinsten Kapitalkosten, wenn auch hohen laufenden Kosten, für kleine und mittlere Leistungen in erster Linie als Reserve- und Spitzenmaschine geeignet.

Wesentlich für die Beurteilung des wirtschaftlichen Anlagekapitals gegenüber den Brennstoffkosten ist außer dem Brennstoffpreis, der durchschnittlichen Höhe des Kraftbedarfes sowie der Betriebsdauer noch der überwiegende Belastungsgrad der zu wählenden Maschine. Die bei normaler Belastung einer vollkommeneren Maschinenanlage gegenüber einer billigeren erzielbare jährliche Ersparnis ist bei Unterbelastung derselben nicht nur kleiner, weil der Gesamtbetrag der Brennstoffkosten in beiden Fällen, und auch deren Differenz, sinkt, sondern verschiebt sich auch dadurch, daß den einzelnen Wärmekraftmaschinen bei Unterlastung verschieden starke Steigerungen des spezifischen Brennstoffverbrauchs eigentümlich sind. Weniger groß, in bezug auf Brennstoffkosten, ist der Einfluß der Überlastung, deren Ermöglichung indes für die Bemessung der Maschinengröße und damit des Anlagekapitals, und oft auch für die Wahl des Maschinensystems von hoher Bedeutung ist. Bevor auf den Einfluß des Belastungsgrades auf Kapital- und Brennstoffkosten weiter eingegangen wird, soll die im engen Zusammenhang damit stehende **Wahl der zweckmäßigen Maschinengröße** kurz besprochen werden.

Die Bemessung der Kraftmaschine muß nach dem größten, wenn auch nur vorübergehend auftretenden, Kraftbedarf des Betriebes erfolgen. Bei Beurteilung der Leistungsfähigkeit einer Maschine ist zu unterscheiden zwischen der sogen. „Normalleistung" (Nennleistung), der dauernden Höchstleistung und schließlich der vorübergehend zulässigen Höchstleistung. Als Normalleistung wird der Belastungsgrad bezeichnet, bei dem die Maschine in bezug auf Brennstoffverbrauch am günstigsten arbeitet. Als dauernde Höchstleistung gilt die Belastung, die, bei meist etwas gesteigertem spezifischen Brennstoffverbrauch, beliebig lange ohne unzulässige Erwärmung der Triebwerksteile erfolgen kann, während bei der vorübergehend zulässigen Höchstleistung längerer Betrieb zu Stößen, Auslaufen der Lager usw., allenfalls auch zu einer Gefährdung der Konstruktion führt. Die zulässige Dauer der vorübergehenden Höchstleistung ist in den vom Erbauer gegebenen Leistungszusicherungen vorzusehen.

Wie groß der in einem Fabrikbetrieb zu erwartende Höchstkraftbedarf im Verhältnis zur durchschnittlich geforderten Leistung sein wird, muß aus dem Kraftbedarf der einzelnen Arbeitsmaschinen bei allenfalls gleichzeitiger Inbetriebnahme und nach ihrer durchschnittlichen Inbetriebnahme bestimmt werden, am besten, bei auszubauenden Betrieben, durch sogenannte „Gruppenindizierung", d. h. Feststellung des Kraftbedarfs und der Belastungsgrenzen der einzelnen Gruppen von Arbeitsmaschinen. In einer Spinnerei z. B. wird sich für die vorgesehene Spindelzahl und die Schlichtmaschinen die während des Arbeitstages erforderliche Leistung leicht bestimmen lassen, ebenso die Höchstleistung, die einerseits durch den Betrieb elektrischer Beleuchtung, andrerseits durch den vermehrten Spindelwiderstand beim Anlaufen (besonders Montags) erforderlich wird.

Nicht überall hat man es nur mit zwei derartig gekennzeichneten Belastungsstufen zu tun. Im Brauereibetrieb z. B. lagert sich über die um einen Mittelwert schwankende Durchschnittsbelastung für die Biererzeugung, die aus dem mehr oder weniger gleichzeitigen Zusammenarbeiten von Pumpen, Aufzügen, Schrotmaschine, Abfüllung, Mälzerei usw. entsteht, noch ein nach den Jahreszeiten sehr verschiedener Kraftbedarf für Kälteerzeugung, der aus der Anzahl der jeweils zu betreibenden Kältemaschinen zu bestimmen ist. Den großen Unterschieden des dadurch bedingten jeweiligen Kraftbedarfes (in einer mittelgroßen Brauerei z. B. 120 PS im Winter, 180 PS im Übergang und 250 PS im Sommer) muß oft durch Unterteilung der Krafterzeugung in zwei Maschinen entsprochen werden, um allzustarke Unterlastung im Winter oder Überlastung im Sommer zu vermeiden. Am schwersten ist die zweckmäßige Maschinengröße da zu bestimmen, wo häufiges Anlassen schwerer Arbeitsmaschinen (Gummifabrik [Walzwerke], Ziegelei [Kollergänge]) in unregelmäßigen Zeitabständen erfolgt; in diesen Fällen muß stets eine reichlich bemessene Maschine gewählt werden, selbst auf Kosten fast dauernder Unterlastung (hoher Brennstoffverbrauch), um den Anforderungen des Betriebes mit Sicherheit zu genügen, wenn man nicht vorzieht, kleinere „Spitzendeckungsmaschinen" (hoher Kapitalaufwand) anzuordnen, die indes auch den Wert einer teilweisen Reserve besitzen.

Bei neuen Unternehmungen ist es für die Entscheidung über die geeignete Maschinenbauart und deren Größe ferner wesentlich, ob der Kraftbedarf für absehbare Zeit feststeht, oder ob mit einem Anwachsen des Fabrikbetriebes zu rechnen ist. In letzterem Falle muß von vornherein auf die Aufstellung weiterer Arbeitsmaschinen durch größere Maschinenbemessung, als dem augenblicklichen Bedarf entspricht, Rücksicht genommen werden, so daß die volle Maschinenleistung erst nach dem weiteren Ausbau ausgenutzt werden kann; bis zu diesem Zeitpunkt müssen höhere Kapital- und Brennstoffkosten der Leistungseinheit in Kauf genommen werden, um durch die vorgesehene Kraftreserve später vollständigen Ersatz der Maschine oder Neuaufstellung weiterer Krafterzeuger und damit neue Kapitalkosten vermeiden zu können. Oft läßt sich diese Frage von vornherein günstig lösen, z. B. durch Aufstellung der ersten Hälfte einer normal belasteten Zwillingsmaschine, oder bei einer Dampfmaschine durch allmähliche Anfügung neuer Zylinder und einer Kondensation, schließlich durch Anwendung von Maschinen, die gegen

Unterlastung wenig empfindlich sind (z. B. Dampfturbine, Gleichstromdampfmaschine).

Nach Bestimmung der Kraftbedarfsgrenzen für die zunächst auszubauende Anlage kann die Wahl der geeigneten Maschinenbauart unter Berücksichtigung der jeweils zweckmäßigen Größe, wie S. 17 ausgeführt, zunächst nach dem Verhältnis der Kapitalkosten zu den Brennstoffkosten erfolgen. Der Unterschied der Kapitalkosten der verschiedenen Bauarten gleicher Größe wird hierbei dadurch etwas verschoben, daß mit Rücksicht auf die ungleiche Überlastbarkeit der einzelnen Maschinen (Überlastbarkeit der Sauggasanlage z. B. = 0, der Dampfanlage = 35 bis 45 %) durch Wahl verschieden großer Normalleistungen den Belastungsgrenzen Rechnung getragen werden muß (vgl. S. 114). Ebenso verschieben sich infolge dieser Rücksichtnahme die Unterschiede in den Brennstoffkosten, die für Normallast gelten, durch die verschieden große Steigerung des Brennstoffverbrauchs bei der Unterlastung, wie sie aus den eben erwähnten Gründen für eine Maschine mit geringer Überlastbarkeit gegenüber der elastischeren Maschine zugelassen werden muß. Die Änderung des Brennstoffverbrauchs mit dem Belastungsgrad, deren Kenntnis zur Aufstellung der Brennstoffkosten notwendig ist, wird auf S. 109 für die einzelnen Maschinenarten behandelt.

Die Notwendigkeit der Aufstellung einer größeren Maschine wegen geringer Überlastbarkeit des Maschinensystems hat also eine Steigerung der Kapitalkosten und der Brennstoffkosten zur Folge, da die Maschine mit größerer Kraftreserve infolge der kleineren Abmessungen billiger ist und mit günstigerem Belastungsgrad arbeiten kann. Über die in den einzelnen Maschinensystemen enthaltenen Kraftreserven wird auf S. 114 berichtet.

Nach dieser Abschweifung über die Wahl der zweckmäßigen Maschinengröße kann auf den Einfluß zurückgekommen werden, den der Belastungsgrad und die Betriebsdauer auf die Wirtschaftlichkeit von Verbesserungen haben, die eine Verminderung der Brennstoffkosten bezwecken. Bei unterlastet arbeitenden Maschinen kann leicht der Fall eintreten, daß das für die vollkommenere Anlage erforderliche Mehrkapital zwar bei dauernder Normalbelastung der Maschine durch die Verminderung der Brennstoffkosten gerechtfertigt, daß bei durchschnittlich geringerer Belastung der Mehrbetrag jedoch durch die Ersparnis nicht mehr getilgt und verzinst wird.

In ähnlicher Weise wirkt auch eine Verminderung der Benutzungsdauer einer Betriebsverbesserung ungünstig auf die Wirtschaftlichkeit, da die fast ohne Rücksicht auf Betriebszeit gleichbleibenden festen Kapitalkosten geringeren Ersparnisbeträgen im Brennstoffkonto gegenüberstehen als bei möglichst voller Arbeitszeit.

Beispiel: Eine teurere Maschinenanlage mit geringem Brennstoffbedarf würde z. B. gegenüber einer um 9000 M. billigeren Anlage, die bei 11stündigem Betrieb jährlich 1900 M. mehr Kohle verbraucht, bei dem Mehraufwand an Kapitalkosten von 1350 M. (10 % Abschreibung, 5 % Verzinsung) nicht mehr vorzuziehen sein, sobald die Arbeitszeit auf 8 Stunden vermindert wird, da die Brennstoffersparnis in diesem Falle nur noch $1900 \cdot \dfrac{8}{11} = 1380$ M. beträgt.

Die höchstmögliche Betriebsstundenzahl für Fabriken mit Tag- und Nachtbetrieb beträgt 8760, in den meisten Betrieben ist indes nur mit 300 Arbeitstagen (entsprechend 7200 Stunden bei 24 stündigem Betrieb) zu rechnen, wenn auch oft einzelne Maschinen (Pumpen, Kältemaschinen u. dgl.) auch Sonntags laufen. Der Ausnutzungsgrad einer Kraftmaschine läßt sich also durch den Quotienten

$$\frac{\text{Durchschnittliche Belastung} \times \text{jährliche Betriebszeit}}{\text{Normallast} \times 8760}$$

bzw.

$$\frac{\text{Durchschnittliche Belastung} \times \text{jährliche Betriebszeit}}{\text{Normallast} \times 7200}$$

darstellen (= 1 bei Dauerbetrieb mit Normallast). Die Ersparnisse, die durch eine bestimmte Betriebsverbesserung erzielt werden, sind unmittelbar proportional dem Ausnutzungsgrad[1]) bei gleichbleibendem Wärmepreis des Brennstoffes.

Bei einem bestimmten Wärmepreis rechtfertigen sich demnach umso höhere Kapitalkosten zur Erzielung der gleichen Verminderung des Brennstoffverbrauchs für die Leistungseinheit, je größer der Ausnutzungsgrad der Anlage ist; das höchste An-

---

[1]) Abgesehen von dem bereits erwähnten Einflusse des Belastungsgrades, der bei Unterbelastung die Ersparnisse stärker vermindert, als nur der Belastungsabnahme entspricht.

lagekapital zur Erzielung guter Brennstoffausnutzung kann also bei hohen Brennstoffpreisen, Tag- und Nachtbetrieb sowie Maschinenvollbelastung aufgewandt werden.

Als Beispiel für das Verhältnis der Gesamtbrennstoffkosten[1]) zu den übrigen Betriebskosten sind in den Fig. 2 und 3 die einzelnen Posten für eine große Dampfturbinenzentrale in Abhängigkeit vom Ausnutzungsgrad aufgezeichnet. In der Fig. 2, in der veränderliche Betriebszeit bei ständiger Vollast den Aus-

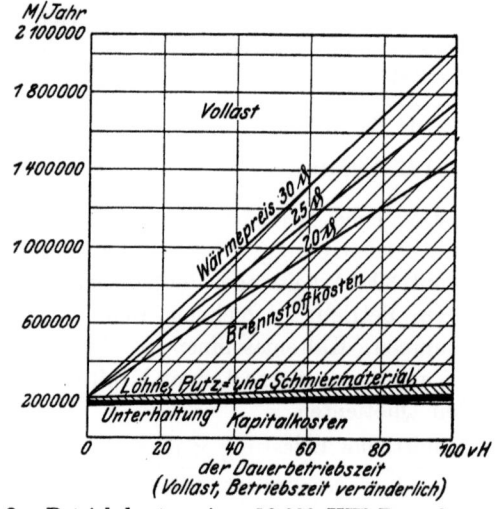

Fig. 2. Betriebskosten einer 10 000 KW Dampfzentrale.

nutzungsgrad der Anlage bedingt, steigen die für 3 Wärmepreise eingezeichneten Brennstoffkosten mit wachsender Betriebszeit schnell an, während die Kapitalkosten (stärkere Abschreibung) und die übrigen Kosten ganz wenig steigen. Bei der im Beispiel veranschaulichten großen Maschinenleistung (etwa 10 000 KW) überwiegen die Brennstoffkosten schon bei kleiner Belastung die Kapitalkosten, so daß sich jede Kapitalsmehranlage, die zur Verminderung der Brennstoffkosten beiträgt, schnell durch die Ersparnisse bezahlt machen würde. Die Figur zeigt auch deutlich, daß der höhere Wärmepreis sich in den Gesamtbetriebs-

---

[1]) Die Betriebszuschläge sind vernachlässigt, sie fallen, auf die Leistungseinheit bezogen, mit steigender Betriebszeit.

kosten umso fühlbarer macht, je länger die Betriebszeit und je höher die Ausnutzung der Anlage ist. Die Fig. 3 stellt die Betriebskosten der gleichen Anlage dar bei gleichbleibender Betriebszeit, aber bei veränderlicher Belastung. Die Brennstoffkosten fallen hier mit sinkender Belastung etwas langsamer, als der Belastungsabnahme entspricht, infolge des bei der

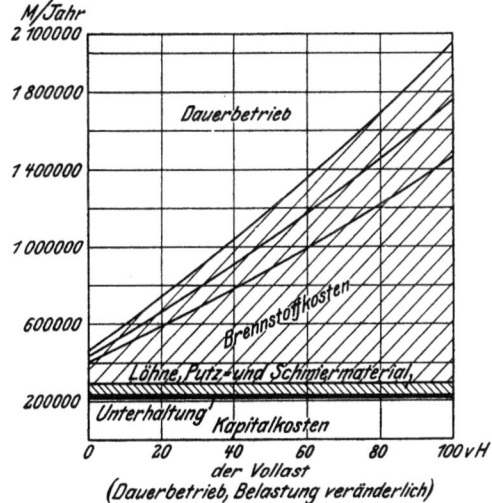

Fig. 3. Betriebskosten einer 10 000 KW-Dampfzentrale.

Dampfturbine allerdings nur geringen Einflusses der Unterlastung. Auch hier zeigt sich das Zurücktreten der Kapitalkosten gegenüber den Brennstoffkosten mit steigendem Ausnutzungsgrad der Anlage. Bei Anlagen verschiedener Größe haben die Kapitalkosten gegenüber den Gesamtbrennstoffkosten in ähnlicher Weise einen umso größeren Einfluß, je kleiner die Anlage (und je billiger der Brennstoff) ist.

Das einfache Gesetz, nach dem die Kapitalkosten für die abgegebene Leistungseinheit bei einer bestimmten Durchschnittsleistung mit der Zunahme der Betriebszeit der Maschine abnehmen, ist durch die Fig. 4 veranschaulicht. Die Figur stellt die jeweiligen Kapitalkosten[1]) für die abgegebene Leistungs-

---

[1]) Die natürlich auch ohne die Figur durch Division mit Betriebsstundenzahl und Belastungsgrad gefunden werden.

einheit (bei Betrieb mit Nennleistung) dar, und zwar als Vielfaches der Kapitalkosten einer Nennpferdestärke bei 7200-stündigem Betrieb (Jahrespferdestärke). Derselben können in einfacher Weise die Kapitalkosten der Leistungseinheit für beliebige Betriebsdauer und beliebigen Belastungsgrad entnommen werden.

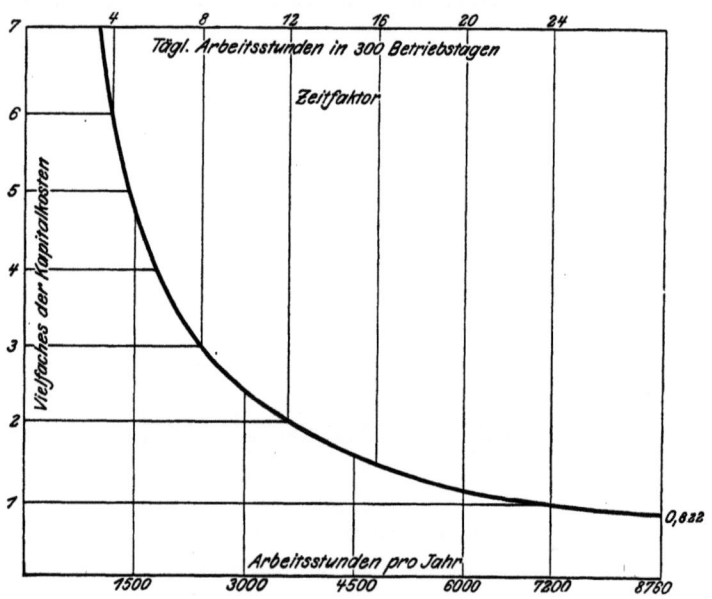

Fig. 4. Abhängigkeit der Kapitalkosten von der Betriebszeit.

Beispiel: Eine 200 pferdige Anlage koste 50 000 M.; wie groß sind die Kapitalkosten für die Pferdekraftstunde bei 3600 Betriebsstunden und durchschnittlich ¾ Last sowie 12% Verzinsung und Tilgung? Die Kapitalkosten für 1 PS Durchschnittsleistung sind $\dfrac{0{,}12 \cdot 50\,000}{200} \cdot \dfrac{4}{3}$
$= 40$ M. Bei 3600 Betriebsstunden nach Figur $= \dfrac{0{,}0278}{100} \cdot 40$ M. $= 1{,}112$ Pf.[1])

Die Gesamtbetriebskosten der Leistungseinheit nehmen mit zunehmender Betriebszeit der Anlage nach einem

---

[1]) In der Figur ist gleichbleibender Abschreibungssatz vorausgesetzt; da der Abschreibungssatz mit steigender Betriebzeit gewöhnlich etwas erhöht wird (vgl. Zahlentafel 1), so fallen die Kapitalkosten im allgemeinen etwas langsamer als in der Figur dargestellt.

ähnlichen Gesetz ab wie die in Fig. 4 veranschaulichten Kapital kosten. Die Brennstoffkosten der Leistungseinheit fallen ebenfalls um einige Prozent mit zunehmender Betriebsdauer, wegen der etwas sich verringernden Betriebszuschläge, während die übrigen Kosten ziemlich gleich bleiben. Die Fig. 5 stellt das ungefähre Gesetz der Verbilligung der Krafteinheit einer Dampfanlage mit der Zunahme der Betriebszeit dar bei bestimmtem durchschnittlichen Belastungsgrad.

Die Verbilligung der Kraft durch möglichst große zeitliche Ausnutzung der Anlage ist gemäß der Figur umso wesentlicher, je höher die Kapitalkosten der Krafteinheit im Verhältnis zu deren Brennstoffkosten sind, also je teurer die Anlage ist. Eine Anlage, die Tag und Nacht arbeitet, wird immer geringere Betriebskosten (für Kraft und Wärme) verursachen als eine doppelt so große Anlage, die bei gleichem Belastungsgrad die gleiche Produktion nur im Tagbetrieb erzeugt[1]).

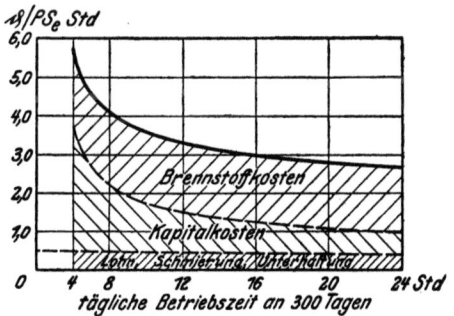

Fig. 5. Betriebskosten einer mittleren Dampfanlage in Abhängigkeit von der Betriebszeit (Normallast.)

Die bisherigen allgemeinen Betrachtungen über das günstigste Verhältnis von Anlagekapital zur Höhe der jährlichen Brennstoffkosten, die sich auf die Krafterzeugung bezogen, gelten sinngemäß auch für den durch unmittelbaren Brennstoffaufwand gedeckten Heizbedarf. Auch hier rechtfertigen hoher Brennstoffpreis und lange, regelmäßige Heizperioden mit starkem Wärmebedarf die Errichtung vollkommener und daher teurer Heizungsanlagen mit hoher Ausnutzung der Brennstoffwärme.

Die Verschiebung in den Gesamtbetriebskosten, die eine Veränderung des Belastungsgrades gegenüber dem Betrieb

---

[1]) Gegen den Nachtbetrieb spricht in vielen Fabrikationen außer gesetzlichen Bestimmungen und Arbeiterschwierigkeiten die Erfahrung, daß nachts infolge geringerer Aufsicht weniger produziert wird.

mit normaler Leistung bei verschiedenen Maschinenbauarten hervorrufen kann, sei vorläufig gleichfalls an einem Beispiel gezeigt.

Beispiel: Für einen 200 pferdigen Dieselmotor (Brennstoffverbrauch bei Vollast 230 g Teeröl mit Zündöl von 8800 WE Heizwert und 52 Pf. Wärmepreis, also 1,07 Pf. Brennstoffkosten pro PS/st) und eine 200 pferdige Sauggasanlage (Brennstoffverbrauch bei Vollast mit Abbrandzuschlag bei Dauerbetrieb 0,6 kg Braunkohlenbriketts von 5000 WE Heizwert und 33 Pf. Wärmepreis, also 0,99 Pf. Brennstoffkosten pro PS/st), die 55 000 M. bzw. 50 000 M. Anlagekosten erfordern, sollen die Betriebskosten (Kapital- und Brennstoffkosten[1])) bei Unterlastung verglichen werden.

Die Kapitalkosten der Pferdekraft Nutzleistung bei 7200-stündigem Betrieb sind bei Vollast und 15 % Verzinsung und Abschreibung
$$\frac{0,15 \cdot 55\,000 \cdot 100}{200 \cdot 7200} = 0,572 \text{ Pf.}$$
für den Dieselmotor und 0,522 Pf. für die Sauggasanlage; sie nehmen mit abnehmender Belastung im umgekehrten Verhältnis zur Belastung zu, betragen also bei ¼ Belastung 2,288 Pf. bzw. 2,088 Pf. für die abgegebene Pferdekraftstunde. Die Brennstoffkosten für die Leistungseinheit nehmen mit abnehmender Belastung bei der Sauggasanlage viel schneller zu als beim Dieselmotor (die Gesetzmäßigkeiten sind auf S. 110 behandelt.) In der Zahlentafel 3 ist das Anwachsen der Betriebskosten mit sinkendem Belastungsgrad für die beiden Anlagen dargestellt. Die Gesamtkosten sind bei Vollast beim Sauggasmotor geringer als beim Dieselmotor (hauptsächlich infolge des billigen Wärmepreises der Braunkohlenbriketts); obwohl bei letzterer Maschine bei Belastungsabnahme infolge des höheren Grundpreises die Kapitalkosten der abgegebenen Krafteinheit etwas schneller anwachsen, werden die Gesamtkosten von etwa 50 % Belastung ab nunmehr beim Dieselmotor

Zahlentafel 3.

Vergleich der Kapital- und Brennstoffkosten der PS-Stunde einer 200-PS-Diesel- und Sauggasanlage bei verschiedenem Belastungsgrad.

Belastungs-grad in v. H. der Nenn-leistung v. H.	Sauggasanlage			Dieselmotor		
	Kapital-kosten Pf.	Brenn-stoff-kosten Pf.	Summe Pf.	Kapital-kosten Pf.	Brenn-stoff-kosten Pf.	Summe Pf.
100	0,522	0,99	1,512	0,572	1,07	1,642
75	0,695	1,00	1,695	0,761	1,10	1,861
50	1,044	1,31	2,354	1,144	1,20	2,344
30	1,737	1,79	3,527	1,905	1,47	3,375
25	2,088	1,98	4,068	2,288	1,61	3,898

[1]) Die übrigen Betriebskosten sind ziemlich gleich.

günstiger infolge der geringeren Brennstoffverbrauchssteigerung bei Unterlastung. Aus den Spalten 2 und 5 der Zahlentafel 1 geht auch hervor, daß der Einfluß höheren Anlagekapitals auf die Gesamtkosten schnell mit abnehmender Belastung zunimmt (die Kapitalkosten der Leistungseinheit betragen beim Dieselmotor bei Vollast 34,8 %, bei ¼ Last bereits 58,9 % von der Summe der dargestellten Gesamtkosten, gegenüber 34,4 % und 51,2 % bei der Sauggasanlage), eine Bestätigung des früher aufgestellten Grundsatzes, daß wenig belastete Maschinen billig gewählt werden können.

Zusammenfassung. Die häufig vom Bauherrn an den beratenden oder projektierenden Ingenieur gestellte Frage: „Welches ist für mich die vorteilhafteste Betriebskraft?" kann, wie aus den vorstehenden allgemeinen Ausführungen und den Einzelbeispielen hervorgehen dürfte, nicht ebenso kurz allgemein beantwortet werden. Vielmehr muß in jedem Einzelfalle zunächst über das Betriebsbild (Kraftbedarf, Betriebszeit, Heizbedarf) Klarheit gewonnen werden; dann ist eine eingehende vergleichende Gesamtbetriebskostenberechnung durchzuführen auf Grund der festzustellenden Wärmepreise, unter Berücksichtigung des Belastungsgrades der für die Leistungsgrenzen notwendigen Maschinengröße, ferner an Hand der (größtenteils in dem nachfolgenden zweiten Abschnitt entwickelten) Angaben über Anlagekosten, über spezifischen Brennstoffverbrauch, Betriebszuschläge und sonstige veränderliche Kosten. Die Prüfung ist für die einzelnen Maschinensysteme, namentlich bei der Dampfanlage, für mehr oder weniger vollkommenen Ausbau durchzuführen. Bei größerem Heizbedarf ist, wie erwähnt, stets die Frage zu erörtern, ob durch Abwärmeverwertung die Gesamtbrennstoffkosten für Kraft und Heizung in wirtschaftlicher Weise vermindert werden können, d. h. ob der erzielbare Rückgang der Gesamtbrennstoffkosten das durch die Einrichtungen für die Abwärmeverwertung verursachte Anwachsen der Kapitalkosten erheblich überwiegt. Die Größe des spezifischen Brennstoffverbrauches der Kraftmaschine ist in den Fällen, wo deren gesamte Abwärme für Heizzwecke dauernd verwertet werden kann, gleichgültig, so daß die Möglichkeit der Abwärmeverwertung nicht nur eine Verminderung der Brennstoffkosten, sondern auch der Kapitalkosten für die Krafterzeugung (Aufstellung billiger Maschinen mit hohem Brennstoffverbrauch) zuläßt, also in doppelter Weise die Gesamtbetriebskosten vermindern kann.

Hat die Wirtschaftlichkeitsberechnung die Frage des geeignetsten Maschinensystems und der Ausführungsvollkommenheit geklärt — die im technischen Sinne vollkommenste Anlage ist ja durchaus nicht immer die wirtschaftlichste — wobei von vornherein dem Grundsatze Rechnung getragen wird, daß für hohe Brennstoffpreise, große Belastungs- und Betriebsdauer auch hohe Kapitalkosten, soweit sie zur Verminderung der Brennstoffkosten u. dgl. beitragen, aufgewandt werden dürfen, so können doch noch die abweichenden betriebstechnischen Eigenschaften der einzelnen Maschinen die endgültige Entscheidung beeinflussen, oft zugunsten der Maschine mit etwas höheren Betriebskosten. Zu einer Wahl der etwas weniger wirtschaftlichen Betriebskraft veranlaßt z. B. häufig die Rücksicht auf Reinlichkeit des Betriebes, Vermeidung von Geruch, Rauch oder lästigen Abwässern sowie von Geräuschen oder Erschütterungen, ferner die Rücksicht auf Platzbedarf, Genehmigungszwang und gesetzliche oder versicherungstechnische Beschränkungen, Schnelligkeit der Betriebsbereitschaft, auf Überlastbarkeit und Unempfindlichkeit bei weniger sorgfältiger Wartung, auf sichere Brennstoffversorgung, Wasserbedarf und bequeme Instandhaltung (bei vereinzelt liegenden Werken), auf Parallelbetrieb mit vorhandenen Maschinen, kurz eine Reihe von Umständen, die allgemein zu behandeln den Rahmen dieser Arbeit überschreiten würde.

Auch rein kaufmännische Erwägungen (z. B. Knappheit flüssiger Mittel) oder buchungstechnische Rücksichten veranlassen immer noch zu häufig zur Aufstellung billigerer, aber weniger wirtschaftlicher Anlagen. Die Veröffentlichungspflicht für die Bilanzen der Aktiengesellschaften ist z. B. häufig der Anlaß, aus „Schönheitsgründen" lieber höhere laufende Kosten, die nicht einzeln aufgeführt zu werden brauchen, in Kauf zu nehmen, um nicht hohen Zuwachs zum Maschinenkonto aufweisen zu müssen. Dies wirtschaftlich nicht zu rechtfertigende Verfahren trifft man häufig bei Unternehmungen, die ungenügend abschreiben, bei denen also eine Erneuerung, die an sich erhebliche Reinersparnisse bringt, nicht gemacht wird, da die dadurch außer Betrieb zu setzenden veralteten Anlagen noch hoch zu Buch stehen, so daß die Erneuerung nicht nur ein Anwachsen des Maschinenkontos, sondern auch noch eine Erhöhung der Betriebskosten der Neuanlagen durch die fortlaufenden Abschreibungen der alten zur Folge hätte.

In den nachfolgenden Abschnitten sollen die Grundlagen entwickelt werden, die zur vergleichenden Wirtschaftlichkeitsberechnung für die Betriebskosten der verschiedenen Krafterzeuger mit Rücksicht auf die Wärmeversorgung erforderlich sind. Zur Aufstellung der veränderlichen Kosten wird der Brennstoffverbrauch für die Krafteinheit, und sein Verhalten bei verschiedenen Belastungsgraden, ferner Betriebszuschläge, Wasser- und Schmierölverbrauch und die sonstigen Nebenkosten zu behandeln sein; die Angaben sind größtenteils auf Grund der neuesten Mitteilungen und auf Grund von Angebots- und Versuchsmaterial erster Maschinenbauanstalten, ferner an Hand der Literatur der letzten Jahre[1]) sowie aus eigenen Erfahrungen zusammengestellt. Im ersten Teil werden Anlagen mit getrennter Krafterzeugung und Heizung behandelt, der zweite Abschnitt befaßt sich mit den Grundlagen für die Wirtschaftlichkeitsberechnung bei Abwärmeverwertung.

Die Kapitalkosten können für **erste Vergleiche** an Hand der Angaben über Kraftreserve der einzelnen Maschinen (also Größe) sowie über die Anlagekosten, die sich sämtlich auf Ausführungen erster Werke beziehen, beurteilt werden. Es muß ausdrücklich betont werden, daß Anlagekosten sich überhaupt nicht allgemein angeben lassen; die Preisstellung ist selbstredend zunächst von der Allgemeinkonjunktur und dem Beschäftigungsgrad des anbietenden Werkes abhängig, ferner von der Schärfe der Konkurrenz der gleichzeitig zur Angebotsabgabe aufgeforderten Firmen, namentlich aber von dem Umfang und der Güte der Ausführung sowie dem Ansehen der liefernden Firma. Besonders für Dampfkessel, Dampfmaschinen und Kleinverbrennungsmotoren können von kleineren Firmen die später angeführten Preise wesentlich unterboten werden, oft, wenn auch

---

[1]) Z. Ver. deutsch. Ing. einschließlich „Technik und Wirtschaft". — Z. d. Bayer. Revisions-Vereins. — Z. f. d. gesamte Turbinenwesen. — Z. f. Dampfkessel- u. Maschinenbetrieb. — Dinglers polytechn. Journal. — Der Gesundheitsingenieur. — Glückauf. — Stahl und Eisen. — Engineer. — Engineering. — Revue de mécanique. — Elektrotechn. Zeitschrift. — Scholl-Graßmann, Führer des Maschinisten. — Joly, Technisches Auskunftsbuch. — Schmidt, Ökonomik der Wärmeenergien. — Josse, Neuere Kraftanlagen. — Barth, Die zweckmäßigste Betriebskraft. — Reutlinger, Die Zwischendampfverwertung. — Schneider, Die Abwärmeverwertung im Kraftmaschinenbetrieb. — Stodola, die Dampfturbine u. a. mehr.

nicht immer, auf Kosten der Ausführungsgüte. Während ferner Verbrennungskraftanlagen und Lokomobilen ziemlich einheitliche Gebilde sind, lassen sich die Anlagekosten ortsfester Dampfanlagen nicht allgemein angeben, da sie in weiten Grenzen von den örtlichen Verhältnissen beeinflußt werden.

Die später in Kurvenform angegebenen Anlagekosten entsprechen den Verhältnissen des Jahres 1912 (Hochkonjunktur, meist 10 % „Teuerungsaufschlag") und ermöglichen immerhin einen Überblick über die Preisbildung für die einzelnen Maschinenbauarten. Für die vergleichende Wirtschaftlichkeitsberechnung eines jeden Einzelfalles müssen zweckmäßig Angebote eingeholt werden, welche die örtlichen Verhältnisse berücksichtigen; Fabrikanten und Betriebsleitern, die auf dem Gebiet der Kraft- und Wärmeversorgung nicht durchaus bewandert sind, kann stets die Beiziehung eines unabhängigen fachmännischen Beraters, der nicht am Verkauf bestimmter Fabrikate interessiert ist, zur Vermeidung von Fehlgriffen dringend empfohlen werden.

In den nachstehenden Ausführungen wurde absichtlich vermieden, die Betriebskosten der verschiedenen Wärmekraftmaschinen in Zahlentafeln, die nach Leistungen und Betriebszeiten abgestuft sind, zusammenzustellen. So wertvoll derartige Tabellenwerte[1]) für die schnelle ungefähre Orientierung des Fachmannes, der häufig mit Projektierung und Wirtschaftlichkeitsberechnung zu tun hat, sind, so verführerisch wirken sie auf den Nichtfachmann und auch auf Ingenieure, denen das Fachgebiet ferner liegt, zur kritiklosen Verallgemeinerung. Ihre Anwendung auf Fälle, auf die die zugrunde gelegten Bedingungen nicht zutreffen, zeitigt häufig eine unrichtige oder nicht die wirtschaftlichste Ausführung einer Kraftanlage. Das im nachstehenden zusammengestellte Material soll vielmehr zu der in jedem Einzelfalle notwendigen selbständigen Aufstellung der Betriebskosten Anregung, und soweit dies im Rahmen des Werkchens möglich, auch Unterlagen bieten; die einzelnen zur Veranschaulichung durchgeführten Wirtschaftlichkeitsberechnungen haben mehr den Zweck, Rechnungsbeispiele zu bringen, als allgemein gültige Zahlen.

---

[1]) Vgl. Eberle, Kosten der Krafterzeugung; Schmidt, Ökonomik der Wärmeenergien; Marr, Kosten der Krafterzeugung; Barth, Die zweckmäßigste Betriebskraft.

Wird auf die Beiziehung eines Beraters verzichtet, so muß zum mindesten die aufmerksamste Besichtigung ausgeführter Anlagen der gleichen Industrie und möglichst gleich großer Betriebe empfohlen werden. Diese Vorsicht schützt am sichersten vor späteren Überraschungen in der Höhe der Kapitalkosten, durch kostspielige Bauarbeiten oder durch teure Nebeneinrichtungen, die in den eingeholten Anschlägen nicht aufgeführt waren. Für Unvorhergesehenes, für Aushilfsantriebskraft während der Montage (bei Erweiterungen), für Montage, Probebetrieb u. dgl. müssen immer reichliche Summen in den Anschaffungskosten den Verhältnissen entsprechend eingesetzt werden.

Die Vergebung der Anlage soll stets an Hand eines Vertrages erfolgen, der außer Preis und Zahlungsbedingungen, den Kosten für Fracht und Montage, Inbetriebsetzung, Probebetrieb u. dgl., insbesondere den Umfang der Lieferung genau angibt, um spätere Nachforderungen auszuschließen, und ferner die Garantien über Leistungsgrenzen, Verbrauchsziffern bei verschiedenen Belastungen, Regulierfähigkeit sowie die üblichen Garantien über Haltbarkeit bzw. Nachlieferung von materalfehlerbehafteten oder mangelhaft ausgeführten Teilen ausführlich angibt. Für Nichterfüllung der Garantiezahlen oder Lieferungsverspätungen können Minderungs- oder Konventionalstrafen vereinbart werden. Der Nachweis der Garantieerfüllung erfolgt bei größeren Anlagen zweckmäßig durch Abnahmeversuche, deren Kosten bei Erfüllung der Auftraggeber, bei Nichterfüllung der Garantie der Lieferant zu tragen hat. Dem Lieferanten wird das Recht zugestanden, bei Nichterfüllung der Garantie vor Inkrafttreten der Minderungsstrafe oder vor endgültiger Verweigerung der Abnahme den Versuch zu machen, die Anlage in ordnungsgemäßen und den Garantien entsprechenden Zustand zu versetzen.

Ein sachgemäß aufgesetzter Vertrag schützt beide Teile vor späteren unerquicklichen und kostspieligen Streitfällen. Zweckmäßig wird in dem Vertrag vorgesehen, daß aus dem Vertrag erwachsende Streitfragen einem Schiedsgericht zur endgültigen Entscheidung übertragen werden, welches derartige technische Streitfragen meist schneller und mit geringeren Kosten schlichtet als das gewöhnliche Prozeßverfahren.

Zweiter Abschnitt.
Grundlagen für den wirtschaftlichen Vergleich der Wärmekraftmaschinen.

Erstes Kapitel.
Verfügbare Krafterzeuger.

Von einer Behandlung der Wasser- und Windkraftanlagen soll in den nachstehenden Abschnitten abgesehen werden. Die Windkraft kommt ihrer Unregelmäßigkeit in bezug auf Zeit und Stärke halber für einen größeren geregelten Fabrikbetrieb kaum in Frage.

Die Anwendbarkeit der Wasserkraft ist ebenfalls keine allgemeine, sondern, selbst bei Anwendung elektrischer Übertragung, immer an eine günstige örtliche Lage der Fabrik zur verfügbaren Wassergefällstelle gebunden. Auch die Betriebskosten von Wasserkraftanlagen lassen sich nicht allgemein behandeln; dieselben werden überwiegend durch die Kapitalkosten bestimmt, denen gegenüber die laufenden Kosten für Bedienung, Unterhaltung und Schmierung keine große Rolle spielen (letztere bewegen sich etwa um 10 % der Gesamtkosten). Die Kapitalkosten der Wehr- und Schützenbauten, der Zu- und Ableitungskanäle, der eigentlichen Turbinenanlage, des Grunderwerbs und der Ablösung von Wasserrechten usw. sind aber je nach Gefällshöhe, durchschnittlicher Wassermenge, den örtlichen Verhältnissen und der Bodenbeschaffenheit sowie dem Gefällsverlauf des Flusses u. a. mehr außerordentlich verschieden, so daß z. B. in Deutschland die Anlagekosten ausgeführter Anlagen sich zwischen 80 M. und 1600 M. für die mittlere Jahrespferdestärke bewegen.

Eine Entscheidung über die Zweckmäßigkeit des Ausbaues einer verfügbaren Wasserkraft bedarf daher stets eingehender Voruntersuchungen, die von nur durchaus fachkundiger Seite geführt werden können; namentlich können die Anlagekosten sich in dem Falle wesentlich erhöhen und die Ausbauwürdigkeit in Frage stellen, wenn längere Zeit mit ungenügender Wasserführung zu rechnen ist, so daß zur Aufrechterhaltung des Betriebes eine fast dem vollen Kraftbedarf entsprechende Wärmekraftreserve aufgestellt werden muß. Zu erwähnen ist, daß Hochwasser, also vorübergehende reichliche Wassermenge, meist nicht eine Vermehrung, sondern eine Verminderung der Leistungsfähigkeit der Wasserkraftanlage (infolge der Gefällsverminderung durch den höheren Stand des Niederwasserspiegels) zur Folge hat, so daß also auch bei häufigem Hochwasser oft höhere Kapitalkosten (entweder für eine reichlichere Turbinenanlage oder für die Reserve) aufgewandt werden müssen. Vorteilhaft ist der Ausbau einer Wasserkraft häufig, wenn es möglich ist, die bei reichlicher Wasserführung auftretenden Mehrkrafterzeugung, die für den eigenen Betrieb nicht benötigt wird, als elektrische Energie an ein fremdes Netz zu verkaufen, und umgekehrt aus diesem Netz in Zeiten des Wassermangels die fehlenden Belastungsspitzen zu beziehen (ständige volle Ausnutzung der Wasserkraft, Wegfall einer eigenen Reserve).

Sind auf Grund eingehender Voruntersuchungen und genauer Feststellung des Anlagekapitals die Betriebskosten einer Wasserkraft ermittelt, wobei die bei elektrischer **Fernübertragung** in den Leitungen, Transformatoren (Spannungserhöhung oder -erniedrigung) und namentlich in den Umformern (Änderung der Stromart [Gleichstrom, Wechselstrom, Drehstrom]) und Akkumulatoren auftretenden **erheblichen Kraftverluste** [1]) in den laufenden Betriebskosten entsprechend berücksichtigt werden müssen, so kann durch Vergleich mit den Betriebskosten der geeignet erscheinenden Wärmekraftmaschinen für Kraft und Heizung über die Wirtschaftlichkeit der Wasserkraftanlage entschieden werden. Die Ausbauwürdigkeit der Wasserkraft wächst mit der Höhe der örtlichen Brennstoffpreise,

---

[1]) Nach Reischle, Z. B. R. V. 1912, Nr. 1, betrugen die Übertragungsverluste bei einem Betrieb mit rd. 60 km Fernleitung, zweimaliger Transformierung, Umformung von Drehstrom in Gleichstrom und Akkumulatoren 40—50 %, bei einer zweiten Anlage ohne Umformung (Drehstrom) rd. 25 % bei ständig voller Belastung.

namentlich wenn geringer Wärmebedarf des Betriebes, Abwärmeverwertung ausschließt.

In den nachfolgenden Abschnitten werden aus den genannten Gründen nur die Unterlagen entwickelt, die den wirtschaftlichen Vergleich der für Fabrikbetriebe geeigneten **Wärmekraftmaschinen** im Einzelfall ermöglichen sollen.

Für die Kraftversorgung von industriellen Anlagen treten heute drei Gruppen von Energieerzeugern in Wettbewerb:

1. Die **Dampfkraftanlagen**, welche den Wärmeinhalt des durch Verfeuerung von Brennstoffen unter Dampfkesseln erzeugten Wasserdampfes zum Teil in mechanische Energie umsetzen durch Entspannung desselben in Zylindern mit hin- und hergehenden Kolben (Kolbendampfmaschinen) oder in Düsen und Schaufeln von Laufrädern (Umwandlung von Druck in Strömungsgeschwindigkeit, Dampfturbinen). Die Entspannung erfolgt entweder nicht ganz bis auf den Luftdruck der Umgebung (Gegendruckmaschinen), oder in die Atmosphäre (Auspuffmaschinen) oder bis unter den atmosphärischen Druck. In letzterem Falle muß der Arbeitsdampf, um aus dem mittels Luftpumpe unter Luftleere gehaltenen Arbeitsraum gegen den Druck der Atmosphäre entfernt werden zu können, durch Kühlung oder Wassereinspritzung verflüssigt und durch eine Wasserpumpe abgesaugt werden (Kondensationsmaschine). Der Dampf kann der Dampfmaschine mit verschieden hohem Druck (6—18 atm. Überdruck) als gesättigter (feuchter) Dampf oder in überhitztem (gasförmigem) Zustand, also mit höherer Temperatur als dem Sättigungsdruck entspricht, zugeführt werden. Zeitgemäße Anlagen werden gewöhnlich mit 12 atm. Überdruck und 300^0 C Dampftemperatur betrieben.

2. Die **Explosionsmotoren**. Diese „Verbrennungskraftmaschinen" erzeugen das hochgespannte Arbeitsmittel selbst im Zylinder, indem sie Luft und den gas- oder dampfförmigen Brennstoff in geeignetem, brennbarem Gemisch ansaugen, beim nächsten Hub verdichten und das verdichtete Gemisch durch elektrische oder Glührohrzündung zur plötzlichen Verbrennung (Explosion, Verpuffung) und Arbeitsabgabe (Arbeitshub) bringen; der dem Arbeitshub folgende Hub dient zum Ausstoßen der Verbrennungsrückstände (Viertakt); beim „Zweitakt" erfolgen die 4 Vorgänge mit Hilfe von Gas- und Luftpumpen während zweier Hube.

Die Explosionsmotoren verarbeiten flüssige Brennstoffe, die beim Ansaugen im „Vergaser" verdampft oder nebelförmig zerstäubt werden, oder „Sauggas", das durch Vergasen von festen Brennstoffen in geschlossenen Schachtöfen unter Luft- und Wasserdampfzuführung erzeugt und vom Motor nach Bedarf angesaugt wird.

3. Die „Dieselmaschinen" sind gleichfalls Verbrennungskraftmaschinen, die flüssige Brennstoffe von höherem Verdampfungs- und Flammpunkt, also hauptsächlich schwerere Öle verarbeiten, und ohne fremde Zündung auskommen; sie saugen kein Gemisch, sondern reine Luft an, die sehr hoch verdichtet wird, so daß infolge der hohen Erhitzung der Verbrennungsluft der in die verdichtete Luft eingespritzte Brennstoff sich selbst entzündet und langsam verbrennt; auch hier ist der Arbeitsvorgang im Viertakt oder Zweitakt durchführbar.

4. Außer der eigenen Krafterzeugung kommt häufig für die Kraftversorgung, namentlich kleiner oder intermittierender Betriebe, der Bezug elektrischen Stromes aus fremdem Netz von einer fremden Kraftquelle (Überlandzentrale, städtische Zentrale, Industriehof u. dgl.) in Frage. Die Wirtschaftlichkeit des Strombezuges hängt fast ausschließlich von der Tarifstellung des Kilowattstundenpreises ab, da die Kapitalkosten für Motoren, Kabel, Schaltanlagen usw. bei größeren Betrieben meist gegenüber den Stromkosten zurücktreten und auch die Kosten für Bedienung, Schmierung u. dgl. verschwindend klein sind. Bei bestimmtem Kraftbedarf sind die zu erwartenden Stromkosten aus dem vorliegenden Tarif unter Berücksichtigung der Rabattsätze leicht zu ermitteln. Die Rabattsätze steigen gewöhnlich mit der Höhe der jährlich abgenommenen Strommenge und kommen außerdem in erhöhtem Maße Betrieben mit möglichst gleichmäßiger Entnahme zugute. Sie steigen mit der Höhe der sog. „Benutzungsstunden" (vgl. S. 205). Bei Zentralen, die viel Lichtstrom zu liefern haben, gilt während der Beleuchtungszeiten (Sperrzeiten) erhöhter Tarif. Die bei Strombezug zu erwartenden Betriebskosten sind aus Strommenge, Strompreis (unter Einsetzung der Energieverluste in Leitungen, Umformern, Motoren, Riemen und Seilen) sowie unter Berücksichtigung der meist geringen Kapitalkosten und Kosten für Bedienung und Schmierung zu ermitteln und den mit Wärmekraftmaschinen erzielbaren Kraftkosten gegenüberzustellen.

Zweites Kapitel.
Betriebstechnische und allgemeine wirtschaftliche Eigenschaften.
A. Die Dampfkraftanlagen.

Die Dampfkraftanlage muß beinahe in allen Fällen bei der Entscheidung über das geeignete Maschinensystem mit zum Vergleich herangezogen werden, da ihr gerade für Fabrikbetriebe eine Reihe wertvoller betriebstechnischer Vorzüge eigentümlich ist, die gegenüber Verbrennungskraftmaschinen selbst bei etwas höheren Betriebskosten zu ihren Gunsten bestimmen können. Auch für die Betriebskosten der Kraft erweist sich die Wahl der Dampfmaschine fast immer am günstigsten in den Betrieben, wo höher gespannter Dampf für Fabrikationsvorgänge erzeugt werden muß, wo also sowohl die Kapitalkosten für einen wesentlichen Teil der Dampfanlage (Kessel, Speisepumpen und Schornstein) sowie die Heizerkosten ohnehin aufgewendet werden müssen; hier kann die Dampfmaschine schon bei kleinem Kraftbedarf von einigen Pferdestärken wirtschaftlich berechtigt sein, während sie ohne gleichzeitigen Heizdampfbedarf von etwa 15 PS abwärts der hohen, der Kraft zur Last fallenden erwähnten Kapitalkosten wegen gegenüber den Kleinverbrennungsmotoren oder dem Elektromotor meist nicht wettbewerbfähig ist.

Betriebstechnisch wesentlich überlegen ist die Dampfanlage allen Arten der Kraftversorgung in bezug auf die hohe Überlastbarkeit[1]) der Dampfmaschine (vorübergehend bis über 50 %, dauernd etwa 35 % Leistungssteigerung der Normallast möglich), auf geringen Brennstoffmehrverbrauch bei Unterlastung[2]), Anpassungsfähigkeit und Ausbaumöglichkeit bei Veränderungen des Fabrikbetriebes[3]), Betriebssicherheit der Maschine auch bei weniger sorgfältiger Maschinenwartung, Eignung für billige Brennstoffe, Unabhängigkeit von einem bestimmten Brennstoff[4]), Anwendbarkeit für Antrieb beliebig rasch und langsam laufender

---
[1]) Über die Kesselleistungsgrenzen vgl. S. 59.
[2]) Vgl. S. 114.
[3]) Vgl. S. 51 u. 52.
[4]) Vgl. S. 47 u. 55.

Maschinen, und schließlich in bezug auf die Möglichkeit, eine weitgehende Verwertung von Kesselabwärme und Maschinenabdampf in Betrieben mit erheblichem Wärmebedarf durchzuführen, zum Ersatz für unmittelbar aufzuwendende Brennstoffmengen. Der Abdampf, welcher der Maschine mit je nach Bedarf wählbarem Druck nach Arbeitsabgabe entströmt, führt noch etwa 60 % der zu seiner Erzeugung verbrauchten Brennstoffwärme als Dampf- (Verdampfungs-) und Flüssigkeitswärme mit sich; diese Wärme kann er in geeigneten Heizvorrichtungen für den erforderlichen Wärmebedarf großenteils nutzbar abgeben, statt sie, wie früher meist üblich, in den Kanal oder in die Luft abzuführen. Durch diese ,,Abdampfverwertung", deren anwendbare Formen und jeweiliger Nutzen im 3 Abschnitt behandelt werden, werden die Brennstoffkosten der Kraft beträchtlich vermindert. Eine Abwärmeverwertung ist bei Verbrennungskraftmaschinen zwar ebenfalls anwendbar, doch stehen, entsprechend dem höheren thermischen Wirkungsgrad, für die Krafteinheit viel geringere Abwärmemengen und überdies in weniger brauchbarer Form (nur heiße Gase und warmes Wasser) zur Verfügung, so daß sie ausschließlich für Betriebe mit verhältnismäßig kleinem Wärmebedarf hierfür in Betracht kommen kann[1]). Die vielgestaltige Möglichkeit, die ausgiebigen Abwärmemengen der Dampfanlage nutzbar zu verwenden, verschiebt häufig das Bild der Betriebskostenrechnung zugunsten der Dampfkraft; in Betrieben mit großem Heizdampfbedarf (Raumheizung, Textil-, Papier-, Gummi- Brau-, Zucker-, Schokolade-, Konserven-, Leder-, Leimindustrie, chemische, Kali-, Brikett-, Pulverfabriken u. a. mehr) erweist sich die Dampfanlage mit sachgemäß durchgeführter Abdampfverwertung fast immer als die unbestritten wirtschaftlichste Betriebskraft.

Nachteile der Dampfkraft sind vor allem die Genehmigungs- und Revisionspflicht, der große, in Städten teure Grundflächenbedarf für Schornstein und Kesselhaus, das für Drucke über 6 Atm. nicht unter bewohnten Räumen[2]) liegen darf, die Rauch-

---

[1]) Vgl. S. 174.
[2]) Mit Ausnahme besonderer Kesselbauarten ohne größeren Wasserraum (nur Wasserrohre von weniger als 100 mm l. W., Dampf- und Schlammsammler).

und Rußentwicklung, der große Wasserbedarf und die Rücksicht auf die Wasserbeschaffenheit (Kesselstein), vor allem aber die starke Abhängigkeit der Brennstoffkosten von der Betriebszeit (Verschmutzung der Kessel) sowie vom guten Willen und der Geschicklichkeit der Heizer und Maschinisten, die in gut zu betreibenden Anlagen ständige Überwachung oder besondere Einrichtungen (automatische Feuerung, registrierende Manometer usw.) erforderlich macht. Dazu kommt der erhebliche Brennstoffverbrauch vor Betriebsbeginn und in den Pausen (Anheizen, Abbrand und Abkühlung), die lange Anheizzeit bis zur Betriebsbereitschaft (2—3 Stunden) sowie die Notwendigkeit hoher Kapitalkosten für selten betriebene Reservekessel (wegen Kesselreinigung).

Von den Betriebskosten können sich hauptsächlich Kapital- und Brennstoffkosten, die bei Verbrennungskraftmaschinen dank ihrem einheitlichen Aufbau und wenig veränderlichem Brennstoffverbrauch für den ersten Vergleich ziemlich eindeutig bestimmbar sind, bei der Dampfanlage innerhalb sehr weiter Grenzen bewegen. Es besteht hier die Möglichkeit, Anlagekosten und Brennstoffbedarf in erheblichem Maße zu verändern, wobei natürlich Mehranlagekapital durch Verminderung des Brennstoffverbrauches oder sonstige Vorteile einen Rückgang der Betriebskosten bezwecken muß.

Die Brennstoffausnutzung der Dampfanlage kann sich zwischen 4% (mittelmäßige Kessel- und Leitungsanlage, Auspuffmaschine mit niederem Druck und Sattdampf) und 75% (vollkommene Dampferzeugeranlage mit Selbstbeschickung und Kondensatrückgewinnung, hoher Druck und Überhitzung, vollständige Abwärmeverwertung) bewegen, ohne Abdampfverwertung zwischen 4% und 15%. Die richtige Wahl des Verhältnisses von Kapitalaufwand zu den Brennstoff- und Bedienungskosten erfordert eingehende rechnerische Betrachtung für jeden Einzelfall, namentlich da der Wärmepreis der Kohle je nach Lage der Fabrik sehr verschieden ist. Eine dampftechnische Betriebsverbesserung, die z. B. in München durchaus wirtschaftlich ist, kann unter gleichen Betriebsverhältnissen z. B. in Düsseldorf (halber Wärmepreis) unangebracht und betriebskostenerhöhend sein; die von Fabrikbesitzern oft geübte Übertragung von Einrichtungen, die bei anderwärts gelegenen besichtigten Betrieben sich bewähren, darf daher nicht ohne die im ersten Abschnitt behandelte wirtschaftliche Nachprüfung unter Zugrundlage der eigenen Verhältnisse erfolgen.

Die Brennstoffkosten der Dampfanlage, die **Dampfkosten**, können durch höhere Anlagekosten gegenüber der einfachsten Ausführung nach zwei Richtungen hin vermindert werden: auf dem Gebiet der **Dampferzeugung** und der **Dampfverwendung**. Sie berechnen sich für einen bestimmten Kraft- und Heizbedarf aus der verbrauchten **Dampfmenge** und aus den Kosten der für 1 t verdampften Wassers aufgewandten Kohle, **dem Dampfpreis** (in M./1000 kg Dampf). Jede Verminderung des einen der beiden Faktoren, Dampfmenge und Dampfpreis, hat also einen Rückgang der Brennstoffkosten zur Folge, und zwar umso fühlbarer, je höher der unverändert gebliebene Faktor ist; die Ersparnissumme, welche die **Verminderung des Dampfpreises** um einen bestimmten Prozentsatz ergibt, steigt z. B. proportional mit dem **Dampfbedarf** des Betriebes.

Der **Dampfpreis** berechnet sich aus dem **Kohlenpreis** im Kesselhaus und der sogenannten **Verdampfungsziffer**, d. h. der Anzahl Kilogramm Dampf, die 1 kg Kohle in der vorliegenden Kesselanlage erzeugt:

$$\text{I. Dampfpreis} = \frac{\text{Preis von 1000 kg Kohle}}{\text{Verdampfungsziffer}}.$$

Erziel z. B. eine Ruhrkohle zum Preis von 16 M./Tonne eine 8 fache Verdampfung, so beträgt der Dampfpreis 2 M. Der Dampfpreis nimmt also mit steigendem Kohlen- oder richtiger Wärmepreis zu und nimmt mit zunehmender Verdampfung, also besserer Brennstoffausnutzung in der Kesselanlage, ab. Die Verdampfung ist ein Maß für den Anteil des Brennstoffheizwertes, der sich in der Dampfwärme wiederfindet; die Größe der Verdampfungsziffer wird also von drei Faktoren beeinflußt, vom **Heizwert** des Brennstoffs, von der Fähigkeit der Dampferzeugungsanlage einen mehr oder weniger großen Teil des Wärmewertes der jeweils verfeuerten Kohle in Dampfwärme überzuführen (**Wirkungsgrad**) und schließlich von der Wärmemenge, die nötig ist, um 1 kg Wasser von Speisewassertemperatur in Dampf vom gewünschten Zustand zu verwandeln (**Erzeugungswärme**):

II. Verdampfungsziffer =

$$= \frac{\text{Kohlenheizwert} \times \text{Wirkungsgrad der Kesselanlage}}{\text{Erzeugungswärme}^{1})}.$$

Zur Erniedrigung des Dampfpreises kann nach I und II entweder eine ortsbilligere oder hochwertigere Kohle herangezogen, oder der Wirkungsgrad der Anlage kann durch Einrichtungen zur besseren Wärmeausnutzung erhöht, oder schließlich die Erzeugungswärme durch Erhöhung der Speisewassertemperatur erniedrigt werden.

Bei Verheizung billigerer Brennstoffe darf natürlich die Abnahme der Verdampfung nicht größer sein als die des Kohlenpreises. Kohlenheizwert und Kesselwirkungsgrad stehen in engem Zusammenhang; mit hochwertigen Kohlen ist bei gleicher Feuerung gewöhnlich ein besserer Wirkungsgrad zu erzielen als mit aschereichen, feinkörnigen oder stark wasserhaltigen Kohlen. Die Verheizung billigerer Brennstoffe (z. B. Kohlengrus, Feinkohle, Rohbraunkohle) kann indes durch Anwendung besonderer Feuerungsbauarten (Unterwind, Muldenfeuerung, Selbstbeschicker, Oberluftzuführung usw.) auch mit hohem Wirkungsgrad erfolgen. Der Preis der Kohle ein und derselben Zeche wird durch Wäsche und Sortierung stark beeinflußt (Förderkohle = Stückkohle mit Grus vermischt und Nußkohle, deren Preis meist mit abnehmender Stückgröße also zunehmendem Aschegehalt fällt und für Feinkohle und Magerkohle (viel Asche, wenig Gas) am geringsten ist). Falls die Speisewassererwärmung durch Kesselabwärme erfolgt (Rauchgasvorwärmer), ist Steigerung des Wirkungsgrades und Erhöhung der Speisewassertemperatur gleichbedeutend, nicht aber wenn sie z. B. durch Maschinenabdampf erzielt wird. Für die Kohlenwahl darf nicht der Wärmepreis allein maßgebend sein, sondern auch der Hinblick auf günstige Verheizung und allenfalls Lagerung; Braunkohle und Torf erfordern z. B. bedeutende Kapitalkosten

---

[1]) Die Erzeugungswärme wird für Dampf aus Wasser von 0⁰ den in jedem Taschenbuch enthaltenen Dampftabellen entnommen; für überhitzten Dampf ist sie um die Überhitzungswärme höher, als der Sättigungstemperatur entspricht, vgl. Zahlentafel 28, S. 143; für wärmeres Wasser ist sie um die gleiche Anzahl WE, welche den Graden der Speisewassertemperatur entsprechen, geringer. Die Verdampfung steigt also bei vorgewärmtem Wasser.

Betriebstechnische und allgemeine wirtschaftliche Eigenschaften. 43

für Lagerung, die im Wärmepreis zu berücksichtigen sind. Hochwertige aber stark schlackende Kohlen können ferner z. B. einer bessergeeigneten Kohle mit geringerem Heizwert gegenüber, ganz abgesehen vo größeren Roststabverschleiß, durch höheren Luftüberschuß infolge des häufigen Feuertüröffnens eine geringere Verdampfung ergeben.

Zahlentafel 4.
Verdampfungsziffern und Dampfpreise.
Kohle von 7500 WE, Speisewassertemperatur 30° C; von etwa 75 % Ausnutzung an ist Kondensatspeisung oder Ekonomiser Bedingung.

Wirkungsgrad der Dampferzeugeranlage %	Gesättigter Dampf Spannung in Atm. Überdruck			Überhitzter Dampf (300° C) Spannung in Atm. Überdruck	
	6	9	12[1])	9	12
	Verdampfungsziffern				
50	5,93	5,89	5,86	5,42	5,37
60	7,11	7,06	7,04	6,50	6,45
70	8,30	8,25	8,21	7,58	7,51
80	9,50	9,42	9,38	8,66	8,60
85	10,08	10,01	9,98	9,20	9,13
Dampfpreise: a) Kohle 1,50 M., b) Kohle 3 M.					
	M.	M.	M.	M.	M.
	a | b	a | b	a | b	a | b	a | b
50	2,53 | 5,06	2,55 | 5,10	2,56 | 5,12	2,77 | 5,54	2,79 | 5,58
60	2,11 | 4,22	2,12 | 4,24	2,13 | 4,26	2,31 | 4,62	2,33 | 4,66
70	1,81 | 3,62	1,82 | 3,64	1,83 | 3,66	1,98 | 3,96	2,00 | 4,00
80	1,58 | 3,16	1,59 | 3,18	1,60 | 3,20	1,73 | 3,46	1,75 | 3,50
85	1,49 | 2,98	1,50 | 3,00	1,51 | 3,01	1,63 | 3,26	1,64 | 3,28

Zur Erhöhung der Speisewassertemperatur können heiße Niederschlagswässer aus Dampfleitungen und Heizvorrichtungen mit dem kalten Wasser vermischt oder unmittelbar verspeist werden, ferner kann die Erwärmung durch Maschinen- oder Pumpenabdampf und schließlich durch Abgase von Verbrennungskraftmaschinen, Öfen oder der Kessel selbst erfolgen. Die Erniedrigung des Dampfpreises bei Speisewassererwärmung ist oft größer, als nur der Verminderung der Erzeugungswärme entspricht (6—7° Erwärmung würden etwa 1 % Kohlenersparnis

---
[1]) Entspricht Normaldampf (639 WE).

entsprechen), da durch die gleichzeitige Entlastung der Feuerung, die ja weniger Wärme zur gleichen Dampferzeugung aufzubringen hat, die Temperaturen der die Kessel verlassenden Gase niedriger bleiben, also der Abwärmeverlust geringer und der **Kesselwirkungsgrad** besser wird. Erfolgt die Speisewassererwärmung durch die Kesselabwärme (im Ekonomiser), so faßt man in der Regel die Brennstoffausnutzung im Ekonomiser und im Kessel zum **Gesamtwirkungsgrad** der Dampferzeugeranlage als nutzbar gemacht zur Vorwärmung, Dampferzeugung und allenfalls Überhitzung in eine Zahl zusammen.

Außer der Nutzbarmachung der Kesselabwärme stehen zur **Erhöhung des Kesselwirkungsgrades** (gegenüber der einfachen Anlage mit unregelmäßiger Feuerbedienung von Hand) eine Unzahl von Vorrichtungen zur Verbesserung der **Verbrennung**, zur Vermeidung von Luftüberschuß usw. zur Verfügung (Selbstbeschicker, Unterschubfeuerungen, Ketten- und Wanderroste, Schütt- und Muldenfeuerungen, selbsttätige Zugregelung, Oberluftzuführung, Unterwind- und Saugzug, Kontrollapparate u. a. mehr), deren Nutzen und Anwendbarkeit selbstredend ganz von den jeweiligen Kesselverlusten bei Handbedienung abhängen. Eine allgemeine Beurteilung ist nicht möglich; gegenüber guter Kesselbedienung von Hand kann z. B. durch automatische Feuerung eine Brennstoffmehrausnutzung von 5—10 % erzielt werden, bei Anlagen mit schlechter Ausnutzung und namentlich bei schwankendem Betrieb unter Umständen erheblich mehr. Bei vorhandenen Anlagen müssen zur Entscheidung über den Nutzen von derartigen Verbesserungen, die eine höhere Brennstoffausnutzung bewirken sollen, immer erst genaue Verdampfungsversuche mit Feuerungsuntersuchung zur Feststellung der gegenwärtigen Arbeitsweise und der noch vorhandenen Verluste[1]) durchgeführt werden. — Eine Verminderung des Dampfpreises kann schließlich noch durch eine **zweckmäßigere Belastung** von Rost- und Kesselheizfläche erzielt werden (z. B. Rostabmauerung zur Vermeidung von Luftüberschuß bei Unterbelastung, Vergrößerung der An-

---

[1]) Unverbrannte Gase, Wärmeinhalt der Abgase, unvollkommene Verbrennung durch Luftüberschuß, Verbrennliches in den Rückständen, Abkühlung durch Leitung, Strahlung und Undichtheiten.

lage oder Verminderung der zu erzeugenden Dampfmenge bei forcierten Kesseln). Voll wirksam sind alle Verbesserungen, die eine Erhöhung der Brennstoffausnutzung anstreben, auf die Dauer nur, wenn durch fortlaufende Kontrolle (Kohlenwägung, Wassermessung, Abgastemperaturen und -zusammensetzung usw.) ein genaues Bild der jeweiligen Arbeitsweise geliefert wird, das instand setzt, jede Verschlechterung sofort zu beheben.

Um ein Bild von den Grenzen, in denen sich **Verdampfungsziffern** und **Dampfpreise** bei Verheizung von Ruhrkohle bewegen können, zu geben, sind in der Zahlentafel 4 die Ziffern für die praktisch auftretenden Gesamtwirkungsgrade von 50 bis 85 % (letzteres nur bei den vollkommensten Anlagen erreichbar) für gebräuchliche Dampfdrucke (gesättigter Dampf und Überhitzung) zusammengestellt, und zwar für einen Kohlenpreis von 15 M. (Rheinland) und 30 M. (Süddeutschland) [5,4- bis 10 fache Verdampfung, 1,49 M. bis 5,58 M. Dampfpreis]. Ist die Verdampfungsziffer durch einen **Verdampfungsversuch** ermittelt, so erhöht sich für die Dampfkostenberechnung der hieraus bestimmte Dampfpreis unter Berücksichtigung der Anheiz- und Abbrandkohlen bei 10—12 stündigem Betrieb um etwa 10 %, bei 20 stündigem Betrieb um 5—6 % und bei 24 stündigem Dauerbetrieb gewöhnlich um 2—3 %. Aus der Zahlentafel ist der auffallend geringe Mehraufwand an Brennstoffkosten zur Erzielung höherer Dampfdrucke deutlich ersichtlich; bei einem Kohlenpreis von 15 M./Tonne erfordern 1000 kg Dampf für 1 Atm. Drucksteigerung nur etwa $\frac{1}{3}$ Pf. Mehraufwand bei Sattdampf und etwa $\frac{2}{3}$ Pf. bei Heißdampf. Auf diese Eigenschaft, **in der der Nutzen der Abdampfverwertung begründet liegt**, wird später (vgl. S. 146) noch zurückzukommen sein.

Die Zahlentafel 4 beleuchtet auch den großen Einfluß, den die Feuerbedienung auf die Dampfkosten hat; beträgt z. B., was bei schwankender Dampfentnahme und unaufmerksamer Bedienung durchaus nicht zu den Seltenheiten gehört, die Durchschnittsausnutzung 55 %, und wird sie durch Selbstbeschicker, Kontrolle u. dgl. auf den erreichbaren Durchschnittsbetrag von 70 % erhöht, so bedeutet dies einen Rückgang der Brennstoffkosten um 27 %, also um einen Betrag, der bei größerem Kohlenkonto erhebliche Investierungen rechtfertigt. Der fortlaufenden Verdampfungskontrolle (durch Kohlenwägung und Speisewasser-

messer) wird heute noch vielfach zu wenig Wert beigelegt;
daraus erklären sich zum Teil die hohen Betriebszuschläge zu
den Brennstoffkosten der Dampfanlagen (vgl. S. 115), die nach den
Erfahrungen der Praxis zu den bei Versuchen bestimmten oder
garantierten Verbrauchswerten gemacht werden müssen, da die
genaue Beaufsichtigung bei der Durchführung von Versuchen
fast immer günstigere Ergebnisse, als im Dauerbetrieb ohne
Kontrolle erreichbar, zur Folge hat.

Die Wirtschaftlichkeit aller zur Verminderung des Dampfpreises anwendbaren Maßnahmen wächst, wie früher (S. 11)
allgemein behandelt, mit der Höhe des Kohlenpreises, der Größe
des stündlichen Dampfbedarfes und der Dauer des Betriebes. Zur
Veranschaulichung wird in Zahlentafel 5 die Wirtschaftlichkeit
eines Rauchgasvorwärmers untersucht, der nach Garantie die
Verdampfung in einem mit 20 kg/qm stündlicher Dampfleistung
arbeitenden 100-qm-Zweiflammrohrkessel von einer durchschnittlich 7,5 fachen auf eine 8,5 fache erhöhen soll und ein Anlagekapital
von 5400 M., also (bei 15 % für Verzinsung, Unterhaltung, Abschreibung und Kraftverbrauch) 810 M. Betriebskosten verursacht. Die Zusammenstellung ist für 5-, 10- und 24 stündigen
Betrieb sowie für einen niederen, einen mittleren und einen
hohen Kohlenpreis durchgeführt; der Kohlenverbrauch ohne
Ekonomiser an 300 Arbeitstagen beträgt 400, 800 bzw. 1920 t,
die garantierte Ersparnis berechnet sich zu 47, 94 bzw. 225 t.

Zahlentafel 5.
Gewinnberechnung für einen Speisewasservorwärmer.

Betriebsdauer, Stunden	5			10			24		
Kohlenpreis . M./Tonne	15	20	30	15	20	30	15	20	30
Kohlenkonto ohne Ekonomiser . . . . . M.	6000	8000	12000	12000	16000	24000	28800	38400	57600
Ersparnis durch den Ekonomiser . . . . . M.	705	940	1410	1410	1880	2820	3375	5500	6750
Tilgungszeit des Anlagekapitals in Jahren . .	7,65	5,75	3,83	3,83	2,87	1,92	1,60	0,98	0,80
Reinersparnis . . . M.	—105	130	600	600	1070	2010	2565	4690	5840
Reingewinn in Proz. des Anlagekapitals . . . %	—1,9	2,4	11,1	11,1	19,8	37,2	47,5	87,0	108,0

Betriebstechnische und allgemeine wirtschaftliche Eigenschaften. 47

Zahlentafel 6[1]).

Mittlere Dampfpreise in M./1000 kg in Deutschland (1912) (mittelgut betriebene Anlagen bei 12 stündiger Betriebsdauer also etwa 10 % Anheiz- und Abbrandverluste; bei Dauerbetrieb Preise 5—10 % geringer; bei vollkommenen, dauernd kontrollierten Anlagen mit 12 stündigem Betrieb 10—15 % geringere Dampfpreise erreichbar).

Ort	Wettbewerbfähige Kohlensorten	Dampfpreis M./1000 kg (Normaldampf)[2])	Bemerkung
Halle	Rohbraunkohle mit geringer Fracht (Muldenfeuerung u. dgl.)	1,40	Niederer Dampfpreis
Kassel....			
Leipzig	Sächs. Braunkohle	1,50	
Essen	Ruhrkohle mit geringer Fracht	1,50	
Magdeburg...	Sächs. Braunkohle	1,80	
Köln	Ruhrkohle, Brühler Braunkohle, Braunkohlenbriketts	1,85	
Breslau	Schlesische Steinkohle	2,10	Mittlerer Dampfpreis
Frankfurt a. M..	Ruhrkohle, Englische Kohle (Schiffsfracht)	2,20	
Chemnitz ...	Sächsische Steinkohle	2,20	
Mannheim ...	Ruhrkohle, Saarkohle, englische Kohle	2,30	
Braunschweig .	Rohbraunkohle, Ruhrkohle	2,40	
Danzig	Schles., engl. Steinkohle	2,45	
Hannover ...	Ruhrkohle, engl. Steinkohle	2,50	
Berlin.....	Schles., engl., Ruhrkohle, Niederlausitzer Braunkohlenbriketts	2,60	
Straßburg ...	Ruhrkohle, Saarkohle, belgische Kohle	2,80	Hoher Dampfpreis
Stuttgart ...	Ruhrkohle, Saarkohle	2,90	
Nürnberg ...	Ruhrkohle, böhmische Stein- u. Braunkohle, Braunkohlenbriketts	3,40	
München ...	Ruhrkohle, Saarkohle, oberbayer. Steinkohle, böhmische Braunkohle	3,70	

[1]) In Anlehnung an Scholl, Führer des Maschinisten, 1911, S. 52.
[2]) Normaldampf = Dampf von 639 WE Erzeugungswärme, Dampf von 100° C erzeugt aus Wasser von 0° C.

Bei nur 5 stündigem Betrieb und niedrigem bzw. mittlerem Kohlenpreis erweist sich im betrachteten Fall die Beschaffung des Vorwärmers als nicht wirtschaftlich, während der Jahresgewinn z. B. bei Dauerbetrieb und teurer Kohle das Anlagekapital übersteigt.

Im Gegensatz zu Verbrennungskraftmaschinen, deren Wärmekosten fast nur vom Marktpreis des Brennstoffs abhängen, ist bei einer vergleichenden Betrachtung der Brennstoffkosten der Dampfanlage für die Krafteinheit nach vorstehendem zu berücksichtigen, daß sich bei einem bestimmten Dampfmengenverbrauch der Maschine pro Krafteinheit der Preis der verbrauchten Dampfwärme noch durch Kapitalkosten beeinflussen läßt durch die Wahl des Dampfpreises, bei der, außer dem Wärmepreis der Kohle, der in weiten Grenzen veränderliche Wirkungsgrad der Dampferzeugeranlage bei dem jeweils verheizten Brennstoff Berücksichtigung findet. Infolge der starken Abhängigkeit des Dampfpreises bei gleicher Ausführungsgüte der Kesselanlage vom Kohlenpreis, also von der örtlichen Lage der Fabrik, kann ein allgemeines Urteil über die Wirtschaftlichkeit der Dampfanlage gegenüber anderen Krafterzeugern oder über das Anwendungsgebiet von Dampfmaschinen mit niederem oder hohem Dampfverbrauch nicht aufgestellt werden. Die Zahlentafel 6 enthält eine Übersicht über die Dampfpreise, wie sie in ziemlich gut betriebenen Anlagen in verschiedenen Industriestädten Deutschlands sich gegenwärtig im Durchschnitt bei 12 stündigem Betrieb stellen; mit ganz vollkommenen Anlagen sind noch etwa 10 bis 15 % geringere Dampfpreise erreichbar. In Betrieben ohne Dauerkontrolle sind die Dampfpreise dagegen gewöhnlich höher. Durch Mischung mit Abfallprodukten oder minderwertigen Brennstoffen lassen sich zum Teil bei geeigneter Feuerung die Preise noch weiter herabdrücken; Verfasser kennt z. B. eine Berliner chemische Fabrik, in der durch Mischen von sonst wertlosen Holzabfällen der Fabrikation mit Kohlengrus ein Dampfpreis von 1,90 M. (gegenüber normal 2,60) erzielt wird. Je höher die Dampfpreise, desto mehr wächst die Wettbewerbfähigkeit der Verbrennungskraftmaschinen und des Strombezugs mit der Dampfanlage und die Wirtschaftlichkeit von Verbesserungen zur Herabsetzung des andern Faktors der Dampfkosten, zur Verminderung der Dampfmenge.

Letztere, der **spezifische Dampfverbrauch** der Dampfmaschine, läßt sich nun ebenfalls durch Kapitalkosten in weiten Grenzen verändern: die Einzylinder-Sattdampfauspuffmaschine mit niederem Anfangsdruck, Schiebersteuerung und kleiner Nennleistung verbraucht 16—25 kg Dampf für die Nutzpferdestärke und Stunde, die moderne Verbundheißdampfkondensationsmaschine kommt bei ganz großen Leistungen und hochüberhitztem Dampf von 12—15 Atm. bis auf 4,8 kg Dampfverbrauch herunter. Die Mittel zur Verminderung des Dampfverbrauchs sind in der Hauptsache (außer dem Mehrkostenaufwand für gute Konstruktionen mit Präzisionssteuerungen und kleinen schädlichen Räumen): Erhöhung des Dampfdrucks (Mehrkosten der Kessel, namentlich bei Großwasserraum, der Maschinen für stärkeres Triebwerk), Verteilung des Dampfgefälles auf zwei oder drei Zylinder (teurere Maschinen), Überhitzung (Kosten der Überhitzer, Rohrleitungen, Mehrkosten der Maschine, teures Schmieröl), Anwendung der Kondensation (Mehrkosten der Kondensationsanlage, Rohrleitungen, Wasserversorgung allenfalls mit Rückkühlung) und schließlich die Zentralisation der Krafterzeugung für den ganzen Fabrikbetrieb an Stelle der Aufstellung mehrerer kleiner Dampfmaschinen, da bei der ortsfesten Anlage die spezifischen Abkühlungs- und Steuerungsverluste mit wachsender Größe abnehmen. Auf die Verminderung der Dampfkosten für die Krafterzeugung, die durch Abzug der für Heizzwecke verwendeten Abdampfmengen entsteht, wurde bereits hingewiesen.

Über den Wert des sogennanten „**Gleichstromprinzips**"[1]) in der Dampfmaschine, das durch Professor Stumpf zu neuem Leben erweckt wurde, sind die Ansichten noch sehr geteilt. Die

---

[1]) Der Dampf strömt an je einem Zylinderende ein und tritt in der Mitte durch Auslaßschlitze, die von dem sehr langen Arbeitskolben abgeschlossen und freigegeben werden, nach Entspannung aus; der Dampf durchströmt den Zylinder auf jeder Kolbenseite nur in einer Richtung. In den dadurch bedingten gleichbleibenden Temperaturverhältnissen, durch die hochtemperierter Dampf vor der Berührung mit Zylinderteilen, die mit kälterem Dampf bestrichen waren, bewahrt wird, soll der geringe Dampfverbrauch hauptsächlich begründet sein. Da der Kolben den Dampfauslaß schon nach $1/10$ seines Weges abschließt, wird der Restdampf während $9/10$ des Hubes komprimiert. Zur Vermeidung zu hoher Kompressionsdrucke muß daher die Luftleere sehr gut sein.

zweifellos günstigen Dampfverbrauchszahlen, die bei dieser Einzylindermaschine denen guter Verbundmaschinen gleichkommen, werden von vielen Seiten nicht auf das Gleichstromprinzip, sondern auf die gut durchgearbeiteten Konstruktionen (kleine schädl. Räume und Flächen) zurückgeführt. Ein noch wenig bekannter Vorteil der Gleichstrommaschine ist das geringe Anwachsen des Dampfverbrauchs bei Unterbelastung, ferner ist vorteilhaft die Zulässigkeit höherer Überhitzung sowie die allen Einzylindermaschinen eigentümliche schnelle Regelung bei Belastungsschwankungen; ein Nachteil der Maschine, die bei guter Ausführung übrigens nicht viel billiger (etwa 10 %) wird als eine Zweizylindermaschine, ist die Beschränkung der Abdampfverwertung, da sie nur mit Kondensationsbetrieb und bei sehr guter Luftleere den günstigen Dampfverbrauch aufweist.

In bezug auf Dampfverbrauch ist die Kolbendampfmaschine der Dampfturbine von etwa 500 PS abwärts überlegen, zwischen 500 und 1000 PS sind die beiden Dampfmaschinenarten einander ziemlich gleichwertig, bei größeren Normalleistungen hat die Turbine günstigeren Dampfverbrauch. Letztere läßt, da sie keine innere Schmierung benötigt, also auf Schmieröl keine Rücksicht zu nehmen braucht, höhere Überhitzung zu (Kolbenmaschinen maximal 320°, bei der Turbine 360°), erfordert aber hohe Luftleere (bei 15° Kühlwasser etwa 96 % erreichbar) in der Kondensation, der Dampfverbrauch der Turbine steigt schnell mit abnehmender Luftleere (bei weniger oder wärmerem Kühlwasser), bei hohen Luftleeren um 2—4 % des Dampfverbrauchs für 1 % Luftleere, während die Kolbenkondensationsmaschine von einer geringen Verschlechterung des Vakuums sehr wenig beeinflußt wird. Eine Steigerung der Luftleere über 90 % ist hier sogar schädlich. Eine Verschlechterung des Vakuums um ein volles Zehntel kg/qcm hat bei guten Maschinen eine Zunahme des spezifischen Dampfverbrauches um nur 0,25—0,35 kg/PS_1/st zur Folge.

Die Verminderung des Dampfverbrauches durch Kondensationsbetrieb beträgt bei Kolbendampfmaschinen etwa 20—25 % des Verbrauches bei Auspuffbetrieb. Die Abnahme des Dampfverbrauches durch Überhitzung beträgt bei Dampfturbinen, die stets mit hohem Druck und überhitztem Dampfe betrieben werden, etwa 1,6 % für je 10°

Überhitzung. Bei guten Kolbenmaschinen kann für je 10⁰ Überhitzung auf eine Verminderung des Verbrauchs für die Nutzpferdestärke um etwa 0,1 kg gerechnet werden, doch ist das Verhalten der einzelnen Bauarten abweichend[1]); bei Auspuffmaschinen ist die Wirkung der Überhitzung größer, die Verminderung des Dampfverbrauchs für 10⁰ C Temperaturerhöhung beträgt etwa 0,12—0,15 kg/PS. Geringer ist bei der Turbine der Einfluß der Anfangsspannung; eine Verminderung derselben von 15 Atm. Überdruck bis auf 11 Atm. hat hier z. B. eine Zunahme des Dampfverbrauchs für jede Atmosphäre nur um etwa 0,20—0,25 %, weitere Abnahme der Anfangsspannung einen Dampfmehrverbrauch von 0,3—0,4 % für jede Atmosphäre zur Folge. Bei der Kolbenmaschine wird bei Abnahme des Anfangsdruckes von 12 auf 9 Atm. etwa für jede Atmosphäre eine Dampfverbrauchssteigerung um 1,5—1,7 %, bei weiterer Abnahme von 9 auf 6 Atm. eine Steigerung um 2,4—2,8 % (bezogen auf den Dampfverbrauch bei 12 Atm.) eingesetzt werden können. Im übrigen sei auf die im Abschnitt Brennstoffverbrauch (S. 104) aufgenommenen mittleren Dampfverbrauchsziffern für verschiedene Betriebsverhältnisse verwiesen.

Die Festsetzung der wirtschaftlichen Brennstoffkosten bei der Dampfkraft im Verhältnis zu den Kapitalkosten, zu deren Wahl der Inhalt des 2. Abschnittes die hauptsächlich erforderlichen Unterlagen gibt, ist weniger einfach als bei den übrigen Wärmekraftmaschinen. Bei hohen Kohlenpreisen oder großem Kraftbedarf ist indes fast immer die **Heißdampfkondensationsmaschine** für hohen Druck wirtschaftlich gerechtfertigt (wenn keine Abdampfverwertung in Frage kommt oder die Kondensationsanlage keine ungewöhnlich hohen Kosten verursacht), so daß ein Vergleich der Verbrennungskraftmaschinen oder des Strombezugs gewöhnlich nur mit der Dampfanlage mit dem geringst möglichen Dampfverbrauch durchgeführt zu werden braucht. Als allgemeine Richtschnur kann noch dienen, daß für niedrige Kesselspannung sowie kleine und mittlere Leistungen namentlich bei schwankender Belastung die gut regulierende Einzylindermaschine (bei Abdampfverwertung bis zu 600 PS) in Frage kommt, die leicht nachträglich mit Konden-

---
[1]) Über die durch Überhitzung erreichbare Kohlenersparnis bei Kolbenmaschinen vgl. Fig. 18, S. 103.

sation versehen oder zur Zwillingsmaschine (bei Anwachsen des Betriebes) ausgebaut werden kann; bei mehr als 8 Atm. Kesseldruck kommt für größere Leistungen die (heute fast nur noch mit in einer Achse liegenden Zylindern gebaute „Tandem-") Verbundmaschine in Betracht, bei hohen Drucken und mehrtausendpferdigen Leistungen die Dreifachexpansionsmaschine mit einfachem oder geteiltem Niederdruckzylinder. Bei Platzmangel können die nur noch wenig beliebten stehenden Maschinen (großer Ölverbrauch, unbequeme Bedienung, meist, da gewöhnlich Schnelläufer, etwas höherer Dampfverbrauch)vorgezogen werden. Im Wettbewerbsgebiet der Dampfturbine und der Kolbenmaschine entscheiden bei reinen Kraftbetrieben meist die Anlagekosten (vgl. S. 127 u. 128).

Bei Abdampfverwertung hingegen, für welche beide Bauarten geeignet sind, kann sich das wirtschaftliche Gebiet der Turbine wesentlich nach unten, das der Kolbenmaschine nach oben verschieben; in Betrieben mit Abdampfbedarf müssen die später (vgl. S. 152) behandelten besonderen Gesichtspunkte entscheiden. Ferner kann der außerordentlich geringe Platzbedarf, die geringe Abnutzung und der auch bei längerem Betriebe gleichbleibende Dampfverbrauch, der nicht durch unrichtige Steuerungseinstellung sich verschlechtern kann, die kleinen Fundamente, die geringen Schmier- und Bedienungskosten, der geräuschlose stoßfreie Gang zugunsten der Turbine sprechen, die in unbegrenzt großen Einheiten (heute bis 60 000 PS) gebaut wird, aber nur für hohe Umdrehungszahlen (über 1000/Min.), also hauptsächlich für elektrische Zentralen sich eignet. Ein Nachteil der Turbine ist die Notwendigkeit ständig hoher Luftleere, die große Wassermengen und tiefe Keller für die umfangreiche und teure Kondensation erfordert und die Verwertung des Vakuumabdampfes einschränkt. Für die Dampferzeugeranlage, die sonst für beide Maschinenarten ziemlich gleiche Anforderungen zu erfüllen hat, besteht bei der Turbine der Vorteil, daß sich fast die gesamte der Maschine zugeführte verdampfte Wassermenge als Kondensat im Kreislauf in die Kessel zurückspeisen läßt (bei der Kolbenmaschine, die auch meist keine Oberflächenkondensation hat, wegen des für die Kessel gefährlichen Ölgehaltes nur mit besonderer Entölung und Filterung zulässig); daher ist bei Turbinenbetrieb auch bei schlechtem Speisewasser, von dem nur geringe, gereinigte oder destillierte Zusatzmengen dem Kondensat beizumischen sind, die Aufstellung empfindlicher Kesselbauarten bei ständig hoher Beanspruchung zulässig.

Die Lokomobilanlage, bei der Dampfkessel und Dampfmaschine zu einem einheitlichen Ganzen konstruktiv verbunden sind, ist für die einzelnen Bauarten, ähnlich den Verbrennungskraftmaschinen, in bezug auf Anlagekosten und Brennstoffverbrauch weniger veränderlich. Der Zusammenbau von Kessel und Maschine läßt Kesseleinmauerung, lange isolierte Rohrleitungen, einen erheblichen Teil der Grundfläche (Kesselhaus), oft auch den gemauerten Schornstein der „ortsfesten", d. h. getrennten Anlage entbehrlich werden; infolge der geringeren Wärmeverluste in den Leitungen, der thermisch günstigen Zylinderanordnung (die Abgaswärme kann z. B. zur Heizung des Dampfzylinders und zu sehr wirksamer Überhitzung mit hohen Temperaturen herangezogen werden), ferner durch Anwendung der Verbundwirkung schon bei verhältnismäßig kleinen Leistungen kann der Brennstoffverbrauch gut betriebener Lokomobilanlagen um 10—20 % geringer gehalten werden als in gleich großen ortsfesten Anlagen. Es werden bereits bei mittleren Ausführungsgrößen von 200—300 PS Brennstoffziffern erreicht, die den Verbräuchen von mehrtausendpferdigen ortsfesten Anlagen gleichkommen (vgl. S. 106).

Der scharfe Wettbewerb der Lokomobilfirmen, dem die große Vollkommenheit dieser Dampfanlagen zu verdanken ist, stellt indes nicht selten einzelne, bei Paradeversuchen unter besonderen Verhältnissen erzielte außerordentlich geringe Kohlenverbrauchsziffern als allgemein gültig hin. Von einer Verwendung derartiger Rekordzahlen bei Wirtschaftlichkeitsberechnungen ist selbstredend abzusehen; auch mit den wirklich im Dauerbetrieb erreichbaren Zahlen wird für Fabriken mit kleinem und mittlerem Kraftbedarf die Lokomobilanlage sich bei nicht zu hohen Kohlenpreisen häufig als geeignetste Kraftmaschine erweisen, die namentlich für kleinere elektrische Zentralen sehr beliebt ist, und die in vielen Fällen beim Vergleich mit den thermisch vollkommneren

---

[1]) Bei nicht zu häufiger Reinigung genügt die Bereitstellung eines ausziehbaren Röhrenkessels zur Auswechslung mit dem in Betrieb befindlichen.

Verbrennungskraftmaschinen in bezug auf Betriebskosten sich überlegen erweist.

Gegenüber der ortsfesten Anlage hat die Vereinigung von Kessel und Maschine in einem Raum den Nachteil, daß Kohlenfahren, Heizen und Abschlacken eine Verschmutzung der Maschinen (namentlich bei Dynamos störend) verursacht, und daß sie eine geringere Anpassungsfähigkeit an Betriebsveränderungen besitzt. Bei Anwachsen des Kraft- oder Heizbedarfs oder bei häufig notwendiger Kesselreinigung (schlechtes Speisewasser[1]) muß ein vollständiger Kessel- und Maschinensatz aufgestellt werden, während bei der ortsfesten Anlage eines von beiden genügen kann. Man kann freilich auch bei der Lokomobile den Ausweg eines getrennten Kessels (oder als Notbehelf auswechselbares Rohrsystem) wählen. Dies ist bei den Kapitalkosten, die ohnehin auf den ersten Blick etwas höher sind als bei getrennten Anlagen zu berücksichtigen. Dagegen ist im Auge zu behalten, daß durch den Wegfall der getrennten Speisepumpe, ferner großer Rohrleitungen mit Isolierung, Armaturen, Wasserabscheidern, Kondenstöpfen, der Einmauerung, ferner durch einfachere Kanäle und Montage die Kapitalkosten günstig beeinflußt werden, besonders da der leichten Verkäuflichkeit halber ein höherer Altwert der Abschreibung zugrunde gelegt werden kann.

Das Anwendungsgebiet der Lokomobile reicht von etwa 15 PS_e bis zu 500 PS_e (Verbundmaschinen schon von 35 PS an), größere Ausführungen (bis zu 1000 PS_e) werden seltener angewandt. Die Lokomobilen können bei geeigneter Wahl der Feuerungseinrichtung (Planrost, Treppenrost, Vorfeuerung, Düsenfeuerung für flüssige Brennstoffe) so ziemlich mit allen Brennstoffen betrieben werden.

Die Entscheidung für die zu verwendenden Brennstoffsorten ist nicht nur bei der Lokomobilanlage, sondern auch für die getrennte Kesselanlage vor Bestellung der Kessel zu treffen, um die richtige Feuerungsart und Zugerzeugung wählen zu können. Außer dem Heizwert, der im wesentlichen die Rostgröße bestimmt, ist Aschen- und Wassergehalt, Gasreichtum, Sortierung, Schlackenbildung und Backen der Kohle für die Wahl der Bauart der Feuerung oder der Selbstbeschicker maßgebend. Letztere sind für große Kesseleinheiten über 300 qm schon der von Hand nicht mehr bedienbaren großen Rostflächen wegen immer notwendig. Planrost, Ketten- und Wanderroste lassen sich leicht allen hochwertigen Brennstoffen und vielen minderwertigen anpassen. Die durch automatische Feuerungen (feinstufige Wurfapparate oder Unterschubfeuerung) ermöglichte Verheizung von ,,Feinkohle" und ,,Schlammkohle" mit oder ohne Unterwind kann des meist geringen Wärmepreises wegen erhebliche Ersparnisse im Dampfpreis bringen. Wurfapparate und namentlich Ketten- und Wanderroste verlangen gewöhnlich bestimmte oder gleichmäßig sortierte Stückgrößen; letztere können bei geeigneter Ausbildung langflammige Steinkohlen und hochwertige Braunkohle vom kleinsten Korn an bis etwa 50 mm Stückgröße sowie Braunkohlenbriketts günstig verheizen und haben den Vorteil selbsttätiger Schlackenabführung; eignen sich aber bisher nur für Wasserrohrkessel; erstere müssen für gröbere Kohlen und für Briketts mit Brechvorrichtungen versehen sein und für kleines Korn feinstufige Veränderung der Wurfweite gestatten. Für gasreichere Kohlen (über 25 % flüchtige Bestandteile) werden günstig Unterfeuerungen mit Oberluftzuführung gewählt (Schrägroste oder, falls Kohle nicht backend, Unterschubfeuerungen), kurzflammigere, gasreiche Kohlen eignen sich am besten für Innenfeuerungen (Tenbrink, Flammrohr mit Oberluft), gasarme, minderwertige Kohlen müssen mit Unterwind oder Saugzug verheizt werden. Rohbraunkohle wird in Halbgas- oder Muldenvorfeuerungen oder auf Treppenrostvor- oder -unterfeuerung, Torf, Holz, Späne und sonstige Abfälle auf Treppen- oder Schrägrosten mit geeigneter Neigung verfeuert. Für aschen- und flugaschenreiche Kohle (z. B. Braunkohle) ist die Möglichkeit leichter Beseitigung der Rückstände (Aschen- und Schlackengänge, Reinigungsöffnungen) von vornherein vorzusehen; die mit derartigen Brennstoffen arbeitenden Kessel dürfen daher mit Rücksicht auf Zugänglichkeit gewöhnlich nur zu zweien in einem Block vereinigt werden und verlangen größere Kesselhäuser. Ölfeuerung (Teeröl, Masut) ist trotz etwa 12 facher Verdampfung wegen des hohen Wärmepreises in Deutschland für Dampfkessel nicht wirtschaftlich[1]).

---

[1]) Für Schiffe und Lokomotiven der Rauchfreiheit halber öfter angewandt.

Für die Wahl des Kesselsystems ist maßgebend, außer dem verfügbaren Brennstoff, die Größe des Dampfbedarfs, die Ungleichmäßigkeit der Entnahme, das Verhältnis der Durchschnittsleistung zur Höchstentnahme, die Höhe des erforderlichen Druckes, der verfügbare Platz und die Beschaffenheit des Speisewassers. Die Größe und die Grenzen des Dampfbedarfes sind ähnlich, wie oben für den Kraftbedarf besprochen, durch Versuche, Dauerkontrolle oder bei Neuanlagen durch Erhebungen in ähnlichen Betrieben zu bestimmen. In der Wahl des Kesseldruckes, dessen Höhe den Kesselpreis beeinflußt, ist Engherzigkeit unangebracht; die Kessel sollten, außer wenn sie nur für Heizdampf in Frage kommen und späterer Maschinenanschluß ausgeschlossen erscheint, nicht unter 10—12 Atm. Überdruck gewählt werden, um bei späterer Aufstellung neuer Dampfmaschinen freie Hand zu lassen. Für Drucke über 14 Atm. kommen nur engrohrige Wasserrohrkessel in Betracht, Großwasserraumkessel werden der hohen Blechstärken wegen zu teuer. Für kleine und mittlere Anlagen ist der Ein- oder Zweiflammrohrkessel mit seinem großen Wasserraum (große Dampfreserve bei plötzlicher Entnahmesteigerung) in erster Linie geeignet, sowie der Unempfindlichkeit und leichten Reinigung bei schlechtem Speisewasser wegen und mit Rücksicht auf die große Forcierbarkeit (vorübergehend bis 40 kg Dampf auf den Quadratmeter Heizfläche). Nachteilig ist seine große Baulänge (bei 100 qm schon 11—12 m) und die dadurch beschränkte Ausführungsmöglichkeit für größere Einheiten (größte Ausführung etwa 150 qm) sowie sein hoher Preis bei höheren Spannungen.

Der zeitgemäße Wasserrohrkessel (mit schwach geneigten Siederohren und Wasserkammern oder mit geraden oder gebogenen Steilrohren) steht mit seinem hohen Wasserumlauf dem Flammrohrkessel weder an Brennstoffausnutzung noch an Schnelligkeit und Höhe der Dampferzeugung nach; bei stoßweiser oder ständig hoher Dampfentnahme ist indes Überhitzung zur Nachverdampfung des mit dem Dampf hier leicht übergerissenen Wassers erforderlich sowie ein großer Heißwasservorrat (entweder besonders große Unter- und Oberkessel oder große Ekonomiser), ferner reichliche Umlaufquerschnitte und Schlammsammler. Außerdem verlangt er stets weiches Speisewasser zur Vermeidung des Durchbrennens der Siederohre (Überhitzung als Folge von

Stein- oder Schlammansatz). Der Wasserrohrkessel läßt sich bis zu den größten Einheiten (über 1000 qm Heizfläche[1]) und für beliebig hohen Druck erbauen und ist dem Flammrohrkessel in bezug auf Platzbedarf, Schnelligkeit des Anheizens und Anschaffungspreis (im Gebiet höherer Drucke) überlegen; nachteilig wirken, bei nicht sorgfältiger Ausführung des Mauerwerks, die großen Flächen des sehr hoch bauenden Wasserrohrkessels, die den normal etwa 10 % betragenden Abkühlungs- und Undichtheitsverlust erheblich vermehren können. Dagegen kann er mit beinahe unbegrenzt großen Rostflächen (die ganze Grundfläche verfügbar) versehen werden, deren Feuerungsräume allen Brennstoffen anzupassen sind. Infolge der dadurch gegebenen starken Strahlungswirkung[2]) der ausgedehnten glühenden Brennstoffschicht kann der sogenannte „Hochleistungskessel" bei günstigen Umlaufverhältnissen die höchsten Dampfleistungen (normal 30 kg/qm, maximal bis über 50 kg/qm) liefern, in Verbindung mit Ekonomisern und allenfalls mit künstlichem Zug (vgl. S. 62) mit der höchsterreichbaren Brennstoffausnutzung von über 80 %. Für Fabrikbetriebe kommen Hochleistungskessel, die hauptsächlich den Bedürfnissen von Elektrizitätswerken entsprechen (hohe Anspannung in den Abendstunden) nur bei beschränkten Platzverhältnissen in Betracht.

Um den Großwasserraumkessel (Flammrohr-, Heizrohrkessel) für größere Einheiten (160—700 qm) anwenden zu können, wird er zur Verringerung der Grundfläche als „Doppelkessel" übereinander gebaut (Doppelflammrohr-, Flammrohrheizrohrkessel), meist, um trockenen Dampf zu erzielen, mit zweifachem Dampfraum; der Doppelkessel zeichnet sich, auch ohne Ekonomiser, durch gleichmäßig hohe Brennstoffausnutzung bei vorübergehenden Belastungsschwankungen aus, läßt aber auf die Dauer weder große Steigerung noch Verringerung der normalen Dampfleistung zu (Flammrohr-Heizrohrkessel 12—16 kg/qm, Doppelflammrohrkessel maximal 18 kg/qm), da bei dem geringen Ver-

---

[1]) Die Wahl derartig großer Kesseleinheiten ist mit dem Nachteil verknüpft, daß die ganze Heizfläche bei Reinigung oder Beschädigung brach liegt, also sehr große Reserven notwendig sind. Zuweitgehende Zentralisierung ist im Gegensatz zu der viel betriebssicheren Dampfmaschine bei der Dampferzeugung nicht angebracht.

[2]) Vgl. Reutlinger, Z. Ver. deutsch. Ing. 1911, S. 1297 u. f.

hältnis von Rostfläche zu Heizfläche auch ein Forcieren der Feuerung eine wesentliche Mehrleistung der Gesamtheizfläche nicht bringt (bei Heizrohroberkesseln sogar Undichtheiten verursacht), und da andererseits der meist für möglichst große Leistung bemessene Rost bei Unterbelastung Luftüberschuß bedingt. In vielen Fällen wird, falls die Platzverhältnisse dies gestatten, der Ersatz der Oberkesselheizfläche, die im wesentlichen nur der Vorwärmung dient, durch einen mit kälterem nicht auf Dampftemperatur befindlichen Wasser, also höherem Temperaturunterschied zwischen Gas und Wasser, arbeitenden Ekonomiser wirtschaftlicher. Die Kesselbauarten, die Verbindungen von **Großwasserraum- und Wasserrohrkesseln** bilden (z. B. Mac-Nicolkessel), und die daher eine Mittelstellung einnehmen, können für Betriebe mit stoßweiser Dampfentnahme vorteilhaft sein; dagegen hat der früher beliebte Batteriekessel (Walzenkessel) trotz der guten Brennstoffausnutzung wegen seiner geringen Dampfleistung auf großer Grundfläche seine wirtschaftliche Berechtigung verloren. Der **einfache** Heizrohrkessel ist bei mäßiger Beanspruchung dem Flammrohrkessel gleichwertig; für kleine Heizflächen (unter 25 qm) werden **stehende** Kessel für beliebig hohen Druck verwendet.

Im allgemeinen geht man in fortschreitender Erkenntnis vom Wert der Heizflächen[1]) mehr und mehr dazu über, von vornherein beim Entwurf der Anlage Kessel und Ekonomiser in organischer Verbindung gleichzeitig, möglichst in gemeinsamem Mauerwerk, anzuordnen, wobei die Kesselheizfläche verhältnismäßig kurz gebaut ist und (durch den Wegfall der wenig leistenden Teile im niederen Temperaturgebiet) eine hohe mittlere Leistung ergibt (25—30 kg/qm), während die mit noch hohen Temperaturen abziehenden Heizgase (über 300°C) in der billigeren und infolge des höheren Temperaturunterschiedes (zwischen Heizgas und Wasser) wirksameren **Vorwärmerheizfläche** noch weitgehend abgekühlt werden. Dadurch werden ziemlich gleichbleibende hohe Brennstoffausnutzungen auch bei schwankender Dampfleistung sowie niedere Gesamtkosten erreicht.

Die Zahlentafel 7 gibt einen Überblick über die Dampfleistungen und Ausnutzungsziffern der wichtigsten Kesselbau-

---

[1]) Vgl. Anmerkung S. 57.

Zahlentafel 7.
Dampfleistungen und Wirkungsgrade zeitgemäßer Kesselanlagen[1] **(Versuchswerte).**

Stündliche Dampfleistung (Normaldampf) für 1 qm Heizfläche kg/st/qm	Kesselbauart	Bei guter Feuerbedienung oder Selbstbeschickung erzielte Brennstoffausnutzung	
		in Kessel und Überhitzer Proz.	in Kessel, Überhitzer und Ekonomiser Proz.
12—18	Doppelkessel	82—71	—
18—25	Normale Zweikammer-Wasserrohrkessel	78—72	83—78
20—27	Steilrohrkessel	78—72	83—78
20—30	Flammrohrkessel	76—70	81—76
25—35	Kammerwasserrohrkessel f. hohe Leistung	77—72	83—78
30—40	Steilrohrhochleistungskessel; Vorwärmer an den Kessel unmittelbar angebaut	75—68	82—75

arten, wie sie heute bei Verdampfungsversuchen also ohne Anheizkohlen und Betriebszuschläge erreicht werden. Die Ausnutzung sinkt mit steigender Beanspruchung einer bestimmten Kesselbauart. [Die Fig. 6 zeigt die Abhängigkeit der Brennstoffausnutzung von der Belastung des Kessels nach Versuchswerten, die an einem Sulzerschen Steilrohrkessel festgestellt wurden. Bei zu geringer Belastung fällt die Brennstoffausnutzung jedoch wieder schnell[2]), infolge der starken Abkühlung durch die überschüssigen Luftmengen, welche durch die freigebrannten Stellen des Rostes oder die zu niedere Brennstoffschicht eindringen. Bei Betrachtung der Zahlentafel 7 ist bei der geringen spezifischen Dampfleistung der Doppelkessel zu berücksichtigen, daß ein wesentlicher Teil der Kesselheizfläche, wie bereits erwähnt, nur Vorwärmerheizfläche ist, wodurch auch die hohe Ausnutzung des Brennstoffs, bis zu 82 % ohne Ekonomiser, bedingt ist; bei genügend hohen Abgastemperaturen läßt sich auch hier noch ein Ekonomiser

---

[1]) In Anlehnung an eine Zusammenstellung von Münzinger, Zeitschr. V. d. I. 1912, S. 1861 u. 1862.
[2]) Vergl. Figur 56, S. 192.

anfügen, durch den die Ausnutzung noch um etwa 2—3% gesteigert werden kann. Die Fig. 7[1]) zeigt den Platzbedarf der einzelnen Kesselbauarten in Quadratmeter Grundfläche für je 100 kg Dampferzeugung; die geringsten Dampfleistungen auf dem Quadratmeter Grundfläche erzielen die Flammrohrkessel, die höchsten die Hochleistungswasserrohrkessel, die nur etwa den vierten Teil der Grundfläche bei etwa 100 qm Kesselheizfläche gegenüber Flammrohrkesseln erfordern, und bei größeren

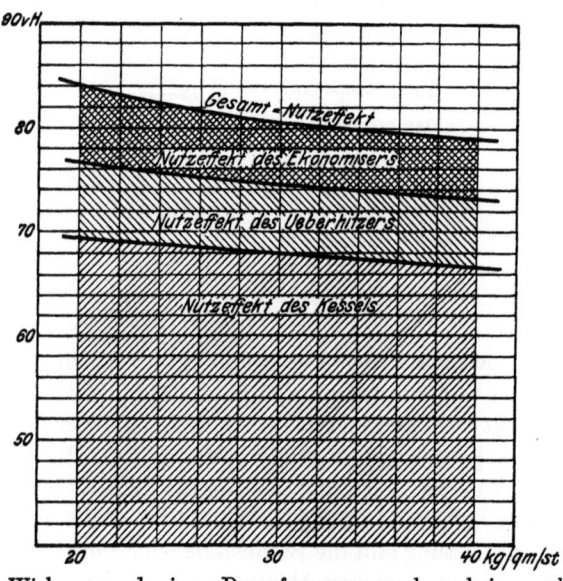

Fig. 6. Wirkungsgrad einer Dampferzeugungsanlage bei verschiedener Beanspruchung.

Einheiten mit weniger als ¼ qm Grundfläche für je 100 kg Dampf auskommen. Bei den Doppelkesseln ist wieder zu bedenken, daß der bei den andern Kesselbauarten für den Ekonomiser erforderliche Platz in Wegfall kommt.

Die Ekonomiser werden entweder aus gußeisernen stehenden Röhrengruppen von etwa 100 mm l. W. und 3—3,5 m Höhe (ein Rohr = 1—1,5 qm Heizfl.) gebildet, die in einem Mauerwerksblock von den Kesselabgasen umspült und von durch

---

[1]) Vergl. Anmerkung S. 60.

Elektromotor bewegten Rußkratzern bestrichen werden; das Wasser tritt mit mindestens 30° C (wegen der Rostgefahr, die beim Beschlagen mit dem aus den Heizgasen verdichteten Wasserdampf besteht) an dem dem Heizgaseintritt entgegengesetzten Ende ein und wird gegen den Kesseldruck durch die Röhrenbündel gedrückt, in denen es sich je nach Größe der Heizfläche sowie der Menge[1]) und Temperatur der Heizgase bis auf etwa

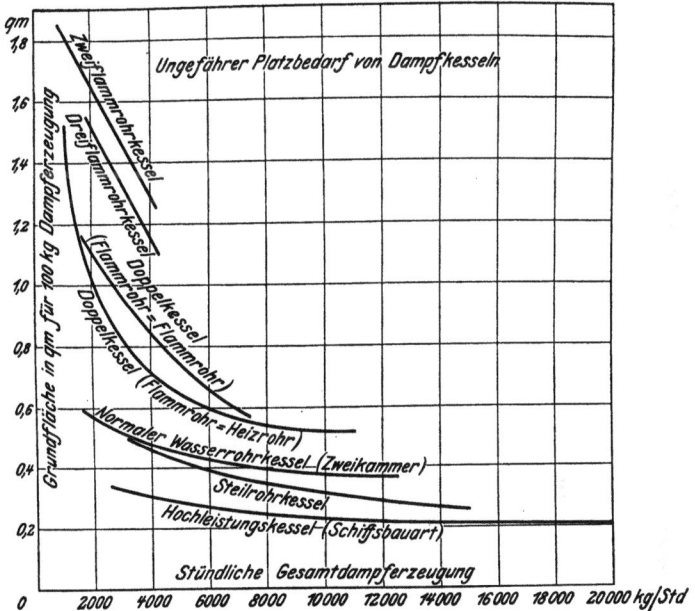

Fig. 7. Platzbedarf von Dampfkesseln.

150° C erwärmen kann; die Abkühlung der Heizgase darf bis auf etwa 120° erfolgen, die häufig noch zur natürlichen Zugerzeugung im Schornstein ausreichen. Schmiedeiserne engröhrige Rauchgasvorwärmer, die entweder ebenfalls in einem getrennten

---

[1]) 1 kg Heizgas gibt pro 1° C Abkühlung ¼ WE ab; 1 kg Steinkohle liefert je nach Luftüberschuß 16—22 kg Heizgas. Bei 300° Eintrittstemperatur und Abkühlung auf etwa 150°, kann also, z. B. abzüglich 10 % für Leitungs-, Strahlungs- und Undichtigkeitsverluste für jedes Kilogramm Kohle bei 20 kg Heizgas 675 WE = 9 % des Kohlenheizwertes nutzbar gemacht werden.

Mauerwerk oder besser, zur Vermeidung der Kanalabkühlungsverluste, unmittelbar am Kesselmauerwerk angefügt, oder in die Kesselzüge selbst eingebaut werden, erfordern keine Rußkratzer, müssen aber durch Dampfstrahlgebläse von der anhaftenden Flugasche usw. von Zeit zu Zeit befreit werden. Die Lebensdauer der schmiedeisernen Ekonomiser, bei denen leicht einzelne Rohre ersetzt werden können, darf mit 10—15 Jahren, die der gußeisernen mit 20 Jahren angenommen werden. Der durch die Vorwärmer bedingte Zugverlust beträgt 2—8 mm Wassersäule; vor Aufstellung ist der vorhandene Zug zu prüfen, und allenfalls Zugverstärkung (Ventilator oder Saugzug) vorzusehen, deren Betriebskosten von dem Gewinn in Abzug zu bringen sind. Saugzug, dessen Kraftbedarf etwa 1 % des erzeugten Dampfes entspricht, und der für ständig mit hohen Leistungen betriebene Kessel meist mit Nutzen dauernd angewandt wird, da er weitgehende Heizgasabkühlung ohne Rücksichtnahme auf Schornsteinzug und ferner sehr hohe Rostbeanspruchungen ermöglicht, kommt für Fabrikbetriebe im allgemeinen mehr zur Deckung vorübergehender Belastungsspitzen in Frage, wodurch sich das Anheizen oder die dauernde Inbetriebhaltung von Reservekesseln erübrigt.

Die wirtschaftliche Bemessung der Ekonomiserheizfläche (0,5—0,9 der Kesselheizfläche) muß in jedem Einzelfall nach den Kapitalkosten und der Verminderung des Dampfpreises (vgl. S. 46) erfolgen. Die einzelnen Systeme unterscheiden sich im Preise nicht wesentlich, sind aber je nach Schaltung und Anordnung in der Wirkung bis zu 20 % bei gleicher Heizflächengröße verschieden. Der Ankauf soll daher nicht nach Heizflächengröße (30—50 M/qm Heizfl.), sondern nach Leistungsgarantie erfolgen; und zwar läßt man sich zweckmäßig die Erhöhung der Verdampfungsziffer für verschiedene Heizflächengrößen zusichern, wobei man die bisherige Verdampfungsziffer bei der bisherigen Speisewassertemperatur und der durchschnittlichen stündlich verheizten Kohlenmenge, sowie die bisherigen Abgastemperaturen beim mittleren Kohlensäuregehalt zugrunde legt. Die vielfach übliche Zusicherung der Wärmedurchgangszahl bei bestimmten Kohlen- und Wassermengen und Temperaturverhältnissen, die ohnehin meist Überbestimmungen enthalten, ist nicht empfehlenswert, da die der Garantie zugrunde liegenden Verhältnisse im Betrieb meist nicht eingehalten werden können, während die vorbesprochene Erhöhung der Verdampfungsziffer in einfachster Weise auch im Dauerbetrieb erwiesen werden kann.

Der Betrieb von Ekonomisern erfordert weiches Speisewasser, da die Querschnitte sich sonst schnell mit Kesselstein und Schlamm zusetzen; als Ausweg kann mittelbare Wassererwärmung gewählt werden, bei der immer die gleiche enthärtete Wassermenge im Kreislauf sich im Ekonomiser erwärmt, und in einem Austauschapparat, dessen Heizflächen leicht gereinigt werden können, die Wärme an das Speisewasser abgibt. Vorzuziehen ist jedoch der Betrieb einer Wasserreinigungsanlage, die für Wasserrohrkessel bei Wasser von über 8^0 Härte immer erforderlich, und auch bei anderen Kesselbauarten im Interesse der Betriebssicherheit (Vermeidung von Ausbeulungen, Überhitzungen und Anrostungen der Kessel, die zur Explosion führen können, Zuwachsen von Speiseleitungen und Wasserstandsgläsern usw.) immer vorteilhaft ist und häufig eine Ersparnis gegenüber der mechanischen Befreiung von Kesselstein als Lohnersparnis, oder Schonung der Kessel, Reparaturersparnis, vor allem aber auch dadurch bringt, daß durch die längere Betriebszeit der Kessel oft von Aufstellung von Reservekesseln Abstand genommen werden kann. Weniger von Bedeutung sind die Brennstoffersparnisse durch Wegfall des Steinbelags im Kessel; der Kohlenmehrverbrauch beträgt bei mittleren Schichtstärken bis zu 2—4 %, bei forcierten Kesseln bis zu 6—8 %. Beträchtlich ist dagegen die Schädigung der Heizwirkung durch Steinbelag in Oberflächenvorwärmern, oder der Kühlwirkung von Kondensatoren, die indirekt auch eine Steigerung des Dampfverbrauchs der Dampfmaschine (schlechtes Vakuum) zur Folge haben kann. Die Betriebskosten der Wasserreinigung werden außer von den Kapitalkosten hauptsächlich durch die Kosten der Chemikalienzusätze und allenfalls den Heizdampfbedarf bedingt.

Die Fällung der Härtebildner sowie die gleichzeitige Entölung und Enteisenung erfolgt je nach der Art und Menge derselben durch Zusatz von Kalk (etwa 2 M. für 100 kg als gesättigtes Kalkwasser) und Soda (13 M. für 100 kg), oder Kalk und Baryt (8 M. für 100 kg), meist unter Anwärmung des Wassers mit Abdampf zur Beschleunigung der Reaktion. In Holzwoll- oder Kiesfiltern erfolgt die völlige Klärung des aufbereiteten Wassers;

die Enthärtung ist bis auf etwa 2—4⁰ Härte praktisch möglich. Bei dem „Permutitverfahren" erfolgt die Enthärtung durch Umwandlung der unlöslichen Härtebildner in lösliche Salze durch Austausch im Permutitfilter; das Verfahren, das nur für ölfreies und überhaupt klares Wasser (mit Rücksicht auf Verschmutzung der Austauschoberflächen des Filters) anwendbar ist, hat den Vorteil, bis auf 0⁰ enthärten zu können (bei häufiger „Regeneration" der Filter durch Kochsalzlösung), hat aber für Dampfkesselbetrieb den Nachteil, daß für jeden Grad Karbonathärte und je ein Kubikmeter Wasser 19 g Soda ins Speisewasser übergehen, womit häufiges Ablassen des Kesselinhaltes (Wärmeverlust) zur Vermeidung unzulässiger Anreicherung notwendig wird (Spucken, Angriff der Armaturen, Sodastaub bei hoher Überhitzung in Kolbenmaschinen und Turbinenschaufeln, Soda im Dampf [z. B. in Brauerei und Färberei schädlich]). Eine Vereinigung des Kalksodaverfahrens (Vorreinigung) mit dem Permutitverfahren (Nachreinigen auf 0⁰) ergibt bei allerdings hohen Anlagekosten häufig vorteilhafte Enthärtung. Bei der Wasserreinigung ist die tägliche Untersuchung der „Reaktionen" (Alkalität usw.) des gereinigten Wassers sowie der Zusätze erforderlich, um die Menge der Zusätze der wechselnden Beschaffenheit des Wassers ständig anpassen zu können. Die Anwendung sämtlicher „Geheimmittel", die die wirksamen Bestandteile (Soda, Gerbsäure u. dergl.) nur in geringen Mengen enthalten und daher unverhältnismäßig hoch bezahlt werden müssen, die aber oft den Kesselbetrieb geradezu gefährden, ist durchaus zu verwerfen. Dagegen kann das Einhängen von Ablagerungsplatten in den Dampfraum (für die Karbonathärte), über die Speisewasser fließt, die Reinigung erleichtern[1]).

Die Anlage größerer Rohrleitungsnetze für die Dampfverteilung nebst guter Entwässerung, Rückgewinnung von Niederschlagswässern und sorgfältigem Wärmeschutz soll zur Vermeidung unnötiger Brennstoffkosten für Druck- und Wärmeverluste nur sachverständigen Firmen übertragen werden. Namentlich bei

---

[1]) Die Kosten für Chemikalien bei Kalk-Soda-Reinigung betragen im Mittel 1—3 Pf./cbm Wasser; bei Permutitreinigung sind die Kosten vom Kochsalzverbrauch für Regeneration und namentlich vom unvermeidlichen Permutitverlust beim Durchspülen abhängig.

Anwendung überhitzten Dampfes müssen auf Isolierung (auch der meist nackt bleibenden Flanschen und Armaturen mit ihrer großen wärmeabgebenden Oberfläche) oft erhebliche Anlagekosten verwandt werden, die sich aus den Wärmeersparnissen (etwa 80 % des Verlustes der nackten Leitung, letztere gibt bei 350⁰ Dampftemperatur durchschnittlich 5000—6000 WE Verdampfungswärme pro 1 qm Rohroberfläche an die Umgebung ab) oft schnell bezahlt machen. Über die Wirkung verschiedener zeitgemäßer Wärmeschutzarten wird auf S. 66 berichtet.

Die Anwendung autogen geschweißter Rohrleitungen ermöglicht den Fortfall aller Flanschverbindungen; dadurch entfällt nicht nur das erforderliche Nachdichten usw., es können auch durch Wegfall der Flanschenkappen die Isolierungskosten billiger werden. — Ferner ist durch sorgfältige autogene Schweißung auch Abzweigung von Leitungen an beliebiger Stelle jederzeit leicht möglich.

Die Wichtigkeit einer guten Wärmeisolierung der Dampfleitungen dürfte aus dem Umstand hervorgehen, daß von 1 qm nackter Rohr- oder Flanschenoberfläche stündlich bei mittleren Rohrdurchmessern (100—200 mm l. W.) bei gesättigtem Dampf von 150⁰ Dampftemperatur etwa 2000 WE. an die Umgebung (bei 10⁰ Außentemperatur) abgegeben werden, die natürlich durch Entziehung der Verdampfungswärme gedeckt werden, so daß ein entsprechender Teil des Dampfes niedergeschlagen wird, der, abgesehen von diesem Wärmeverlust als schädliches Wasser Heizflächen unwirksam macht und Maschinen gefährdet. Die Wärmeabgabe ist etwa proportional dem Temperaturunterschied zwischen Luft und Dampf (auch bei überhitztem Dampf) und wächst von etwa 1300 WE bei einem Temperaturunterschied von 100⁰ auf etwa 7500 WE/qm/st bei 350⁰ Temperaturunterschied. Welche erhebliche Mengen dieser Wärmeverluste durch Wärmeschutz erspart werden können, zeigen die Zahlentafeln 8—10, die auch die Anschaffungskosten verschiedener Isolierungen und Flanschenbedeckungen[1]) angeben und einen Anhalt für die Wirtschaftlichkeitsberechnung über die zweckmäßige Art und Stärke des Wärmeschutzes ermöglichen. Wird zuerst der Wärmeverlust der nackten Rohrleitungen ermittelt und die entsprechende Dampfmenge; so kann mit dem einzusetzenden Dampfpreis

---

[1]) Nach Angaben der Firma Grünzweig und Hartmann in Ludwigshafen.

Zahlentafel 8.
Verschiedene Isolierungsarten bei Warmwasser- und Niederdruckdampfleitungen.

Art der Isolierung	Dicke der Isolierung mm	Wärmeersparnis bei 118° Dampftemperat. i. v. H. des Wärmeverlustes der nackten Leitung	Gestehungskosten (fertig angebracht einschl. Bandage und Anstrich) pro qm außen M.	Durchschnittspreis pro lfd. m bei			
				48 mm M.	102 mm M.	200 mm M.	300 mm M.
				Rohrdurchmesser			
Asbestkieselgurmasse .	10	60,09	2,50—3,50	0,63	1,14	2,07	3,03
				4,20	3,56	3,29	3,22
Asbestkieselgurmasse .	20	73,91	3,50—4,50	1,12	1,80	3,—	4,28
				7,47	5,62	4,76	4,55
Korksteinschalen 20 mm stark . . .	20	79,03	4,00—5,00	1,26	2,03	3,38	4,82
				8,40	6,34	5,36	5,13
Asbestkieselgurmasse .	30	79,25	4,50—5,50	1,70	2,55	4,10	5,65
				11,33	8,00	6,50	6,00
Seidenzöpfe mit Pappeüberzug	19	79,33	5,00—6,00	1,49	2,42	4,13	5,83
				9,93	7,56	6,57	6,20
Expansitzöpfe	15	80,43	5,00—6,00	1,38	2,26	3,96	5,72
				9,20	7,06	6,29	6,08
Korksteinschalen 30 mm stark . . .	30	80,57	5,00—6,00	1,87	2,81	4,51	6,22
				12,47	8,98	7,15	6,60
Expansitzöpfe 15 mm stark auf 5 mm Masse-Unterstrich .	5+15	81,36	5,50—6,50	1,68	2,70	4,50	6,42
				11,20	8,44	7,14	6,83
Korksteinschalen 20 mm auf 5 mm Masse-Unterstrich .	5+20	82,79	4,50—5,50	1,55	2,40	3,95	5,50
				13,33	7,50	6,27	5,85
Expansitzöpfe	20	83,36	5,50—6,50	1,68	2,70	4,50	6,42
				11,20	8,43	7,14	6,83
Expansitzöpfe 20 mm stark auf 5 mm Masse-Unterstrich .	5+20	84,85	6,00—7,00	2,02	3,12	5,14	7,15
				13,46	9,75	8,16	7,60
Expansitzöpfe	25	84,97	5,80—6,80	1,95	3,02	4,98	6,93
				13,00	9,44	7,90	7,37

Betriebstechnische und allgemeine wirtschaftliche Eigenschaften. 67

Art der Isolierung.	Dicke der Isolierung mm	Wärmeersparnis bei 18° Dampftemperat. in v. H. des Wärmeverlustes der nakten Leitung	Gestehungskosten (fertig angebracht einschl. Bandage und Anstrich) pro qm außen M.	Drrchschnittspreis pro lfd. m bei			
				48 mm	102 mm	200 mm	300 mm
				\multicolumn{4}{c}{Rohrdurchmesser}
				M.	M.	M.	M.
Korksteinschalen 30 mm auf 5 mm Masse-Unterstrich .	5+30	85,69	5,50—6,50	2,22 *14,80*	3,24 *10,13*	5,10 *8,10*	6,96 *7,40*
Expansitzöpfe 25 mm stark auf 5 mm Masse-Unterstrich .	5+25	85,24	6,30—7,30	2,31 *15,40*	3,47 *10,84*	5,58 *8,86*	7,48 *7,96*
Expansitzöpfe	30	88,22	6,00—7,00	2,21 *14,73*	3,32 *10,37*	5,33 *8,46*	7,35 *7,81*
Expansitzöpfe 30 mm stark auf 5 mm Masse-Unterstrich .	5+30	88,95	6,50—7,50	2,59 *17,26*	3,78 *11,81*	5,95 *9,44*	8,12 *8,64*

Die schrägen Zahlen verstehen sich pro qm nackte Rohroberfläche.

und der garantierten Ersparnisziffer die Summe gefunden werden, welche der ersparten Dampfmenge entspricht, und die Wirtschaftlichkeit danach beurteilt werden.

Beispiel: Es soll der Nutzen untersucht werden, den bei 4000 jährlichen Betriebsstunden einer 200 m langen Dampfleitung von 200 mm ä. D. und mit 40 Flanschenpaaren eine sorgfältige Isolierung bringt.

Wärmeverlust der nackten Leitung. Bei Betrieb mit schwach überhitztem Dampf beträgt der mittlere stündliche Wärmeverlust 3000 WE/qm; die Gesamtoberfläche einschließlich der Flanschen beträgt 130,8 qm, der stündliche Wärmeverlust 392 400 WE. Bei 510 WE Verdampfungs- und Überhitzungswärme entspricht dies einer stündlichen Niederschlagsmenge von 770 kg Dampf. Bei einem Wärmepreis von 0,40 M. für 100 000 im Dampf enthaltene WE (Dampfpreis $\sim$ 2,80 M.) entspricht der Wärmeverlust stündlich 1,57 M., wenn die Flüssigkeitswärme des wegfließenden Kondensates (über 20⁰, also 170 WE noch nutzbar zu machen) z. B. durch Verwertung desselben für Färbereizwecke zurückgewonnen wird. Der Verlust beträgt 2,09 M./st, wenn das Kondensat mit 170 WE/kg nutzlos wegfließt. Der jährliche Verlust beträgt 6280 M. bei Kondenswasserverwertung und 8360 M. bei fortfließendem Niederschlagswasser.

Es sind 2 Isolierungen nebst Flanschenkappen angeboten (nach Zahlentafel 9): eine Asbestkieselgurmasse, die bei 85 % Wärmeersparnis

5*

Zahlentafel 9.
Verschiedene Isolierungsarten bei Leitungen mit hochgespanntem und überhitztem Dampf.

Art der Isolierung	Dicke der Isolierung mm	Wärmeersparnis bei 153° Dampftemperat. i. v. H. des Wärmeverlustes der nackten Leitung	Gestehungskosten (fertig angebracht einschl. Bandage und Anstrich) per qm außen M.	Durchschnittspreis per lfd. m bei 48 mm M.	102 mm M.	100 mm M.	300 mm M.
					Rohrdurchmesser		
Asbestgieselgurmasse .	50	87,32	6,00—7,00	2,99 *19,93*	4,10 *12,80*	6,11 *9,70*	8,19 *8,71*
10 mm Asbestmasse-Unterstrich, alsdann 2 Luftschichten je 15 mm stark aus Drahtspiralen und Blechmantel hergestellt, hierauf Seide 15 mm und Wellpappe	55	88,30	7,00—9,00	4,00 *20,67*	5,36 *16,75*	7,76 *12,32*	10,32 *10,98*
Asbestkieselgurmasse .	60	89,86	6,50—7,50	3,71 *24,73*	4,90 *15,31*	7,07 *11,22*	9,24 *9,83*
Diatomitschalen, 50 mm stark, mit Masse aufgesetzt und überzogen	5+50 +5	89,93	7,50—8,50	4,24 *28,26*	5,60 *17,50*	8,08 *12,83*	10,56 *11,23*
Diatomitschalen, 50 mm stark, mit Masse aufgesetzt, hierauf 15 mm dicker Masse-Überstrich	5+50 +15	90,00	8,00—9,00	5,02 *33,47*	6,46 *20,19*	9,10 *14,44*	11,73 *12,47*

Die schrägen Zahlen beziehen sich auf 1 qm nackte Rohroberfläche.

6,11 M. pro lfd. m und 5,20 M. pro Flanschenkappe kostet, und Diatomitschalen, die bei 89 % Wärmeersparnis 9,10 M. pro lfd. m und 6,20 M. pro Flanschenkappe kosten. Die erste Isolierung kostet 1430 M. und erspart 5335 M. bzw. 7105 M. Die zweite Isolierung kostet 2068 M. und erspart 5590 M. bzw. 7440 M.

Die Mehrkosten sind bei Kondensatrückgewinnung in 3, bei fortlaufendem Kondensat in 2 Betriebsjahren gedeckt; man wird namentlich wegen der besseren Haltbarkeit der Korkschalen gegenüber der leichter

Zahlentafel 10.
Verschiedene Isolierungsarten bei Flanschenverbindungen[1]).

Art der Isolierung	Wärmeersparnis bei 153° Dampftemperatur in v. H. des Wärmeverlustes der nackten Flanschen	Durchschnittspreise pro Stück, fertig aufgesetzt, bei			
		48 mm Rdm[2]) / 140 mm Fldm[3]) M.	102 mm Rdm / 220 mm Fldm M.	200 mm Rdm / 350 mm Fldm M.	300 mm Rdm / 450 mm Fldm M.
mm dicke sbestmatze mit irüber bendlichem lechmantel	87,65	3,50	4,50	6,20	7,50
bestkieselırmasse,) mm dick ıfgetragen, ɔgeglättet ıd angerichen . .	87,04	1,50	2,00	2,80	3,40
bestkieselırzöpfe, 25 m dick umıckelt, hierber Blechappe aufgeıracht . . .	86,28	2,90	3,60	5,20	6,30

verletzbaren Masse daher die teurere Isolierung vorziehen dürfen, wenn auch durch ein um 44 % höheres Anlagekapital nur eine etwa 5 % höhere Ersparnis erzielt wird. Die Gesamtkosten der besseren Isolierung sind in 5 bzw. in 3½ Monaten aus den Kohlenersparnissen gedeckt.

Erfolgt die Kesselspeisung durch Dampfpumpen, so wird zweckmäßig deren Abdampf in Heizschlangen (nicht durch unmittelbares Einströmen wegen des Ölgehaltes) zur Speisewassererwärmung ausgenutzt; wo dies wegen anderweitiger hoher Er-

---

[1]) Um Anrostungen zu vermeiden, müssen die Flanschenkappen mit Entwässerung versehen werden; dies wird bei vertikalen Rohrsträngen häufig übersehen und führt zu schneller Zerstörung der Schrauben und Flanschen.
[2]) Rdm = Rohrdurchmesser.   [3]) Fldm = Flanschendurchmesser.

wärmung des Speisewassers nicht nutzbringend ist, erfolgt die Speisung zweckmäßiger durch Pumpen mit elektrischem oder Riemenantrieb, da der Dampfverbrauch der Speisepumpen (namentlich bei kleineren Leistungen) meist ein erheblicher ist (4—10 % der gesamten Speisewassermenge).

Die gesamten Betriebskosten der Dampfanlagen lassen sich durch sorgfältige Auswahl des Bedienungspersonals, Durchführung genauer Kontrolle über Brennstoff-, Wasser-, Ölverbrauch, über Drucke und Temperaturen u. dgl. durch Einführung einer laufenden Betriebsbuchführung, deren Ergebnisse ständig in Zahlentafeln zusammengestellt und zeichnerisch aufgetragen werden, oft erheblich vermindern. Die sachgemäße Beurteilung der Kontrollergebnisse (Verdampfung, Dampfverbrauch bzw. Kohlenverbrauch der einzelnen Anlageteile pro Betriebstag oder Betriebswoche, Abgastemperaturen und Zusammensetzung usw.) läßt ohne erhebliche Mühe jedes nicht durch Jahreszeit oder Produktionssteigerung bedingte Anwachsen des Kohlenverbrauchs und meist auch seine Ursache erkennen und bei genauerer Untersuchung abstellen.

B. Die Verbrennungskraftanlagen.

Die **Verbrennungskraftmaschinen**, so benannt, weil die Verbrennung des verwendeten Heizmittels unmittelbar im Arbeitszylinder erfolgt, sind der Dampfanlage, welche die bei der Verbrennung freiwerdende Wärme erst auf dem Umwege der Dampferzeugung und Zuführung für die Energieumwandlung nutzbar macht, in bezug auf **Wärme- und Brennstoffverbrauch** überlegen; dieser thermische Vorsprung ist ebensowohl durch den Wegfall oder die Verminderung der Zwischenverluste[1]) zwischen Verbrennungsraum und Maschine begründet, als vor allem durch die Anwendung beträchtlich höherer Anfangstemperaturen in der Maschine (bei der Dampfmaschine im Höchstfall 320—350° C, bei der Sauggasanlage 500—600°, beim Dieselmotor erheblich über 800° C) und den dadurch bedingten höheren thermischen Wirkungsgrad des Arbeitsvorganges in der Maschine

---

[1]) Bei flüssigen Brennstoffen verschwindend gering, bei der Vergasung im Generator etwa 12—20 % gegenüber 20—45 % bei der Dampfanlage.

selbst. Der Wirkungsgrad größerer Sauggasmaschinen beträgt 28% der zugeführten Wärme (der der ganzen Generator- und Maschinenanlage etwa 22—23 %), die Brennstoffausnutzung im Dieselmotor steigt bis zu 35 %, also bis zur dreifachen einer guten Dampfanlage.

Kommen für einen Fabrikbetrieb gleiche Brennstoffe (Braunkohle, Braunkohlenbriketts, Torf, aschearme sortierte, nicht backende Steinkohle [40—70 mm Korn]) ebensowohl für Dampferzeugung oder Vergasung im Generator der Sauggasanlage in Betracht, so ist letztere in bezug auf Brennstoffkosten überlegen (abgesehen vom Fall der Abdampfverwertung); bei Verwendung anderer Brennstoffe mit höherem Wärmepreis (Koks, Anthrazit für die Sauggasanlage), ferner bei Verbrennung von flüssigen Brennstoffen und Leuchtgas in den Kleinverbrennungskraftmaschinen und bei sämtlichen Brennstoffen des Dieselmotors kann, wie bereits S. 12 ausgeführt, der geringere Wärmeverbrauch durch den höheren Wärmepreis gegenüber der meist mit billigeren Brennstoffen arbeitenden Dampfanlage in den Brennstoffkosten zum großen Teil ausgeglichen werden. Wo Abgase (von Hochöfen oder Koksöfen) zur Verfügung stehen, was für Fabrikbetriebe indes selten der Fall ist, sind die Brennstoffkosten der im Gasmotor erzeugten Kraft etwa 2½ mal geringer als bei Verbrennung der Gase unter Dampfkesseln und der Ausnutzung des erzeugten Dampfes in der Dampfmaschine.

Die Anlagekosten der Kraftmaschine selbst sind immer höher als die der gleichwertigen Dampfmaschine allein (größere Abmessungen wegen geringerer Kraftreserve und geringerer Arbeitshubzahl bei gleichviel Umdrehungen [Viertakt oder Zweitakt], kräftigere Ausführung aller Triebwerksteile wegen der Stoßwirkungen des Verbrennungsprozesses, schwereres Schwungrad wegen ungleichmäßiger Arbeitsabgabe u. dgl. mehr); die Gesamtanlagekosten der Verbrennungskraftanlagen können je nach der Vollkommenheit der zu vergleichenden Dampfanlage die der letzteren mehr oder weniger überschreiten, niederer sind sie in den seltensten Fällen. Die Beurteilung der Betriebskosten ist bei der Verbrennungskraftanlage einfacher als bei der Dampf-

---

[1]) Spiritus ist wegen seines hohen Wärmepreises von über 8 M. für gewerbliche Betriebe unwirtschaftlich.

anlage, da sowohl die Anschaffungskosten der ziemlich einheitlich durchgebildeten Anlagen als auch die Brennstoffverbräuche sich in ziemlich engen Grenzen bewegen. Die für die Betriebskostenberechnung erforderlichen Angaben über Überlastbarkeit, das Verhalten bei Unterlast, Betriebszuschläge, Bedienung, Reparaturen, Öl- und Wasserverbrauch werden bei den einzelnen Bauarten besprochen.

Für kleine Leistungen von ½ PS bis zu etwa 6 PS reicht das (nur noch vom Elektromotor bestrittene) alleinige Anwendungsgebiet der Leuchtgas-, Ergin-, Benzol-, Ölgas-, Benzin-, Rohöl- und Naphthalinmotoren (seltener Petroleum), die bis etwa 30 PS mitunter noch wettbewerbfähig sind.

Von etwa 6 PS bis zu 1000 PS erstreckt sich das Wettbewerbsgebiet der Sauggasanlage mit eigenem Gaserzeuger (Großgasmaschinen ohne Generatoren, die bis zu Leistungen von 1500 PS in einem Zylinder erbaut werden, sind für Fabrikbetriebe gewöhnlich nicht von Bedeutung). Größere Ausführungen werden der vielen erforderlichen Generatoren wegen kaum angewandt.

Die nach dem Dieselprinzip arbeitenden Ölverbrennungsmaschinen, die bereits von 5 PS an als Kleinmotoren mit guter Brennstoffausnutzung gebaut werden, und für Fabrikbetriebe in den ersten 10 Entwicklungsjahren hauptsächlich in Größen von 25—500 PS Anwendung fanden, können heute bis zu Einheiten von etwa 5000 PSe erstellt werden. Die Ausführung noch größerer Sätze, die für Fabrikbetriebe nur selten notwendig sein dürfte, scheitert an den Transportschwierigkeiten für die schweren Einzelteile, für deren Beförderung die kräftigsten verfügbaren Sonderwagen sich als zu schwach erweisen.

Der grundlegende Unterschied zwischen dem Arbeitsvorgang der nach dem Erfinder der Haupteigentümlichkeiten der Maschine, Dr.-Ing. Rudolf Diesel, benannten Ölverbrennungsmaschinen (von denen eine Reihe, wie der Lietzenmeyer-, Trinklermotor, die Junkersche Ölmaschine u. a. mehr, zum Teil abweichend von dem ursprünglich geschützten „Dieselverfahren" arbeiten) und zwischen dem Arbeitsprozeß der auch als „Explosions- oder Verpuffungsmotoren" bezeichneten übrigen Verbrennungskraftmaschinen ist der folgende: Letztere saugen stets Gemische von Verbrennungsluft mit gas- oder dampfförmigen oder fein zerstäubten Brennstoffen an, die beim Rückgang des Kolbens durch Arbeitsabgabe des Schwungrades verdichtet und durch von außen eingeleitete „Zündung" zur augenblicklichen Verbrennung unter Drucksteigerung, und Arbeitsabgabe an den Kolben gebracht werden, dessen Rückgang beim vierten Hub die Verbrennungsrückstände aus dem Zylinder entfernt (Viertakt). Die zulässige Verdichtungsspannung (mit deren Höhe die Brennstoffausnutzung wächst), ist durch die mit der Verdichtung anwachsende Temperatursteigerung des Verbrennungsgemisches begrenzt, welche, um „Vorzündungen" (Störungen des Arbeitsganges, Stöße) zu vermeiden, unterhalb der Entzündungstemperatur des Gemisches bleiben muß. Die Verdichtungsgrenze beträgt bei Leuchtgas- und Sauggasmotoren 10—12 Atm., bei Flüssigkeitsexplosionsmotoren etwa 8—10 Atm. (bei dem leicht entflammbaren Benzin nur 3—5 Atm.), entsprechend einem größten Verbrennungsdruck von etwa 20—30 Atm.

Unter dem Sammelnamen „Dieselmotoren" faßt man alle Verbrennungsmaschinen für flüssige Brennstoffe, die nach den Hauptzügen des Dieselverfahrens arbeiten: Ansaugen von reiner Luft (nicht eines Gemisches, erster Hub), Kompression derselben auf hohe, durch keine Rücksicht auf Vorzündung begrenzte Spannung (30—40 Atm.), wodurch eine Lufterhitzung auf 600 bis 800° C eintritt (zweiter Hub), allmähliches Einspritzen des fein zerstäubten Brennstoffes mittels Druckluft unmittelbar vor Beginn des dritten Hubes (Arbeitshub), wobei sich der Brennstoff in der hocherhitzten Verbrennungsluft (ohne äußere Zündung) entzündet und langsam verbrennt, und schließlich, wie beim Verpuffungsmotor, Ausstoßen der Rückstände beim vierten Hub; eine wesentliche Erhöhung des Druckes tritt während der Verbrennung infolge des gleichzeitigen Kolbenrückganges meist nicht ein (daher die Bezeichnung „Gleichdruckmotoren"). Die zum Brennstoffeinspritzen erforderliche Druckluft wird von einer Luftpumpe, die vom Motor selbst angetrieben wird, geliefert.

Bei dem sowohl für Verpuffungs- als für Dieselmaschinen, namentlich für große Leistungen, angewandten Zweitaktverfahren ist, unter Vermittlung von Spül- und Ladepumpen, der Füllungs- und Verdichtungsvorgang sowie der Arbeits- und Reinigungsvorgang (letzteres durch Schlitze) zu je einem Hub vereinigt. Ferner kann die einfach wirkende Maschine, statt mit einer offenen Zylinderseite ausgeführt zu werden, durch Vereinigung je einer einfach wirkenden Maschine an jeder Seite des Kolbens in einem Zylinder als doppelt wirkende Viertakt- oder Zweitaktmaschine erbaut werden. Für mittlere Leistungen (50—300 PS) herrscht der einfach wirkende Viertakt vor, bei Dieselmotoren meist in stehender Bauart, Kleindieselmotoren bis zu etwa 30 PS werden stehend, die Flüssigkeits- und Naphthalinkleinmotoren fast immer liegend, sämtliche Verbrennungskraftmaschinen in den übrigen Größen stehend und liegend erbaut. Verpuffungsmotoren werden von $\frac{1}{2}$—1000 PS einzylindrig, von 300—4000 PS zwei- und vierzylindrig ausgeführt, Dieselmotoren bis zu 600 PS einzylindrig, für größere Leistungen in allen Bauarten, als Großmaschine über 1000 PS liegend, namentlich in doppeltwirkender Tandemanordnung. Für unmittelbare Kupplung mit schnellaufenden Maschinen oder für elektrischen Antrieb werden stets Mehrzylinderanordnungen gewählt.

1. Die Sauggasanlagen.

Die Sauggasanlagen haben in beschränkterem Maße als die Dampfanlage den Vorzug, für billige Brennstoffe geeignet und nicht von einem bestimmten Brennstoff abhängig zu sein; die Beschränkung bezieht sich sowohl auf die Art der verwendbaren Brennstoffe überhaupt, als insbesondere auf die Brennstofffreiheit des Gaserzeugers (Generator), dessen Bauart jeweils nur bestimmten Brennstoffen angepaßt werden kann. Die Zahl der für Kraftzwecke vergasbaren Brennstoffe ist durch Sonderausbildung der Generatoren in den letzten Jahren beträchtlich erweitert worden, namentlich auf die bitumenhaltigen, bei der Vergasung teerbildenden Braunkohlen (bis 20% Wassergehalt), Braunkohlenbriketts, Torf, Holz und auf Steinkohle[1]), während ursprünglich Generatoren für Maschinenbetrieb nur für schwach teerbildenden Koks und Anthrazit, also teure Brennstoffe, gebaut wurden. Die Brennstoffausnutzung im Gaserzeuger, der Heizwert des erhaltenen Gases sowie die Brennstoffverbräuche[2]) für mittelgroße Anlagen sind für die anwendbaren Brennstoffe in der Zahlentafel 11 in Durchschnittswerten zusammengestellt:

---

[1]) Vergl. Fußnote 2, S. 75.
[2]) Ohne Betriebszuschläge bei Vollast.

Zahlentafel 11.
Brennstoffe für Sauggasanlagen.

Brennstoff	Heizwert des Brennstoffes WE/kg	Wirkungsgrad des Generators %	Unterer Heizwert des Gases WE/cbm	Brennstoffverbrauch[3]) kg/PSe/st
Anthrazit[1]) . . .	7500—8000	80	1200	0,39—0,42
Koks[1])	6000—7500	75—80	1100	0,42—0,56
Steinkohle[2]) . . .	6500—7500	65—70	950—1000	0,48—0,59
Anthrazitgrus . .	7000—7500	55—65	1100—1200	0,51—0,65
Rauchkammerlösche.	5000—6000	50—60	1000—1100	0,70—1,00
Koksgrus . . .	5000—6500	50—60	1000—1100	0,65—1,00
Braunkohlenbriketts	4300—5000	70—75	1100—1200	0,67—0,84
Braunkohle . . .	3500—5000	50—70	1000	0,72—1,43
Torf	3000—3500	50—70	900—1000	1,10—1,67
Holz	3000—4500	50—65	900—1000	0,86—1,67

Die Verwendung eines möglichst teerfreien und staubfreien Gases ist zur Vermeidung von Verschmutzungen der Leitungen, Ventile, Kolben usw. für einen zuverlässigen Maschinenbetrieb unerläßlich. Anthrazit und Koks oder Mischungen dieser beiden Brennstoffe werden im geschlossenen Schachtofen mit einer Brennzone vergast, welcher durch den Rost Luft und Wasserdampf, letzterer gewöhnlich durch Leitungswärme des Generators und der abziehenden Gase im Verdampfer gewonnen, zuströmt; das erzeugte Gas wird bei jedem Ansaugehub vom Motor durch den zwischengeschalteten Ausgleichgastopf angesaugt. Die Teerbildung ist sehr gering (etwa $1/10$% des Gasgewichts), so daß im „Naßreiniger" (gleichzeitige Abkühlung), und weiteres Abscheiden des noch nicht niedergeschlagenen Teeres im Kondensator und Teerabscheider meist genügt, um bei etwa zweiwöchentlicher Reinigung der Ventile und 3—4 monatlicher Säuberung des Kolbens anstandslosen Betrieb zu sichern. Die Einschaltung eines Trocken-

---

[1]) Nicht über 1% Schwefelgehalt.
[2]) Aschearm, gasreich, nicht backend, 40—70 mm Korn; magere, aschereichere Kohle nur in Drehrostgeneratoren.
[3]) Die größeren Brennstoffverbrauchsziffern beziehen sich auf kleine Anlagen, die kleineren auf Anlagen von etwa 300 PS.

(Sägespän-)reinigers ist nicht Bedingung, doch immer vorteilhaft. Koks hat gegenüber dem teureren Anthrazit den Nachteil sehr großen Raumbedarfs für Lagerung und erfordert für gleiche Leistung auch größeren Generatorschachtquerschnitt.

Die bei der Vergasung bituminöser Brennstoffe entstehenden Teerdämpfe, die sich bei der Abkühlung hinter dem Generator zu Teer verdichten würden und durch mechanische Reinigung nicht zu entfernen wären, werden in den hierfür erbauten oben offenen „Doppelgeneratoren" oder Generatoren mit „zwei Brennzonen" dadurch unschädlich gemacht, daß gleichzeitig Luft von oben und durch den Rost zugeführt wird. Die aus dem frisch aufgeschütteten Brennstoff ausgetriebenen Teerdämpfe werden beim Durchsaugen durch die obere Brennzone nach unten — der Gasaustritt findet in der Mitte zwischen den Glühzonen statt — verbrannt und in Berührung mit der glühenden Kohle zwischen den Brennzonen reduziert und in nicht kondensierendes Gas verwandelt; die untere Feuerzone vergast den verbliebenen Koks in der gleichen Weise wie beim Einfeuergenerator. Die Zufuhr von Wasserdampf ist bei den in Betracht kommenden, wasserhaltigen Brennstoffen Braunkohle (bis zu 20 % Wasser), Braunkohlenbriketts, Torf[1]) und Holz nur bei stärkerer Beanspruchung in geringem Maße zur Kühlung des Rostes und besserer Schlackenbeseitigung erforderlich. Die Reinigung des erzeugten Gases zur Staubbeseitigung erfolgt in ähnlichen Vorrichtungen wie beim Einfeuergenerator.

Die Vergasung bituminöser Steinkohlen (40—70 mm, nicht backend) erfolgt entweder ebenfalls im geschilderten Zweifeuergenerator oder nach dem Pintsch-Verfahren durch Absaugen der im oberen Teil gebildeten Gas-Teergemische durch Dampfstrahlgebläse unter den Rost, wo sie verbrannt werden, um durch den Rost mit der Luft vom Motor angesaugt und in der glühenden Koksschicht wieder reduziert zu werden. Die Aufstellung eines kleinen Dampferzeugers ist hierfür erforderlich. Minderwertige oder stärker schlackende Kohlen werden vorteil-

---

[1]) Die Vergasung von Torf für Großkraftanlagen gestattet die wirtschaftliche Gewinnung von Ammoniaksulfat als Nebenerzeugnis (Verfahren nach Mond-Frank-Caro), eines wertvollen Düngemittels, durch dessen Erlös die Brennstoffkosten der Kraft erheblich vermindert werden können; auch für bituminöse Steinkohlen (Verfahren von Mond) anwendbar.

haft unter Anwendung von selbsttätig schlackenden und ständig auflockernden Drehrost- oder Kettenrostgeneratoren vergast, die indes nur für große Leistungen und Dauerbetrieb in Frage kommen und bisher häufiger für Heizgasgeneratoren als für Maschinengas angewandt werden.

Bei besonders weit verzweigten Anlagen, namentlich bei gleichzeitiger Abgabe von Gas zu Heizzwecken kann das unmittelbare Absaugen des Motors durch einen Exhaustor ersetzt werden, der vom Generator ansaugt und durch einen Ausgleichtopf zu den Verwendungsstellen (Motor und Heizung) drückt. Hierbei fällt ein Vorteil der reinen Sauggasanlage, die Gefahrlosigkeit von Undichtheiten infolge des Unterdrucks in den Leitungen, fort.

Die stündliche Vergasungsleistung der Sauggasgeneratoren beträgt 70—85 kg/qm Querschnitt Koks und Anthrazit und 90—110 kg/qm Braunkohlenbriketts, die Generatoren für letztere werden um etwa 10—15 % größer für gleiche Leistung. Die normalen Ausführungsquerschnitte betragen 1—1,5 qm, bei Drehrosten bis zu 3 qm. Für größere Maschinenleistungen (über 300 PS) werden zweckmäßig mehrere Generatoren aufgestellt. (Bei Unterwind (Druckgas) steigt die Leistung auf 160—250 kg/st; Drehrostgeneratoren erzielen bei 3 m Durchmesser bis 25 t ,,Durchsatz" in 24 Stunden.) Das Aufschütten des Brennstoffs erfordert, ebenso wie das Abschlacken, im Gegensatz zu den Dampfkesseln keine besondere Schulung und kann in beträchtlich größeren Zeitabständen und in größeren Mengen erfolgen.

Das Anheizen der Generatoren vom kalten Zustand bis zur Lieferung von arbeitsfähigem Gase dauert bei Anthrazit- und Koksmotoren 1—2 Stunden; der Vorgang kommt selten in Frage, da man die Generatoren mit schwacher Glut (bei geringem Abbrand) während der Betriebspausen durchbrennen läßt und bei Inbetriebnahme mittels Ventilators ,,warmbläst" (etwa $\frac{1}{4}$ Stunde). Während der Zeit, wo das Gas nicht in die Maschine gelangt, muß es (am besten zur Vermeidung von Geruchsbelästigungen nach vorheriger Verbrennung) durch eine Abzugsleitung über Dach geführt werden. Das Anheizen der Braunkohlenbrikettgeneratoren erfordert etwa $\frac{1}{2}$ Tag, das Warmblasen nach Betriebspausen jedoch nur einige Minuten. Die Abwasserbeseitigung (Skrubberwasser übelriechend und schwefelsäurehaltig) erfordert, namentlich in Städten, besondere Vorkehrungen: Anschluß mittels gasdichten Syphons an den Abwasserkanal, Geruchbeseitigung durch Absaugen der Dünste unter den Generatorrost, Oxydation durch Durchblasen von Luft durch das Wasser, Befreiung von Schwefelsäure vor Einlaß in das Kanalisationsnetz zur Verhütung von Rohranfressungen durch Zusatz von Eisensulfat.

Die Aufstellung der Generatoren ist zwar nicht wie die der Dampfkessel an behördliche Genehmigung gebunden, doch bestehen ebenfalls eine Reihe nicht einheitlicher Vorschriften und Beschränkungen, wie: Brandmauern zwischen Generator und den mit offenen Wasserverschlüssen versehenen Teerabscheidern, Druckregler usw., höchstzulässige Tiefe des Generatorraumes unter Boden (etwa 1,5 m), Verbot der Anordnung desselben unter bewohnten Räumen, Art der Heizung und Beleuchtung (Warmwasser, Dampf, keine offenen Flammen), Abwasserbeseitigung u. dgl. Eine Explosionsgefahr besteht bei der Sauggasanlage nicht[1]), daher auch keine ständige Revisionsverpflichtung.

Die Motoren stehen bei staub- und teerfreiem Gas und sachgemäßer Kühlung den Dampfmaschinen an Betriebssicherheit kaum nach, erfordern aber das bereits erwähnte häufigere Reinigen von Einlaß- und Auslaßventilen und Kolben. Zur Vermeidung von Kesselsteinansatz in den Kühlmänteln, welcher die Kühlwirkung durch Verminderung des Wärmedurchgangs und durch Querschnittsverringerung gefährdet, ist bei härterem Wasser die Rückkühlung und ständige Wiederverwendung des Wassers bei geringem Frischwasserzusatz erforderlich; chemische Enthärtung ist seltener lohnend. Das Kühlwasser muß im Winter in Betriebspausen wegen der Einfriergefahr abgelassen werden können.

Die Motoren werden meist mit zwangläufiger Nockenventilsteuerung erbaut, in den Größen von 30—180 PS als Einzylinder-, von 100—350 PS als Zweizylindermaschinen ausgeführt, bei größeren Leistungen in Vierzylinderanordnung. Die Regelung erfolgt bei kleinen Leistungen durch „Aussetzer", d. h. vollständigen Abschluß der Ladung während eines oder einiger Hübe, bei größeren Ausführungen durch Regelung der Ladungsmenge bei gleichbleibendem Gemisch, Regelung der Zusammen-

---

[1]) Der Explosionsgefahr, die durch Rückschlag von Vorzündungen in die Gasleitungen und den Generator eintreten könnte, muß durch sachgemäße Anordnung von Wasserverschlüssen vorgebeugt werden.

setzung des Gas-Luftgemisches oder durch eine Vereinigung der beiden letztgenannten Regelarten. Der Gleichförmigkeitsgrad der Maschine wird für kleinere gewerbliche Betriebe gewöhnlich zu 1:40 gewählt; für elektrischen Betrieb (Gleichstrom), für Seilübertragung, für Spinnereien u. dgl. wird ein schwereres Schwungrad zur Erzielung eines Gleichförmigkeitsgrades von 1 : 80 bis 1 : 100 angeordnet. Beim Antrieb von Wechsel- oder Drehstromdynamomaschinen, die für Parallelbetrieb bestimmt sind, müssen, namentlich bei unmittelbarer Kupplung, besonders schwere Schwungmassen und Mehrzylindermotoren vorgesehen werden; die Mehranlagekosten für die schwereren Schwungräder sind aus den Preisangaben S. 130 u. 131 ersichtlich.

Die Verbrennungskraftmaschinen müssen, um die hohe Verdichtung des zündfähigen Gemisches beim Anlaufen hervorbringen zu können, mit fremder Kraft angelassen werden: bei kleinen Leistungen mittels Andrehkurbel, bei elektrischem Antrieb durch die als Motor betriebene Dynamo mit Strom aus einer Akkumulatorenbatterie oder mit fremdem Strom oder schließlich durch Druckluft, die von der Gasmaschine mittels Kompressor selbst erzeugt und in einem Anlaßkessel aufbewahrt wird. Um die Abmessungen der Drucklufteinrichtung, die nach Anlaufen des Motors selbsttätig sich ausschaltet, nicht zu groß wählen zu müssen, muß durch Kupplungen oder Leerscheiben die Möglichkeit vorgesehen werden, den Motor unbelastet anlaufen zu lassen; bei unmittelbarer Kupplung mit Pumpen und Kompressoren muß durch Umlaufvorrichtungen eine Druckverminderung in der Druckleitung ermöglicht werden.

Brennstoffverluste (durch Abkühlung, Undichtheiten usw.) zwischen Generator und Motor treten bei der Sauggasanlage nicht auf.

Der günstigste Brennstoffverbrauch wird beim Gasmotor bei der Höchstdauerleistung erzielt. Die letztere liegt nur wenig unter der vorübergehend zulässigen Höchstleistung; die Sauggasanlage besitzt im günstigen Falle eine Überlastungsfähigkeit von 5—10 %, nur einzelne Konstruktionen[1]) erzielen bis 20—30 %

---

[1]) Güldnermotoren, in neuester Zeit auch Zweitaktmaschinen mit Druckluftspülung, d. h. erhöhtem Kompressionsanfangsdruck, erzeugt durch die Ladepumpe und bei Viertaktmaschinen durch zusätzliche Pumpen oder Ventilatoren.

Überlastung. Diese geringe Kraftreserve ist die schwächste Seite der Sauggasanlage und ist auch ein Hauptgrund dafür, daß die Sauggasanlagen, trotzdem sie bei Verwendung von Brennstoffen mit niederem Wärmepreis (Braunkohlenbriketts, Braunkohle, Torf, Gruskohle) die geringsten Brennstoffkosten aller Wärmekraftmaschinen aufzuweisen haben, einen großen Teil ihres Anwendungsgebiets an die Dampfanlagen (höherer Wärmeverbrauch, gleicher oder etwas geringerer Wärmepreis) oder Dieselmaschinen (geringerer Wärmeverbrauch, höherer Wärmepreis) unzweifelhaft verloren haben. Der Übelstand der geringen Kraftreserve tritt bei unrichtiger Einschätzung des Kraftbedarfs sofort fühlbar in Erscheinung. Bei Unterschätzung oder bei Anwachsen der Fabrik muß wegen der mangelnden Überlastbarkeit eine zweite oder eine größere Maschine aufgestellt werden (neue Kapitalkosten); bei Überschätzung des mittleren Kraftbedarfs oder bei Auftreten von Belastungsspitzen muß die Maschine meistens unterlastet laufen, wobei, da der spezifische Brennstoffverbrauch mit abnehmendem Belastungsgrade sehr stark anwächst, am stärksten von allen Wärmekraftmaschinen, sich erheblich gesteigerte Brennstoffkosten ergeben. Auch für Betriebe mit stark schwankendem Kraftbedarf ist der Sauggasmotor weniger geeignet, bei größeren Maschinen hauptsächlich wegen des Beharrungsbestrebens des Generators, der die Gaslieferung und Zusammensetzung nicht schnell genug dem Gasbedarf der Maschine anzupassen vermag. Schwankende Gasentnahme hat ein Auf- und Absteigen der Glühzone und ihrer Temperatur zur Folge; dieses „Wandern" der Glühzone im Schacht führt bei länger anhaltender schwacher Belastung bei bituminösen Brennstoffen leicht zu ungenügender Einwirkung der entteerten glühenden Koksschicht auf das Rohgas und damit zu einer unvollständigen Teerverbrennung; die Teerabscheider sind, wie bereits erwähnt, nicht imstande, größere Teermengen zu beseitigen, so daß eine Verschmutzung des Motors eintreten muß. Der Vorzug des Braunkohlengenerators, die normal vollständigere Teerbefreiung im Gaserzeuger selbst gegenüber dem Koksgenerator, kann bei stoßweiser Belastung also erheblich vermindert werden. Bei Braunkohlenbriketts darf die Brennstoffaufgabe in nicht zu großen Zeitabständen erfolgen, damit ein Zusammenbacken oder Hängenbleiben der sperrigen Briketts und damit

Betriebstechnische und allgemeine wirtschaftliche Eigenschaften. 81

eine Bildung von Hohlräumen vermieden wird, durch welche das teerige Rohgas schnell entweicht, anstatt gleichmäßig über den Schachtquerschnitt verteilt zur vollständigen Entteerung die Glühzone zu durchstreichen. Im übrigen ist der Betrieb der Doppelfeuergeneratoren für Braunkohlen sehr einfach und namentlich Abschlacken im vollen Betrieb ohne besondere Vorsicht möglich.

Bei Generatoren mit Wasserdampfzuführung unter den Rost (Koks, Anthrazit, Steinkohle) hat die Entlastung ohne gleichzeitige Regelung der Dampfzufuhr ein Anwachsen des Kohlensäuregehalts des Gases, also eine Verminderung des Heizwertes zur Folge, oder einen zu hohen Wasserstoffgehalt und damit Vorzündungen und Störungen des Motorganges.

Bei Betrieben mit wechselndem Kraftbedarf ist bei Wahl von Sauggasanlagen nach vorstehendem entweder eine Unterteilung in kleinere Einheiten erforderlich (höhere Kapitalkosten) oder bei elektrischem Betrieb die Aufstellung einer Akkumulatorenbatterie, welche den Leistungsüberschuß der ständig voll belasteten Maschine bei schwachem Kraftbedarf der Fabrik aufnimmt, um ihn während der Belastungsspitzen wieder mit abzugeben (höhere Kapitalkosten, Umformungsverluste bei Laden und Entladen, 5—20 % des in die Batterie gesandten Stromes[1]).
Bei größeren Krafterzeugeranlagen wählt man den Ausweg, die mit geringen Brennstoffkosten arbeitende Gasmaschine stets mit voller Belastung laufen zu lassen und für die Belastungsspitzen eine in bezug auf den Belastungsgrad weniger empfindliche Maschine (Dampfturbine, Gleichstromkolbenmaschine u. dgl.) anzuordnen (hohe Kapitalkosten).

Die Abwärme der Sauggasmotoren kann zum Teil (Kühlwasser, Auspuffgase) nutzbar gemacht werden zur Warm- und Heißwasserbereitung und zu Trockenzwecken (vgl. S. 174). In Betrieben, die zu Fabrikationsvorgängen große Wärmemengen mit hoher und gleichmäßiger Temperatur anwenden (Sengen, Glühen, Härten, Löten, Schmelzen, Emaillieren u. dgl.) und hierfür die besonders geeigneten Generatorgasfeuerungen benutzen, kann häufig zweckmäßig auch die Krafterzeugung im Gasmotor

---

[1] Nach Erhebungen von Josse betrugen bei 5—9 % Abgabe der gesamten Strommenge von seiten der Batterie die Verluste 5—10 %, bei 30—60 % Batterieentnahme die Verluste 15—20 %.

Urbahn-Reutlinger, Betriebskraft. 2. Aufl. 6

erfolgen. Die Gasversorgung erfolgt durch einen Ventilator, der dem Motor die aus dem Generator abgesaugte Menge durch den Gastopf zudrückt. Die Staubbefreiung, die für Heizzwecke nicht erforderlich ist, erfolgt für das Maschinengas durch wirksame Brausen vor Eintritt in die Maschine. Die Kapitalkosten der Kraft werden hierbei durch den Wegfall des größten Teiles der Kosten für die gemeinsame Gaserzeugeranlage erheblich verringert.

Die Hauptbetriebsvorteile der Sauggasanlage sind, um kurz zusammenzufassen: Eignung für billige Brennstoffe, geringerer Wärmeverbrauch als die Dampfanlage, einheitlicher Aufbau und kleinerer Platzbedarf, einfachere Bedienung und geringere Abhängigkeit der Brennstoffkosten von der Bedienung, weniger behördliche Vorschriften, Rauchlosigkeit und Gefahrlosigkeit, wenig Rücksicht auf Wasserversorgung, seltene Reinigung des Gaserzeugers. Die Hauptnachteile sind geringere Freiheit in der Wahl des Brennstoffes, Mangel an Kraftreserve und hoher Brennstoffverbrauch bei Unterlastung, daher ungeeignet für intermittierende oder stark schwankende Belastung, ungleichmäßigere Arbeitsabgabe und Erschütterungen, Geruchsbelästigung und mitunter Schwierigkeiten der Abwasserbeseitigung, (geringer) Abbrand auch in den Betriebspausen, beschränkte Abwärmeverwertung.

2. Die Dieselmotoren.

Die nach dem auf S. 73 geschilderten Verfahren arbeitenden Ölverbrennungsmaschinen[1]) verarbeiten flüssige Destillationsprodukte des Erdöls sowie der Steinkohle und der Braunkohle von durchweg hohem Heizwert (8000—10 000 WE). Das aus dem Erdöl (nach dem Leuchtpetroleum und vor dem Schmieröl) abfraktionierte „Gasöl" oder „Treiböl" besitzt bei 0,83—0,89 spezifischem Gewicht rund 10 000 WE Heizwert und unterliegt seines hohen Flammpunktes wegen (65—100° C) keinen besonderen behördlichen Vorschriften über Anordnung der Brennstoffbehälter. Der Preis ist durch einen hohen Zollsatz (zurzeit 3,60 M. für 100 kg)[2]) belastet und bewegt sich zurzeit zwischen 12 M. und 15 M.

---

[1]) Hierher gehören der Lietzenmayer-, Trinkler-, Güldner-, Junkersmotor u. a. mehr.

[2]) Vgl. S. 13. Seit Ende November 1912 um 1,80 M. ermäßigt; Preis also z. Z. 10—13 M.

für 100 kg an der Verbrauchsstelle. Der Bezug erfolgt, wie bei allen flüssigen Brennstoffen, für Großbetriebe mit Frachtvergünstigung in Tankwagen, so daß für Lagerung geräumige, meist unter Böden angeordnete Behälter mit Entlüftung vorzusehen sind.

Das bei der Paraffingewinnung aus Braunkohlenteer der Hallenser Schweelkohle vor dem Paraffin abgeschiedene Paraffinöl (Solaröl: spez. Gewicht 0,82—0,87, Flammpunkt 45—50° C; helles Paraffinöl: 0,85—0,88 spez. Gewicht, Flammpunkt 90 bis 110° C) besitzt etwa 9800 WE Heizwert bei einem Preis von 10—15 M. für 100 kg.

Aus dem bei der Kokerei und Leuchtgaserzeugung gewonnenen Steinkohlenteer werden Schweröle (Anthrazenöl, Kreosotöl, spez. Gewicht 1—1,1) abdestilliert, die unter der Bezeichnung „Teeröle" seit wenigen Jahren auch im Dieselmotor als Treibmittel verwertbar sind; durch den niederen Wärmepreis dieser Öle (4—6 M. für 100 kg bei 8800—9000 WE Heizwert) sind die Brennstoffkosten der Ölmotoren gegenüber dem früher ausschließlich anwendbaren Gasöl um nahezu die Hälfte vermindert worden, so daß das Wettbewerbsgebiet der Dieselmotoren sich außerordentlich vergrößert hat. Die Anwendung des Teeröls, das Rotguß, Schmiedeisen und Stahl angreift, nötigt zur ausschließlichen Verwendung von Gußeisen und Nickelstahl für die Steuerungsorgane und das im Zylinder laufende Triebwerk. Der hohe Flammpunkt des Teeröls, in dem der Hauptgrund für die Schwierigkeit der Verarbeitung im Motor zu erblicken ist, verschafft zwar erhöhte Lagerungssicherheit, nötigt aber zur gleichzeitigen Anwendung eines leichter entflammbaren „Hilfsbrennstoffs" oder „Zündöls", das, durch eine besondere regelbare Pumpe vor dem Teeröl eingespritzt, die Verbrennung einleitet und auf das nachfolgende Teeröl überträgt. Dieser Hilfsbrennstoff (bei 100 PS etwa 1—1,5 kg/st, im allgemeinen 5—12 %) muß namentlich bei geringen Belastungen voreingespritzt werden; durch verbesserte Bauarten ist es in letzter Zeit gelungen, mit Teeröl entweder allein oder bei nur kurzer Anwendung des Zündöls (Gasöls) beim Anlaufen bis zur genügenden Erwärmung der Maschine gute Verbrennung zu erzielen. In letzterem Falle muß etwa $\frac{1}{4}$ Stunde vor dem Abstellen ebenfalls auf Gasöl umgeschaltet werden, damit die Rohrleitungen sicher mit Gasöl gefüllt bleiben und ein sicheres Anfahren ermöglicht wird. Rohrleitungen für Zündöl und Teeröl gehen von den im Maschinenraum aufgestellten (durch Handpumpe gefüllten) Behältern getrennt zur Maschine. Auch in der Verarbeitung des rohen Steinkolenteers (rd. 9000 WE) bei beschränktem Gehalt an freiem Kohlenstoff (bis 15 %) haben einzelne Maschinenanstalten bereits befriedigende Erfolge erzielt, in diesem Fall ist jedoch die Anwendung von Zündöl oder die Anwärmung des Teeres erforderlich, da derselbe erst bei $+ 20^0$ C dünnflüssig wird.

Abfüllung, Lagerung und Zuleitung des Brennstoffs zur Maschine erfordert infolge der flüssigen Form und des hohen Heizwertes wenig Raum und Arbeitsaufwand. Die eisernen Hauptvorratsbehälter werden unter Boden angeordnet und unterliegen nur bei Treibölen mit niederem Flammpunkt (unter 65^0 C) behördlichen Bestimmungen; bei Teerölen[1]) und Teer, die der Gefahr des Erstarrens bei Frost ausgesetzt sind, müssen die Behälter mit Anwärmevorrichtungen (Kühlwasser, Auspuffgase des Motors, Dampfschlangen) versehen sein. Im Maschinenhaus werden kleinere hochstehende Vorratsbehälter angeordnet, aus denen der Brennstoff durch ein Filtriergefäß unmittelbar den vom Regulator beeinflußten Brennstoffpumpen des Motors zuläuft; das Abstellen der Maschine erfolgt durch einfaches Absperren der Brennstoffzuleitung; in den Pausen und bei Stillstand findet keinerlei Brennstoffverbrauch statt. Die Kontrolle des Brennstoffverbrauchs ist die denkbar einfachste. Das Anlassen des Dieselmotors erfolgt durch Druckluft von gewöhnlich 50 bis 60 Atm.[2]), die von der zweistufigen Luftpumpe[3]), welche die Einblaseluft erzeugt, in ein oder zwei Anlaßgefäßen aufgespeichert wird; nach den ersten Zündungen wird die Druckluft selbsttätig abgeschaltet.

---

[1]) Erst bei $+ 5^0$ C dünnflüssig.

[2]) Bei Deutzer liegenden Kleinmotoren ist Anlassen mit nur 12 Atm. Luftdruck ermöglicht.

[3]) Die Luftpumpe, welche namentlich Kleinmotoren verteuert, kommt bei den 10—12-PS-Bronsmotoren in Wegfall, bei denen das Einblasen durch absichtlich bewirkte Vorzündung eines Teiles der Ladung erzielt wird, die durch Lagerung in einer im Verbrennungsraum angeordneten Kapsel während der Kompression erfolgt; die Teilexplosion in der erwärmten Kapsel bläst den flüssigen Brennstoff (Rohöl und Gasöl) in den Zylinder.

Die thermische Brennstoffausnutzung im Dieselmotor ist günstiger als die sämtlicher anderen Wärmekraftmaschinen, sie beträgt 30—35 % des Brennstoffheizwertes. Dieser geringe Wärmeverbrauch (1850—2200 WE/PS$_e$/st) gegenüber 2300 bis 2600 WE bei Sauggasmotoren und 4000—10 000 WE bei Dampfanlagen) ist zurückzuführen einerseits auf den Fortfall der Verluste, die durch gesonderte Wärmeerzeugungsanlagen (Kessel und Generatoren) und Zuleitung des Wärmeträgers zur Maschine entstehen, und andrerseits auf das hohe Verdichtungsverhältnis (Verdichtungsspannung: Ansaugspannung), mit dessen Höhe die Brennstoffausnutzung schnell anwächst, und das im Dieselmotor erzielbar ist, da nur reine Luft, aber kein brennbares Gemisch, das sich vorzeitig entzünden kann, verdichtet wird (12—15 Atm. Verdichtungsspannung bei Gasmotoren, 35—40 Atm. bei Dieselmaschinen). Diese hohe Wärmeausnutzung, welche den geringen Brennstoffverbrauch (250—180 g/PS$_e$/st) bedingt, kommt jedoch, wie bereits früher erwähnt, in den Brennstoffkosten infolge des ebenfalls hohen Wärmepreises der Öle (vgl. S. 13) nur abgeschwächt zum Ausdruck.

Die Überlastungsfähigkeit des Dieselmotors ist beschränkt, vorübergehend ist 20 proz. Steigerung der normalen Betriebslast zulässig[1]). Verhältnismäßig günstig ist das Verhalten des Brennstoffverbrauchs bei Teillasten; er wächst bei ¾ Last nur um etwa 5 %, bei Halblast um 15—20 % gegenüber Vollast (vgl. S. 110). Auch die Größe der Maschine ist von etwa 100 PS ab nur von geringem Einfluß auf den Brennstoffverbrauch, da die bereits bei dieser Größe erzielten Verbrauchsziffern auch bei größeren Einheiten nicht mehr wesentlich unterschritten werden (vgl. S. 107).

Aus diesem Grunde ist die Dieselmaschine, die Maschine der „Dezentralisation", geeignet für verzweigte oder schnell anwachsende Betriebe, da die Aufstellung mehrerer kleiner Einheiten gegenüber der zentralisierten Krafterzeugung im Dieselmotor wohl die Kapital- und Bedienungskosten etwas steigen läßt, auf die ausschlaggebenden Brennstoffkosten der Krafteinheit jedoch ohne wesentlichen Einfluß ist; dies bedeutet unter Um-

---

[1]) Auch hier ist eine höhere Überlastbarkeit bis 50 % durch „Druckluftspülung" erzielbar (Junkersche Ölmaschine, Sulzersche Zweitaktmaschine, noch wenig verbreitet).

ständen einen Vorteil gegenüber der Dampfanlage, bei der die Brennstoffkosten der Kraft nach früherem mit anwachsender Größe der Maschine schnell abnehmen, so daß möglichst große Einheiten zu wählen sind (die Dampfturbine ist daher meist die geeignetste „Zentralmaschine" für Großbetriebe).

Ferner ist der Brennstoffverbrauch nur in sehr geringem Maße von der Bedienung abhängig (ebenfalls im starken Gegensatz zur Dampfanlage, bei der sowohl Dampfpreis als auch Dampfverbrauch beträchtlich von der Güte der Bedienung beeinflußt wird); der Maschinist hat nur den Einblasedruck der Belastung entsprechend zu regeln, um ständig vollkommene Verbrennung zu erzielen, was übrigens bei neueren Bauarten ebenfalls nicht mehr erforderlich ist, namentlich bei Anwendung von Zündöl. Da auch bei Maschinenstillstand kein Abbrand u. dgl. möglich ist, stimmt der Brennstoffverbrauch im Dauerbetrieb fast genau mit Versuchs- und Garantiewerten überein, so daß, wie durch zahlreiche genaue Erhebungen erwiesen, ein Betriebszuschlag von 5 % reichlich genügt im Gegensatz zu Gas- und Dampfanlagen, bei denen sich bei häufig unterbrochenen Betrieben Betriebszuschläge bis zu 40 % in der Praxis ergeben. Der Dieselmotor ist daher besonders für häufig unterbrochene Betriebe geeignet auch mit Rücksicht auf die schnelle Betriebsbereitschaft.

Die Wartung der Maschine selbst stellt dagegen höhere Anforderungen an eine peinlich genaue Aufmerksamkeit und Sorgfalt des Personals als die der übrigen Wärmekraftmaschinen. Die feinen Brennstoffnadeln, die das Einblasen des zerstäubten Brennstoffes steuern, müssen möglichst täglich auf Dichtheit geprüft werden, die Auslaß- und Luftverdichterventile sollen etwa vierwöchentlich gereinigt und eingeschliffen werden, bei Tag- und Nachtbetrieb in entsprechend kürzeren Abständen[1]). Der Kühlwasser- und Ölverbrauch ist gering; ersterer kann durch Rückkühlung oder bei Kleinmotoren durch Verdampfungskühlung[2]), letzterer durch Wiederverwendung des gereinigten Öles auf ein außerordentlich geringes Maß beschränkt werden.

---

[1]) Während eine Dampfmaschine monate- oder sogar jahrelang ohne Auseinanderbau laufen kann.

[2]) Kühlwassermantel offen, so daß das Wasser durch Verdampfung Wärme entziehen kann.

Der Raumbedarf ist besonders bei stehender Ausführung (bis zu 200 PS) ein sehr geringer (Fortfall von Kessel und Gaserzeuger und Schornstein); dagegen wird die Bauhöhe des Maschinenraums bei stehender Ausführung ziemlich groß, mit Rücksicht auf den nach oben vorzunehmenden Ausbau des Kolbens. Für besonders hohe Bodenpreise (namentlich in Städten) können Schnelläufer (200—375 minutl. Umdrehungen von 50 bis 1000 PS) mit verringertem Bedarf an Grundfläche und Bauhöhe angewandt werden (namentlich auch zur unmittelbaren Kupplung mit Dynamos und Zentrifugalpumpen). Das Fortfallen der Konzessionspflicht ebenso wie die Möglichkeit der Aufstellung unter bewohnten Räumen ist ein weiterer Vorteil der Dieselmaschine für Fabrikbetriebe in Städten.

Größere Maschinen werden auch liegend (60—4000 PS) über 1000 PS meist liegend) ausgeführt, wobei, wie auch bei der stehenden Ausführung, mit Rücksicht auf gleichförmigen Gang (ebenso wie bei den übrigen Verbrennungskraftmaschinen) schon bei verhältnismäßig kleinen Leistungen zur Unterteilung in mehrere Zylinder geschritten wird.

Die stete Betriebsbereitschaft, die außerordentliche Reinlichkeit und Geruchlosigkeit der Brennstoffversorgung und des Betriebes (Staub, Ruß, Schlacken usw. fällt weg) bilden besondere betriebstechnische Vorzüge der Ölverbrennungsmotoren. Als Nachteil ist zu bezeichnen, daß der Übergang von einem Brennstoff auf einen anderen nur nach jeweiliger Anpassung der Brennstoffeinlaßteile (Düsen, Nadeln usw.) erfolgen kann[1]), ferner daß Reparaturen der verwickelteren Bauart und der erforderlichen Präzisionsarbeit halber gewöhnlich nicht, wie bei der Dampfanlage, von den Maschinisten selbst vorgenommen werden können, sondern der Maschinenfabrik übertragen werden müssen, was bei mangelnden Reserveteilen Störungen verursachen kann; sorgfältige Wartung ist daher, wie bereits erwähnt, unerläßlich, wie überhaupt die Bedienung aller Verbrennungskraftmaschinen ge-

---

[1]) Die Dieselmaschinen mancher Fabriken, z. B. der Gasmotorenfabrik Deutz, sind derart einheitlich mit den von den gleichen Werken erbauten anderen Verbrennungskraftmaschinen durchgebildet, daß die Umwandlung in eine Gasmaschine durch Austausch der Brennstoffventile und Auswechslung der Druckluftanlaßvorrichtung gegen eine Zündvorrichtung ermöglicht wird,

schulteres und meist höher entlohntes Personal erfordert als die geduldigere Dampfanlage, die auch bei schwerer Vernachlässigung noch in einem Zustand läuft, in dem die Verbrennungsmaschine längst den Dienst versagen würde.

Für die Abwärmeverwertung bei der Dieselmaschine (Auspuffgase, Kühlwasser) gilt ziemlich die gleiche Beschränkung, wie auf S. 174 für die der anderen Verbrennungsmaschinen besprochen.

C. Verbrennungskraftmaschinen für kleinere Leistungen.

Für Betriebe mit kleinerem Kraftbedarf von $\frac{1}{2}$ bis etwa 25 PS, hauptsächlich also für kleine Fabrikbetriebe oder größere gewerbliche Betriebe in Städten, bilden die mit flüssigen Brennstoffen oder Leuchtgas arbeitenden Verbrennungskraftmaschinen meist die geeignete Betriebskraft, die hauptsächlich mit dem Elektromotor d. h. dem Strombezug von einer fremden Kraftquelle aus in Wettbewerb treten. Die Verbrennungskraftmaschinen arbeiten, mit Ausnahme des Kleindieselmotors, genau wie die Sauggasmaschine, d. h. sie saugen Gemische von Luft und Leuchtgas bzw. den im „Vergaser" in Dampfform oder feinen Nebel übergeführten flüssigen Brennstoffen (Ergin[1]), Benzol[1]), Petroleum, Benzin, Rohöl u. dgl.), die nach der beim Kolbenrückgang erfolgten Kompression durch elektromagnetische oder Glührohrzündung zur Verpuffung gebracht werden; sie werden meist für Viertakt, Rohölmotoren auch für Zweitakt erbaut. Die Motoren können meist ohne weiteres mit verschiedenen Brennstoffen betrieben werden, beim Übergang zum Benzinbetrieb muß mit Rücksicht auf die niedrige zulässige Verdichtungsspannung der Kompressionsraum durch Veränderung der Pleuelstangenlänge oder Auswechselung des Deckels vergrößert werden. Die kleineren Rohölmotore arbeiten ähnlich wie der Viertaktdieselmotor, wenden aber meist, um kleinere Kompression und billigere Bauart zu erzielen, eine künstliche Zündung (Glühkopf oder Flamme) an. Ein von der Deutzer Gasmotorenfabrik für Kleinmotoren verwerteter Brennstoff Naphthalin (Abfallerzeugnis der Leuchtgasfabrikation) muß seiner festen Form halber erst geschmolzen werden, was durch Heizung mit dem im offenen

---

[1]) Destillat der Steinkohle.

Verdampferkühler nahezu siedenden Kühlwasser (bei 80° C) erfolgt; höhere Erhitzung hätte ein Entweichen lästiger Naphthalindämpfe zur Folge. Die Kühlwasserdämpfe umspülen das das verflüssigte Naphthalin führende Zuleitungsrohr zur Ansaugebrause, um ein Wiedererstarren zu verhindern. Das Anlaufen des Motors bis zur Erwärmung des Kühlwassers muß mit Hilfe einer zweiten Düse durch Benzol erfolgen, wodurch die Anwendbarkeit des Naphthalinmotors für Betriebe mit kurzem oder stoßweisem Kraftbedarf beschränkt wird. Der niedrige Wärmepreis des Naphthalins bedingt geringe Brennstoffkosten.

Der Kleindieselmotor von 5 PS verbraucht bei Vollast etwa 250—260 g Gasöl, entsprechend nur 2600 WE/PSe Wärmeverbrauch, gegenüber etwa 2900 WE bei Leuchtgas- und Benzolmotoren und etwa 3300 WE bei Benzinmotoren gleicher Größe, zeigt also selbst bei diesen kleinen Leistungen den hohen thermischen Wirkungsgrad des Dieselverfahrens. Bei Unterlastung steigen die spezifischen Verbräuche sämtlicher Kleinverbrennungsmaschinen sehr rasch an[1]), auch die der Dieselmaschinen, was bei letzteren auf den hohen Arbeitsverbrauch der Luftpumpe, bei den anderen Maschinen auf die unvollkommene Verbrennungsregelung und die bei geringerer Last gleichbleibenden Reibungsverluste zurückzuführen ist. Die Zahlentafel 12 gibt eine Zu-

Zahlentafel 12.

	Heizwert für 1 kg oder 1 cbm WE	Preis frei Verbrauchsstelle für 100 kg bzw. 100 cbm M.	Wärmepreis für 100 000 WE M.	Mittlere Brennstoffkosten für 1 PSe/st eines 10 PS Motors	
				Vollast Pf.	Halblast Pf.
				a[2]) b[3])	a b
Gasöl u. Rohöl .	10 000	12—15	1,20—1,50	3,40 5,70	4,35 8,20
Benzol	9 300	26—30	2,80—3,22	7,80	10,90
Benzin (unverzollt) . . .	10 300	30—40	3,10—4,10	10,8	15,0
Motorspiritus . .	5 400	46—49	8,52—5,17	22,20	31,00
Naphthalin . . .	9 300	7—12	0,75—1,29	2,50	3,50
Leuchtgas . . .	4500—5300	10—15	2,00—3,00	7,15	10,00

---

[1]) Siehe S. 110; die obere Kurve gilt auch ungefähr für Kleindieselmotoren.
[2]) Dieselprozeß.
[3]) Verpuffungsprozeß.

sammenstellung der Heizwerte und Wärmepreise der Brennstoffe sowie die mittleren Brennstoffkosten der Krafteinheit für 10 PS Motoren bei Vollast und Halblast (ohne Betriebszuschläge); bei kleineren Motoren steigt der Verbrauch schnell an[1]), während er sich bei Maschinengrößen über 10 PS nur wenig vermindert.

Da eine wesentliche Überlastbarkeit den Kleinmotoren nicht eigentümlich ist, arbeiten dieselben meist unterlastet mit stark erhöhtem spezifischen Brennstoffverbrauch; dies ist beim wirtschaftlichen Vergleich gegenüber Strombezug zu berücksichtigen. Aus dem gleichen Grunde empfiehlt sich die Prüfung der Höchstleistung durch Bremsung vor der Abnahme, um die notwendige Leistung sicher mit der gewählten Größe erzielen zu können[2]).

Die in der Zahlentafel enthaltenen Preise der flüssigen Brennstoffe sind einem starken Wechsel unterworfen; namentlich gehen die Preise von Benzol und insbesondere Benzin in den letzten Jahren fortwährend, für Benzin geradezu sprungweise in die Höhe[3]).

Benzin darf als Schwerbenzin unter 0,75 spez. Gewicht für Motorenbetrieb von deutschen Fabriken unverzollt abgegeben werden, für schwerere Motorenbenzine gilt ein ermäßigter Zollsatz (2,50 M. gegenüber 7,75 M.), falls über die Bezugsmengen von seiten der Fabrik und über den Verbrauch vom Maschineninhaber der Steuerbehörde vorzulegende Kontrollbücher geführt werden; ausgeschlossen von der Zollbefreiung ist Benzin für elektrischen Lichtbetrieb.

Die besprochenen Maschinen stellen geringe Anforderungen an das Bedienungspersonal und können von ungeschulten Arbeitern überwacht werden.

---

[1]) Siehe S. 108.

[2]) Die vielen Verkaufsanzeigen, die sich in Fachblättern für „wenig gebrauchte" Verbrennungskraftmaschinen finden, sind auf die mangelnde Überlastbarkeit der Maschinen zurückzuführen, die bei geringem Steigen des Kraftbedarfes schon eine Erneuerung der zu knapp gewählten Maschine erforderlich macht.

[3]) Erhöhung von 1911 bis 1912 von 28 M. auf 42 M.; Folge des steigenden Verbrauchs für Automobile und Luftfahrt sowie der Monopolisierung der Rohstoffgewinnung durch nur drei große Konzerne (Mangel an Tankschiffen, Rückgang der Ergiebigkeit der galizischen und rumänischen Quellen).

Das Anlassen erfolgt bei kleinen Maschinen von Hand mittels Sicherheitskurbel, bei größeren durch vom Motor erzeugte Druckluft; bei Glührohr- oder Glühkopfzündung müssen die genannten Zündvorrichtungen vor dem Anlaufen angewärmt werden. Der Kühlwassermantel muß im Winter wegen der Einfriergefahr bei Stillstand entleert werden, was bei manchen Bauarten durch Verbindung des Entleerungshahnes mit dem Brennstoffhahn zwangläufig erfolgt.

Drittes Kapitel.

Wasser- und Schmiermaterialverbrauch, Bedienungs- und Instandhaltungskosten.

A. Wasserverbrauch.

Die Kosten der Wasserversorgung, d. h. der Preis eines Kubikmeters Wasser, sind außerordentlich verschieden, je nachdem Fluß- oder Bachwasser mit verschwindend geringen Kraftkosten an die Verwendungsstellen (für Krafterzeugung) gefördert werden kann, oder sich die Anlage kostspieliger Brunnenanlagen und Rückkühlungsanlagen nebst kraftverbrauchenden Pumpen, die Aufbereitung des unreinen oder harten Wassers, oder der Kauf aus städtischen Leitungen (3—15 Pf./cbm, meist 5 Pf./cbm) als erforderlich erweist. Meist ist es mit Rücksicht auf das gewöhnlich sehr billig verfügbare Wasser nicht erforderlich, in die Betriebskostenberechnung die Wasserkosten einzusetzen; immerhin kann Wassermangel oder ungeeignete Beschaffenheit des Wassers bei der Wahl der Kraftmaschine von erheblichem Einfluß sein.

Die Dampfkraftanlagen, die ja Wasser als Wärmeträger benutzen, haben weitaus den größten Wasserbedarf. Die Auspuff- und Gegendruckmaschinen erfordern nur die für den eigenen Dampfverbrauch und den der Speisepumpen (3—8 %) erforderliche Wassermenge (vgl. Seite 104), also etwa 12—30 l/PSe/st bei Gegendruckbetrieb, 7—20 l/PSe/st bei Auspuffbetrieb. Die Kondensationsmaschinen erfordern außer der Wassermenge für die Verdampfung (6—12 l/PSe/st) für das Niederschlagen des Dampfes im Kondensator erheblich größere Kühlwassermengen; bei 10—15° Wassertemperatur ist für Kolbenmaschinen bei Einspritzkondensation das 25 bis 30fache der verdampften Wassermenge, bei Oberflächenkondensation das 40 bis 50fache und bei den stets mit Oberflächenkondensation arbeitenden Dampfturbinen das 60fache der verdampften Wassermenge erforderlich. Bei letzteren geht man zur Erzielung eines ständig hohen Vakuums und damit geringen Dampfverbrauches namentlich bei wärmerem Wasser noch höher, und ordnet zweckmäßig zwei getrennte Kühlwasserzuleitungen an, um keinerlei Störungen des Kondensationsbetriebes ausgesetzt zu sein. Eine Verminderung des Wasserverbrauches für Verdampfungszwecke ist durch Rückspeisung des niedergeschlagenen Dampfwassers (zugleich höhere Speisewassertemperatur) möglich, was bei Kolbendampfmaschinen zweckmäßig unter Zwischenschaltung von Filtern (Holzwolle, Koks) zur Beseitigung des Ölgehaltes erfolgt, bei dem vollständig reinen Kondensat der Turbine aber ohne weiteres erfolgen kann und hier den Betrieb besonders empfindlicher, aber leistungsfähiger Kessel gestattet, sowie die Verkrustung der Turbinenschaufeln, die bei chemischer Wasserreinigung leicht eintritt, vermeiden läßt. Eine Verminderung des Kühlwasserverbrauches erfolgt durch Aufstellung von Rückkühlanlagen und Wiederverwendung des gekühlten Wassers; der für Verdunstungsverluste und zeitweise Erneuerung notwendige Frischwasserzusatz (gereinigt oder destilliert) beträgt 5—8 %.

Von den Verbrennungskraftmaschinen, die beträchtlich geringere Wassermengen erfordern, hat die Sauggasanlage den größten Verbrauch, da sie Wasser nicht nur, wie die übrigen Gasmaschinen, zur Kolben- und Zylinderkühlung sondern auch für die Gaserzeugung (Verdampfer) und Reinigung (Skrubber) verwendet; bei 10° Wassertemperatur beträgt der Verbrauch 35—40 l/PSe/st.

Die Dieselmaschinen und die kleineren Verbrennungskraftmaschinen verbrauchen nur 10—15 lPSe/st, bei Verdampfungskühlung der kleinen Motoren verringert sich der erforderliche Zusatz für die PSe-Stunde bis auf 4 l. Für die Kühlung der Zylindermäntel der Verbrennungsmaschinen ist, wie bereits erwähnt, möglichst weiches Wasser zu verwenden, weshalb häufig Rückkühlanlagen angeordnet werden.

B. Schmier- und Putzmaterialverbrauch.

Der Schmierölverbrauch einer Maschinenanlage ist in hohem Maße von der Genauigkeit der Werkstattarbeit, der Sorgfalt der Montage und Wartung, sowie den Eigenschaften des Schmiermittels (Viskosität, Flammpunkt, Fettgehalt usw.) abhängig. Durch ungleiches Setzen des Fundamentes, Verspannen des Maschinenrahmens, ungenaue Montage, unrund laufende Kurbelzapfen usw. und die dadurch bewirkten Klemmungen kann der Schmierölverbrauch, welcher dem Heißlaufen entgegenarbeiten muß, erheblich steigen, zumal das Bedienungspersonal meist mit Überschüssen arbeitet, um Störungen sicher zu vermeiden.

Genaue Durchschnittswerte lassen sich für die Schmierungskosten daher kaum angeben, besonders da der Preis und die Eigenschaften der verwendeten Öle dieselben stark beeinflussen. Die für Lager- und Zapfenschmierung verwendeten „Maschinenöle" kosten 25—60 M. (im Mittel etwa 35 M.) für 100 kg, das Tropföl wird aufgefangen, gereinigt und als Zusatz wiederverwendet.

Die schwereren „Zylinderöle", namentlich für Heißdampf und Gasmotoren reine Mineralöle, allenfalls mit geringem Fettölzusatz (Kompoundöle) kosten für Gasmotoren 38—60 M. /100 kg, Heißdampföle 40—100 M. (im Mittel 50—70 M.).

Bei Dampfmaschinen läßt sich durch Entöler etwa 90 % des verwendeten Zylinderöles ebenfalls aus dem Dampf zurückgewinnen und, in Filtern oder Schleuderapparaten vom Wasser befreit, als Zusatz für Lagerschmierung wieder verwenden. Nach Angaben erster Maschinenbauanstalten kann für **Dampfmaschinen** mit Ventilsteuerung bei kleinen Maschinen mit einem stündlichen Schmierölverbrauch von 3—5 g für die Nutzpferdestärke gerechnet werden, und bei großen Maschinen mit sorgfältig durchgebildeter Schmierung mit etwa 1 g/PSe/st., wenn das abgelaufene Öl gereinigt und wiederverwendet wird. Für die Zylinder werden etwa 60 %, für das Triebwerk etwa 40 % des verwendeten Öles verbraucht. Bei einem mittleren Ölpreis von 65 M./100 kg würden sich die ungefähren Schmierungskosten für die Pferdekraftstunde bei Ventil-Kolbendampfmaschinen nach der Zahlentafel 13 ergeben. Bei stehenden Maschinen ist der Verbrauch 10—20 % höher, ebenso bei Schiebermaschinen. Der Schmierölverbrauch der **Dampfturbinen** (nur Preßöllagerschmierung) ist ein außer-

Zahlentafel 13.
Schmierungskosten bei Vollast.
Kolbendampfmaschinen (100 kg Öl = 65 M.)

Nutzleistung PSe	15	30	60	100	200	300	500	800	1000	1500
Stündl. Ölverbrauch g/st	85	180	300	300	400	450	550	800	1000	1200
Ölkosten Pf./PSe/st	0,46	0,39	0,325	0,260	0,130	0,098	0,072	0,065	0,065	0,052
Putz- u. Packungsmaterial Pf./PSe/st	0,10	0,09	0,07	0,06	0,04	0,03	0,02	0,02	0,02	0,02
Schmierungskosten für die PS/st : Pf.	0,56	0,48	0,395	0,320	0,170	0,128	0,092	0,085	0,085	0,072

Dampfturbinen mit Drehstromdynamo (100 kg Öl = 25 M.),

Nutzleistung KW	250	500	800	1200	2000	5000
stündl. Ölverbrauch g/st	100	11	170	200	240	350
Ölkosten Pf./KW/st	0,010	0,006	0,0055	0,004	0,003	0,002
Putzmaterial Pf./KW/st	0,0025	0,002	0,002	0,0015	0,001	0,0005
Schmierungskosten Pf./KW/st	0,013	0,008	0,0075	0,0055	0,004	0,0025

Sauggasmotoren und Dieselmotoren[1]) (100 kg Öl = 60 M.)

Nutzleistung PSe	20	40	60	100	150	200	300	500	600	800
Stündl. Ölverbrauch g/st	200	280	400	600	780	1000	1500	2000	2400	3200
Ölkosten Pf./PSe/st	0,60	0,420	0,40	0,36	0,31	0,30	0,30	0,24	0,24	0,24
Putzmaterial Pf./PSe/st	0,12	0,09	0,085	0,080	0,07	0,07	0,06	0,055	0,05	0,05
Schmierungskosten Pf./PSe/st	0,72	0,51	0,485	0,44	0,38	0,37	0,36	0,295	0,29	0,29

ordentlich geringer, der Verbrauch für Drehstromturbodynamos bei 50 M./100 kg Ölpreis ist ebenfalls in der Zahlentafel 13 enthalten; bei den kurzgebauten Gegendruckturbinen ist der Verbrauch noch geringer. Der Ölverbrauch der Gasmotoren und Dieselmaschinen ist ziemlich gleichgroß, der der Gasmotoren eher etwas höher als der Dieselmaschinen; die Rückgewinnung des Zylinderöls fällt hier weg, so daß sich bei beiden Maschinenbauarten etwas höhere Schmierölverbrauche ergeben als bei Dampfmaschinen. Die erreichbaren Ölverbrauchsziffern und die Kosten bei einem Ölpreis von 60 M. sind in der letzten Reihe der Zahlentafel 13 enthalten. Für Putzmaterial, Dichtungen u. a. mehr kann etwa ⅓ bis ¼ des Betrages der Ölkosten eingesetzt werden. Die in der

---

[1]) Bei Dieselmotoren können die Schmierungskosten namentlich bei Einzylindermaschinen oder liegender Anordnung noch 10—15 % geringer sein.

Zahlentafel 13 aufgenommenen Werte gelten für Betrieb mit Vollast; da der Ölverbrauch bei Unterlastung gleichbleibt, sind die auf die Leistungseinheit bezogenen Verbrauchsziffern dem Belastungsgrad entsprechend bei Unterlast zu erhöhen. Der Ölverbrauch der Lokomobilen ist gewöhnlich höher als der der ortsfesten Anlage (nach Versuchen des Bayr. Revisionsvereins z. B. bei 100 PS, 0,36—0,40 Pf./PSe/st Öl, nach Versuchen von Prof. Josse 0,3—0,9 Pf. Schmierungskosten bei rund 150 PSe Nutzleistung der Maschine). Die Schmierungskosten der Verbrennungskraftmaschinen sind nach der Zahlentafel 13 beträchtlich höher als die der Kolbendampfmaschinen, die der Dampfturbinen betragen kaum den zehnten Teil der Kolbenmaschinen (keine innere Schmierung). Über die Schmierungskosten von Elektromotoren vgl. S. 207.

C. Bedienungs- und Instandhaltungskosten.

Die jährlichen Kosten eines Heizers oder Maschinisten können mit 1600 M. bis 2000 M. (geschultes Personal) veranschlagt werden, die von Hilfsarbeitern mit 1200—1500 M.. Bei kleinen Betrieben oder kurzer Zeit des Maschinenbetriebs, wenn also die Maschinisten noch zu anderweitiger Beschäftigung herangezogen werden können, muß der Lohn für Maschinenbedienung um den Wert der Nebenarbeiten verkürzt in die Betriebskostenrechnung eingesetzt werden. Im allgemeinen soll der Maschinenwärter während der Betriebszeit selbst bei kleinen Anlagen die Maschine nie völlig ohne Aufsicht lassen, da hierbei Ölverschwendung oder eine Gefährdung der Betriebssicherheit (Unregelmäßigkeiten im Gange u. ähnl.) zu spät bemerkt werden kann, und die Ersparnis in den Bedienungskosten durch Betriebsstörung oder Reparaturen sich rächen kann. Wartungs- und Instandhaltungskosten stehen demnach in engem Zusammenhang; je sorgfältiger die Überwachung, desto weniger Reparaturen. Nebenarbeiten, zu denen bei kleineren Verbrennungskraftmaschinen (unter 20 PS) oder Lokomobilen reichlich Zeit verbleibt, sollen immer innerhalb oder in nächster Nähe des Maschinenhauses ausgeübt werden.

Kleinere Dampfanlagen bis etwa 150 PS können von einem Manne bedient werden, falls Kessel und Maschine örtlich günstig angeordnet ist; für größere Anlagen werden für die Kesselbedienung besondere Heizer (je 1 Mann für etwa 300—400 qm Heizfläche bei Handfeuerung) und Kohlenfahrer außer dem Maschinisten erforderlich. Bei selbsttätiger Kohlenförderung und Kesselbeschickung genügt 1 Mann zum Abschlacken sehr beträchtlicher Kesselbatterien (höheres Anlagekapital). Lokomobilanlagen können bis zur Größe von etwa 500 PS von 1 Heizer sowie von 1 Kohlenfahrer gefeuert und bedient werden. Kolbendampfmaschinen erfordern bei etwa 600—1000 PS Leistung der einzelnen Maschinensätze einen Maschinisten für jede Maschine. Dampfturbinen dagegen, bei denen die vielen einzelnen Schmierstellen in Wegfall kommen, stellen an die Tätigkeit des Maschinisten sehr geringe Anforderungen (außer der Regelung an der Schalttafel bei Parallelbetrieb) und können bis zu den größten Einheiten von einem Manne bedient werden.

Zur Bedienung von Generator und Motor der Sauggasanlagen ist bei Anlagen über 25 PS bis etwa 300 PS ein Mann erforderlich, dem indes kaum Zeit zu Nebenarbeiten verbleibt; derselbe hat namentlich in den Betriebspausen die Steuerungsorgane des öfteren zu reinigen und einzuschleifen. Bei größeren Anlagen ist eine zweite Hilfskraft erforderlich.

Die Dieselmotoren erfordern peinlich genaue Wartung während des Betriebes und namentlich sorgfältige Reinigung in den Betriebspausen, so daß bei größeren Anlagen, trotz der geringeren Ansprüche an Bedienung während des Ganges, die Ausgaben für Personal etwa die gleichen sind wie bei der Dampfanlage, da das erforderliche geschulte Personal höher bezahlt werden muß als der gewöhnliche Maschinist. Bei kleineren Anlagen sind die Bedienungskosten wesentlich geringer als die der Dampfanlagen (vgl. Zahlentafel 14), da viel Zeit zu Nebenarbeit verbleibt. Gerade bei Dieselanlagen machen sich höhere Ausgaben für Wartung durch die geringeren Reparaturen immer bezahlt.

Für kleinere Maschinenanlagen, die nur einen Mann erfordern, sind die tägliche Inanspruchnahme und die Bedienungskosten für Kraft, Licht und Heizung in ungefähren Werten in der Zahlentafel 14 zusammengestellt. Für größere Anlagen sind sie den örtlichen Verhältnissen entsprechend nach vorstehenden Ausführungen jeweils zu ermitteln.

Bei andauernd guter Wartung und Bereithaltung von Ersatzteilen genügt für Reparaturen ein Satz von 1—2 % der Anlage-

Zahlentafel 14.
Tägliche Bedienungszeit der Maschinen-, Licht- und Heizanlage.

Nutzleistung PSe	25	50	75	100	150
Jahreslohn des Maschinisten . . M.	1200	1300	1400	1500	1600
Stunden:					
Sauggasanlage Sommer 150 Tage	4	5	6	7	10
Sauggasanlage Winter 150 Tage	7	8	10	10	10
Dieselmotor Sommer 150 Tage	2	3	4	5	10
Dieselmotor Winter 150 Tage	6	7	8	8	10
Dampfkraftanlage	8	10	10	10	10
Mindestkosten der Bedienung:					
Sauggasmotor . . . . M.	660	845	1120	1275	1600
Dieselmotor . . . . M.	480	650	840	975	1600
Dampfanlage . . . . M.	960	1300	1400	1500	1600

kosten für Verbrennungskraftmaschinen und Dampfturbinen nebst Generator- bzw. Kesselanlage, für Kolbendampfmaschinen $1^1/_2$ bis $2^1/_2\%$. Bei 24 stündigem Betrieb und namentlich bei kleineren billigen Maschinen muß der Satz um etwa 1% erhöht werden. Die Instandhaltungskosten für die verschiedenen Maschinenbauarten bewegten sich nach Erhebungen des Bayerischen Revisionsvereins bei einer Reihe von Dampfkraftanlagen zwischen 0,10 bis 0,17 Pf. für die PSe/st, bei Sauggasanlagen zwischen 0,2 und 0,7 Pf. und bei Dieselmotoranlagen zwischen 0,10 und 0,50 Pf., durchwegs bei Tagesbetrieb. Die Zahlen haben selbstredend keine allgemeine Gültigkeit; sie können durch eine einzige größere Reparatur die auf Unachtsamkeit der Bedienung zurückzuführen ist, auf in Vielfaches ansteigen; in einem Fall der genannten Erhebungen betrugen z. B. bei Dampfkraft die Instandhaltungskosten für die PSe/st 0,39 Pf., bei einem Dieselmotor 1,41 Pf.: als Gegenbeispiel ist ein Dieselbetrieb zu erwähnen, bei dem infolge reichlichen Personals (1,09 Pf./PSe/st) die Reparaturkosten auf 0,01 Pf. beschränkt blieben. Für Instandhaltung der Gebäude wird gewöhnlich $1/_2\%$ der Baukosten in Anrechnung gebracht.

Viertes Kapitel.
Die Brennstoffkosten.

Die Figuren 8—14 und Zahlentafeln 15—17 zeigen die Brennstoffverbräuche von Lokomobilen, Dampfturbinen, Dampfmaschinen bei verschiedenen Anfangsdrucken, Überhitzungen

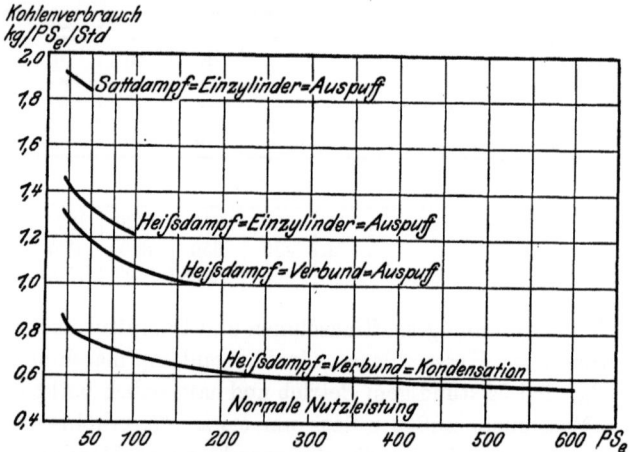

Fig. 8. Kohlenverbrauch von Lokomobilen bei Normallast ohne Betriebszuschläge (Ruhrkohle).

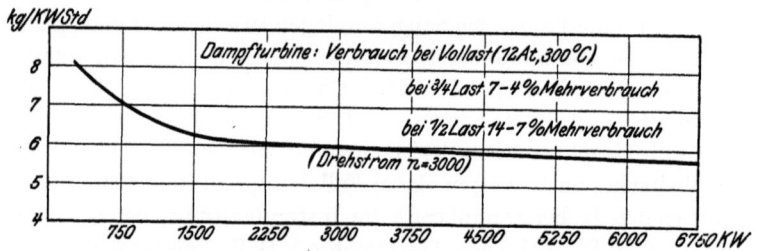

Fig. 9. Garantiezahlen für Dampfturbinen.

und Gegendrucken, wie sie den Garantiezahlen guter Ausführungen entsprechen, also ohne Betriebszuschläge und bei normaler Belastung, in Abhängigkeit von der Größe der normalen Nutzleistung. Bei sämtlichen Wärmekraftmaschinen nehmen die Brennstoffkosten mit wachsender Maschinengröße ab. Die Zahlentafeln 18 u. 19 geben die entsprechenden Verbrauchsziffern für Sauggas- und Dieselmotoren und Kleinverbrennungsmotoren entsprechend der Fig. 15. Die Fig. 16 zeigt die **Brennstoffkosten** (Garantiezahlen), die bei 20 bzw. 40 Pf. Wärmepreis sich

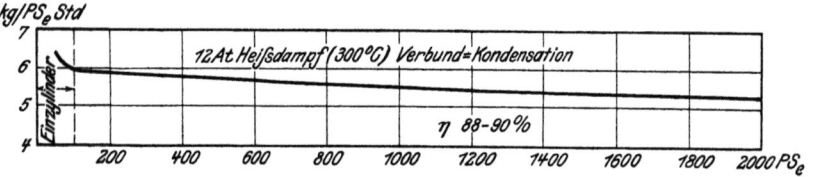

Fig. 10. Garantiezahlen für Heißdampfkolbenmaschinen.

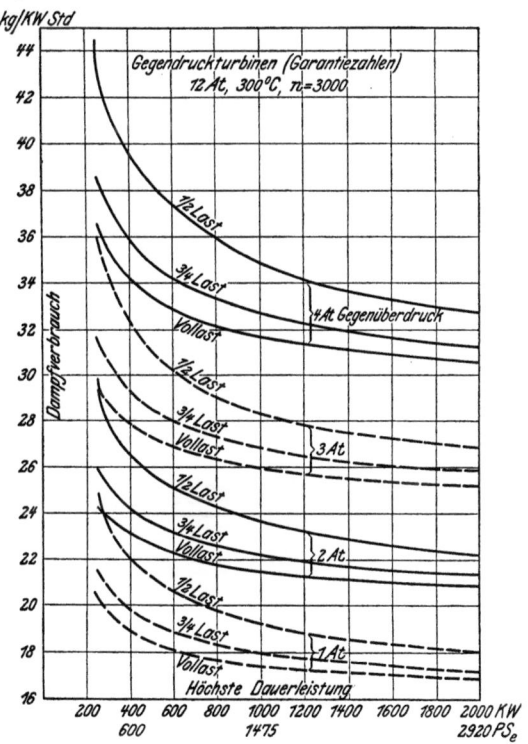

Fig. 11. Dampfverbrauch von Gegendruckturbinen (Garantiezahlen).

für Heißdampfkolbenmaschinen, Heißdampflokomobilen und Dampfturbinen ergeben, und gibt demnach die Grenzen der Brennstoffkosten, die in Deutschland für die genannten Maschinensysteme gelten. In gleicher Weise zeigt Fig. 17 die entsprechenden

100 Grundlagen für den wirtschaftl. Vergleich der Wärmekraftmaschinen.

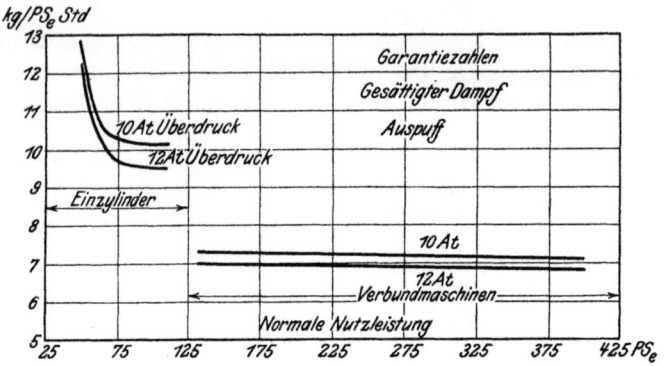

Fig. 12. Dampfverbrauchsgarantiezahlen für Sattdampfmaschinenkolben.

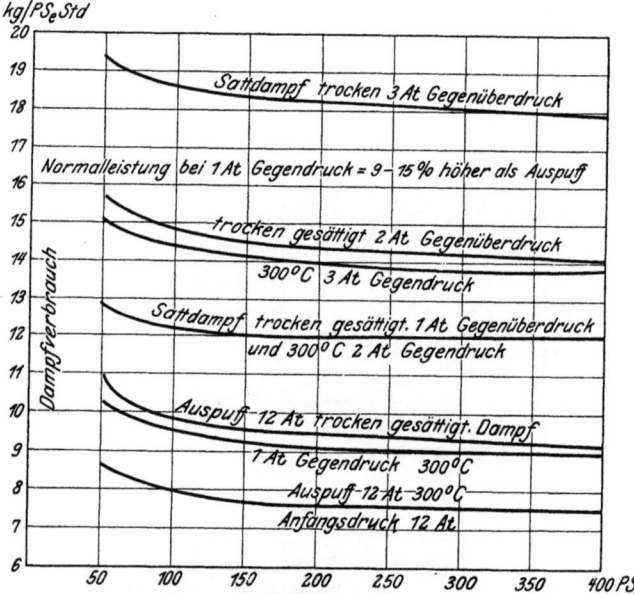

Fig. 13. Dampfverbrauchsgarantiezahlen für Gegendruckkolbenmaschinen
$\eta = 0{,}87{-}0{,}90$.

Werte für Dieselmotoren (Gasöl und Teeröl) und für Sauggasanlagen (Anthrazit und Braunkohlenbriketts[1]).

---

[1]) Die Gasölverbrauchszahlen gelten noch für den hohen Zollsatz von 3,60 M. Die jetzigen Grenzen der Kosten werden durch Multiplikation mit $\frac{102}{120}$ bzw. $\frac{132}{150}$ aus den eingezeichneten Kurven gefunden.

Die Fig. 18 zeigt den Wert der Dampfüberhitzung bei Kolbenmaschinen für mittlere Verhältnisse, die Ersparniszahlen beziehen sich auf den Kohlenverbrauch bei Sattdampfbetrieb mit 10 bis 12 Atm.

Der Einfluß des Anfangsdruckes, der Überhitzung und der Güte der Luftleere auf den Dampfverbrauch von Turbinen und Kolbenmaschinen wurde bereits auf S. 50 behandelt.

Die Brennstoffkosten der Lokomobilen ergeben sich beträchtlich niederer als die der ortsfesten Anlagen; dieselben sinken bereits bei Anlagen von 200 PS auf eine Grenze, die die ortsfeste Kolbenmaschine erst bei Leistungen von etwa 3000 PS, die Dampfturbine bei etwa 1500 PS erreicht. Die Brennstoffverbräuche der Kolbenmaschine werden von etwa 600 PS an größer als die der Turbine. Während bei sämtlichen Dampfmaschinen die Verbräuche bei kleinen Leistungen unter 200 PS sehr schnell mit wachsender Leistung abnehmen, hat bei den Kolbenmaschinen von etwa 1500 PS an, bei der Turbine von etwa 2500 PS an, bei der Lokomobile aber bereits von etwa 200 PS an die Größe der Maschine nur noch sehr geringen Einfluß auf den Brennstoffverbrauch. Ebenso zeigt sich bei den Verbrennungskraftmaschinen nur noch eine

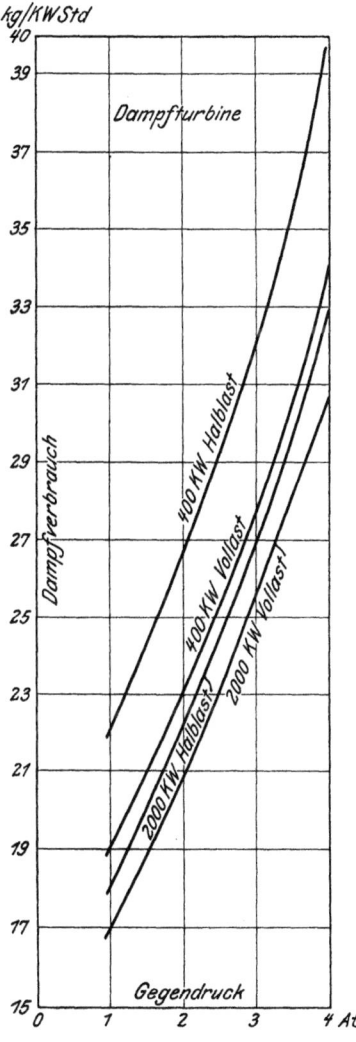

Fig. 14. Dampfverbrauch von Gegendruckturbinen.

102 Grundlagen für den wirtschaftl. Vergleich der Wärmekraftmaschinen.

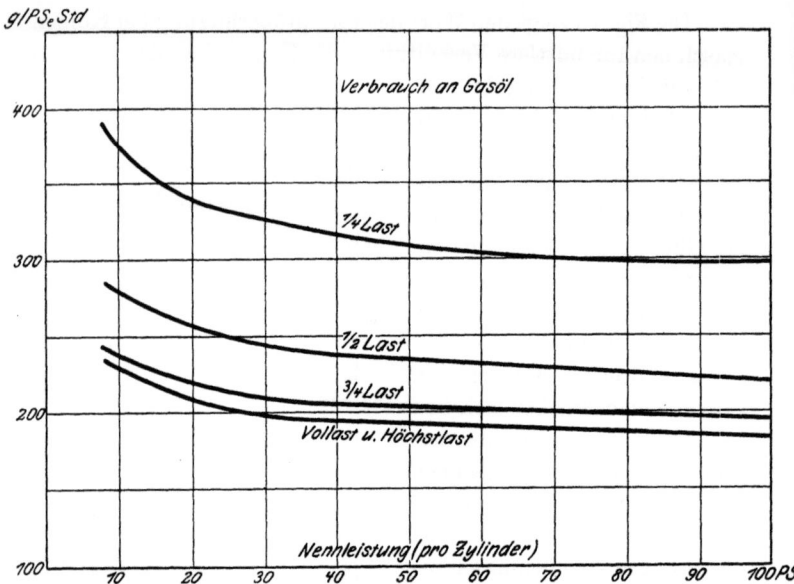

Fig. 15. Brennstoffverbrauch von Dieselmotoren (Garantieziffern).

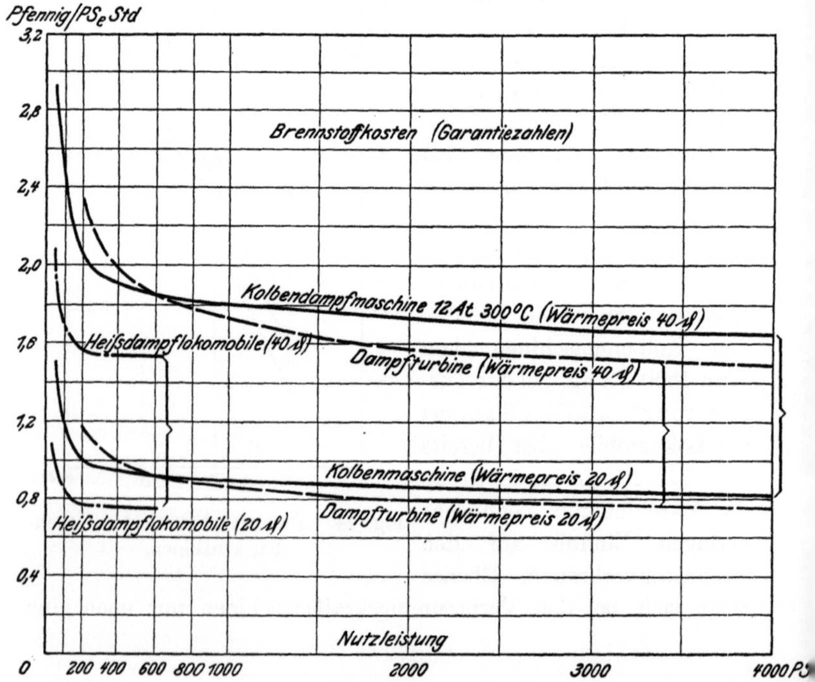

Fig. 16. Grenzen der Brennstoffkosten von Dampfanlagen (Garantiezahlen).

geringe Abnahme des spezifischen Brennstoffverbrauches bei Ausführungsgrößen über 100 PS Normalleistung. Während man demnach bei ortsfesten Dampfmaschinen (Kolbenmaschinen und Turbinen) zur Erzielung geringster Brenn-

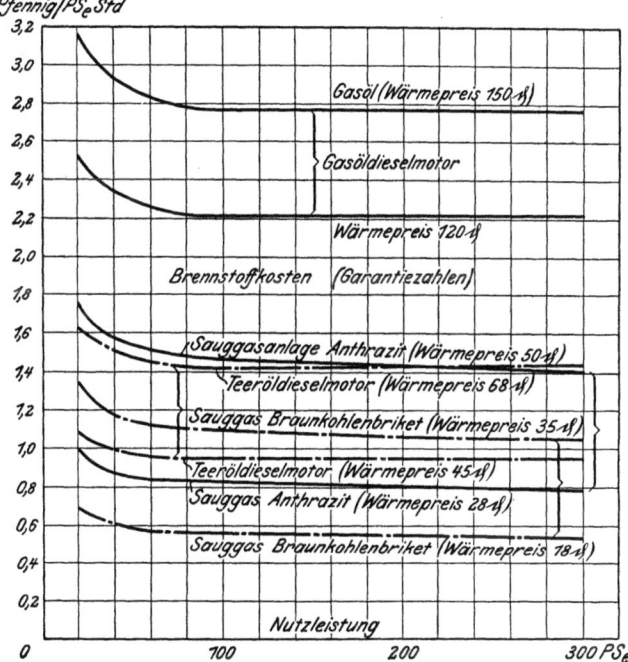

Fig. 17. Grenzen der Brennstoffkosten von Verbrennungskraftanlagen (Garantieziffern.)

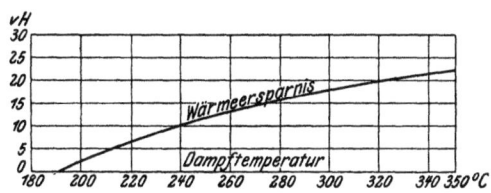

Fig. 18. Brennstoffersparnis durch Dampfüberhitzung für Maschinenbetrieb gegenüber Sattdampfbetrieb (12 atm).

stoffkosten die gesamte für den Fabrikbetrieb erforderliche Kraft möglichst in einem Maschinensatz erzeugen muß (Zentralisation), gestattet die Anwendung von Lokomobilen und Verbrennungs-

Zahlentafel 15.

Kohlen- und Dampfverbrauchszahlen gut betriebener Dampfmaschinen (ohne Betriebszuschläge).

Bauart	normale[1]) Nutzleistung Pse	Kessel- überdruck atm	Dampfverbrauch in kg/Pse/st	Kohlenverbrauch in kg/Pse/st[2]) Verdampfung		
				6 fach	7,5 fach	9 fach
Sattdampf Einzylinder-Auspuff	10—15	6	23,0	3,83	3,07	2,55
		7,5	22,0	3,67	2,93	2,40
		9	20,0	3,33	2,67	2,15
	20—25	6	17,0	2,83	2,27	1,89
		7,5	15,5	2,58	2,07	1,72
		9	14,5	2,42	1,93	1,61
	80—100	6	15,0	2,50	2,00	1,67
		7,5	14,0	2,33	1,87	1,56
		9	13,0	2,17	1,73	1,45
Sattdampf Einzylinder-Kondensation	40—50	7,5	11,5	1,92	1,53	1,28
		9,0	10,5	1,75	1,40	1,17
		10,0	10,2	1,70	1,36	1,13
	80—100	7,5	11	1,83	1,47	1,22
		9,0	10,3	1,72	1,37	1,15
		10,0	10,0	1,67	1,33	1,11
Sattdampf Zweizylinder-Kondensation	100—125	7,5	9,8	1,63	1,31	1,09
		9,0	9	1,50	1,20	1,00
		10,0	8,6	1,43	1,15	0,96
		11,0	8,2	1,37	1,10	0,91
Sattdampf Zweizylinder-Kondensation	250	8,0	7,8	1,30	1,04	0,87
		9,0	7,6	1,27	1,01	0,84
		10,0	7,4	1,23	0,99	0,82
		11,0	7,2	1,20	0,96	0,80
	1000	10,0	7,0	—	0,93	0,78
		11,0	6,8	—	0,91	0,76
		12,0	6,5	—	0,87	0,72
Sattdampf Dreizylinder-Kondensation	über 1000	12,0	5,7	—	0,76	0,63
		13,0	5,6	—	0,75	0,62
		14,0	5,5	—	0,73	0,61

[1]) Leistung günstigsten Dampfverbrauches = 75 % der normalen Dauerhöchstleistung.

[2]) Für gute Ruhrkohle von 7500 WE.

Zahlentafel 16.

Kohlen- u. Dampfverbrauchszahlen gut betriebener Heißdampfmaschinen (ohne Betriebszuschläge).

Bauart	normale Nutzleistung PSe	Kesselüberdruck atm	Dampfverbrauch b. 100°C	b. 150°C Überhitzung[1] kg/PSe/st	Kohlenverbrauch bei 100° Überhitzung und 7,5 facher Verdampfung kg/PSe/st		Kohlenverbrauch bei 150° Überhitzung und 7,5 facher Verdampfung kg/PSe/st	
						9		9
Überhitzter Dampf Zweizylinder-Kondensation	100	7,5	7,9	7,2	1,05	0,88	0,96	0,80
		9,0	7,5	6,9	1,00	0,83	0,92	0,77
		10,0	7,2	6,7	0,96	0,80	0,89	0,74
	250	8,0	6,8	6,3	0,90	0,76	0,83	0,70
		9,0	6,6	6,1	0,87	0,73	0,80	0,68
		10,0	6,4	5,9	0,84	0,71	0,78	0,66
		11,0	6,2	5,7	0,82	0,69	0,75	0,63
	1000	10,0	6,0	5,3	0,79	0,67	0,70	0,59
		11,0	5,8	5,1	0,76	0,64	0,67	0,57
		12,0	5,7	5,0	0,75	0,63	0,66	0,56
Überhitzte Dampf-Dreizylinder-Kondensation	über 1000	12,0	5,5	5,0	0,72	0,61	0,66	0,56
		13,0	5,4	4,9	0,71	0,60	0,64	0,54
		14,0	5,3	4,8	0,70	0,59	0,63	0,53

kraftmaschinen eine Unterteilung der Krafterzeugung auf mehrere Einzelmaschinen ohne wesentliche Erhöhung der Brennstoffkosten durch den Betrieb kleinerer Einheiten.

Diese Eignung zur Dezentralisation, welche allerdings meist mit höheren Anlagekosten verbunden ist, bedeutet eine wertvolle Eigenschaft der genannten Maschinenarten für Betriebe, die nach und nach groß geworden sind, und bei denen die örtlichen Verhältnisse eine Zentralisation der angewachsenen Kraftversorgung erschweren; ferner für Betriebe, die mit starken periodischen Schwankungen des Kraftbedarfes zu rechnen haben, und bei denen z. B. von den in der erforderlichen Anzahl aufgestellten Dieselmaschinen kleinerer Leistung nur die jeweils günstig zu belastende Anzahl mit annähernd normaler Leistung betrieben wird, während in diesen Zeiten bei Aufstellung einer Dampfzentrale die große

---

[1] Sattdampftemperaturen:
9 atm = 178,9°   11 atm = 186,9°   13 atm = 194,0° C
10 atm = 183,1°   12 atm = 190,6°   14 atm = 197,2° C

Zahlentafel 17.

Günstigste Brennstoffkosten moderner Heißdampfanlagen (12 atm. und 300° C), mit Kondensation, ohne Betriebszuschläge für dauernde Höchstleistung (Normalleistung bis 10% günstiger). (80% Wirkungsgrad der Dampferzeugungsanlage). Bei Wärmepreisen von 20 Pf. und 40 Pf. (Ruhrkohle; Versuchs- bezw. Garantiewerte).

Höchst-leistung	Kolbenmaschine				Dampfturbine				Heißdampflokomobile						
									Einfache Überhitzung				Doppelte Überhitzung		
	Wärme-verbrauch für 1 PSe/st (Heizwert)	Kohlenver-brauch (7500 WE Heizwert) für 1 PSe/st	Brennstoffkosten für 1 PSe/st bei einem Wärmepreis von		Wärme-verbrauch für 1 PSe/st	Kohlenver-brauch (7500 WE Heizwert) für 1 PSe/st	Brennstoffkosten für 1PSe/stbei einem Wärmepreis von		Wärmever-brauch für 1 PSe/st	Kohlenver-brauch für 1 PSe/st (7500 WE)	Brennstoffkosten für 1 PSe/st bei einem Wärmepreis von		Wärmever-brauch für 1 PSe/st	Kohlenver-brauch für 1 PSe/st	Brennstoffkosten für 1 PSe/st bei einem Wärmepreis von	
			20 Pf.	40 Pf.			20 Pf.	40 Pf.			20 Pf.	40 Pf.			20 Pf.	40 Pf.
Pse	WE	kg	Pf.	Pf.	WE	kg	Pf.	Pf.	WE	kg	Pf.	Pf.	WE	kg	Pf.	Pf.
50	7300	0,975	1,46	2,92	—	—	—	—	—	—	—	—	—	—	—	—
70	7000	0,935	1,40	2,80	—	—	—	—	—	—	—	—	—	—	—	—
100	6000	0,800	1,20	2,40	—	—	—	—	—	—	—	—	—	—	—	—
200	5000	0,666	1,00	2,00	5900	0,788	1,18	2,36	—	—	—	—	—	—	—	—
300	4850	0,645	0,97	1,94	5250	0,700	1,05	2,10	—	—	—	—	—	—	—	—
400	4750	0,635	0,95	1,90	4950	0,660	0,99	1,98	5000	0,667	1,00	2,00	4900	0,655	0,98	1,96
500	4680	0,625	0,93	1,86	4680	0,625	0,935	1,87	4900	0,655	0,98	1,96	4450	0,595	0,89	1,78
1000	4500	0,600	0,90	1,80	4320	0,575	0,864	1,738	4700	0,625	0,94	1,88	3850	0,515	0,77	1,54
2000	4300	0,573	0,86	1,72	3950	0,526	0,79	1,56	4150	0,553	0,83	1,86	3800	0,506	0,77	1,54
3000	4150	0,553	0,83	1,66	3800	0,507	0,77	1,54	4150	0,553	0,83	1,86	3800	0,506	0,77	1,54
4000	4120	0,550	0,825	1,65	3720	0,496	0,74	1,48	4125	0,550	0,825	1,85	3800	0,506	0,77	1,54
	bei noch größerer Leistung geringe Verminderung				bei noch größeren Leistungen Verminder.b.auf 0,35kg Kohle				4125	0,550	0,825	1,85	3800	0,506	0,77	1,54

sehr

Zahlentafel 18.

Versuchs- und Garantiewerte der Brennstoffkosten von Verbrennungskraftmaschinen bei dauernder Höchstleistung (ohne Betriebszuschläge).

Höchst-leistung	Sauggasanlage (Volllast) für						Dieselmotoranlage (Volllast) für						
	Anthrazit (8000 WE)				Braunkohlenbriketts (5000 WE)				Gasöl (10000 WE)				Teeröl (8800 WE)[1]		
	Wärme-verbrauch für 1 PSe/st	Brennstoff-verbrauch für 1 PSe/st	Brennstoffkosten für 1 PSe/st bei einem Wärmepreis von		Wärme-verbrauch für 1 PSe/st	Brennstoff-verbrauch für 1 PSe/st	Brennstoffkosten für 1 PSe/st bei einem Wärmepreis von		Wärme-verbrauch für 1 PSe/st	Brennstoff-verbrauch für 1 PSe/st	Brennstoffkosten für 1 PSe/st bei einem Wärmepreis von		Wärme-verbrauch für 1 PSe/st	Brennstoff-verbrauch für 1 PSe/st	Brennstoffkosten für 1 PSe/st bei einem Wärmepreis von
			28 Pf.	50 Pf.			18 Pf.	35 Pf.			120 Pf.	150 Pf.			45 Pf.	68 Pf.
PSe	WE	kg	Pf.	Pf.	WE	kg	Pf.	Pf.	WE	kg	Pf.	Pf.	WE	kg	Pf.	Pf.
20	3500	0,437	0,98	1,75	3800	0,760	0,685	1,33	2100	0,210	2,52	3,15	2100	0,239	1,08	1,63
30	3200	0,400	0,90	1,60	3450	0,690	0,62	1,21	2000	0,200	2,40	3,00	2000	0,227	1,02	1,55
40	3100	0,388	0,87	1,55	3325	0,665	0,60	1,17	1950	0,195	2,34	2,92	1950	0,222	1,00	1,51
50	3060	0,382	0,86	1,53	3250	0,650	0,585	1,14	1900	0,190	2,28	2,85	1900	0,216	0,97	1,47
100	2940	0,368	0,825	1,47	3100	0,620	0,56	1,09	1850	0,185	2,22	2,77	1850	0,210	0,95	1,43
200	2850	0,356	0,80	1,42	3000	0,600	0,54	1,05	1850	0,185	2,22	2,77	1850	0,210	0,95	1,43
300	2800	0,350	0,785	1,40	3000	0,600	0,54	1,05	1850	0,185	2,22	2,77	1850	0,210	0,95	1,43

[1] Die Teerölmaschine mit Zündöl (bei 60 PS etwa 205 g Öl) hat denselben Wärmeverbrauch wie die Gasölmaschine; die obigen Zahlen beziehen sich auf das nach dem Heizwert umgerechnete Teerölgewicht.

Zahlentafel 19.

Brennstoffverbrauch und Brennstoffkosten von Kleinmotoren (ohne Betriebszuschläge) bei Vollast.

Dauernde Nutzleistung PS	Wärmeverbrauch kg/PSe/st	Brennstoffverbrauch kg/PSe/st	Brennstoffkosten bei einem Wärmepreis von	
			310 Pf.	410 Pf.
			pro PSe/st	
Benzin (10 300 WE)				
1	4700	0,417	13,30	17,60
2	4000	0,388	12,38	16,40
3	3800	0,369	11,75	15,59
4	3450	0,325	10,75	14,18
5	3300	0,320	10,52	13,95
8	3080	0,300	9,55	12,63
10	3000	0,290	9,30	12,30
12	2925	0,285	9,09	12,00
15	2900	0,280	9,00	11,90
Naphthalin (9300 WE)			Wärmepreis	
			76 Pf.	129 Pf.
6	2900	0,312	2,22	3,14
8	2730	0,296	2,07	2,97
10	2675	0,288	2,05	2,89
12	2625	0,283	2,00	2,84
15	2600	0,280	1,97	2,81
Leuchtgas (5000 WE)		cbm (0°,760 mm)	Wärmepreis	
			240 Pf.	300 Pf.
1	3800	0,760	9,12	11,40
2	3700	0,740	8,88	11,10
3	3500	0,700	8,40	10,50
4	3300	0,660	8,16	9,99
8	2900	0,580	6,96	8,70
10	2850	0,570	6,85	8,55
15	2750	0,550	6,60	8,25
20	2650	0,530	6,36	7,95
25	2600	0,520	6,24	7,80
Kleindieselmotor (Gasöl)			Wärmepreis	
			120 Pf.	150 Pf.
5	2600	0,260	3,12	3,90
10	2400	0,240	2,88	3,60
15	2350	0,235	2,82	3,52
20	2200	0,220	2,64	3,30

Einheit unterbelastet, also mit wesentlich gesteigertem Brennstoffverbrauch arbeiten müßte.

Die dargestellten Brennstoffverbräuche beziehen sich auf die bei günstigsten Betriebsverhältnissen und bei **normaler Last** erreichbaren Ziffern. Der Einfluß des **Belastungsgrades** auf den Brennstoffaufwand für die Leistungseinheit ist bei den

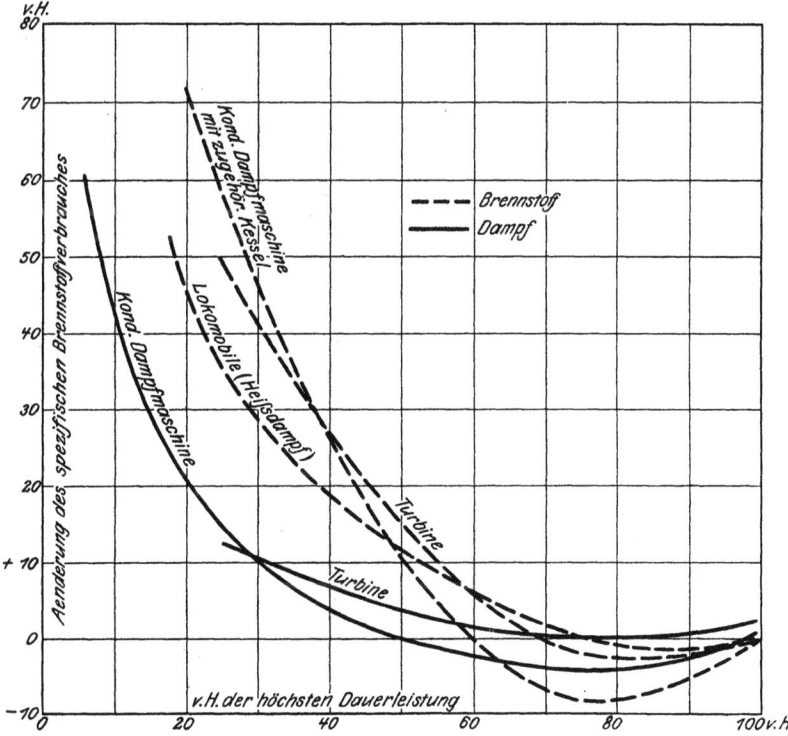

Fig. 19. Steigerung des Brennstoffverbrauches von Dampfanlagen bei Teillasten.

einzelnen Kraftmaschinen sehr ungleichartig. Übereinstimmend steigt bei allen Wärmekraftmaschinen der Brennstoffverbrauch bei Teillasten (unter Normallast) mehr oder weniger schnell mit sinkender Last an[1]).

---

[1]) Ursache: fast gleichbleibende Abkühlungs-, Undichtigkeits- und Reibungsverluste, die prozentuell bei Unterlast mehr ins Gewicht fallen.

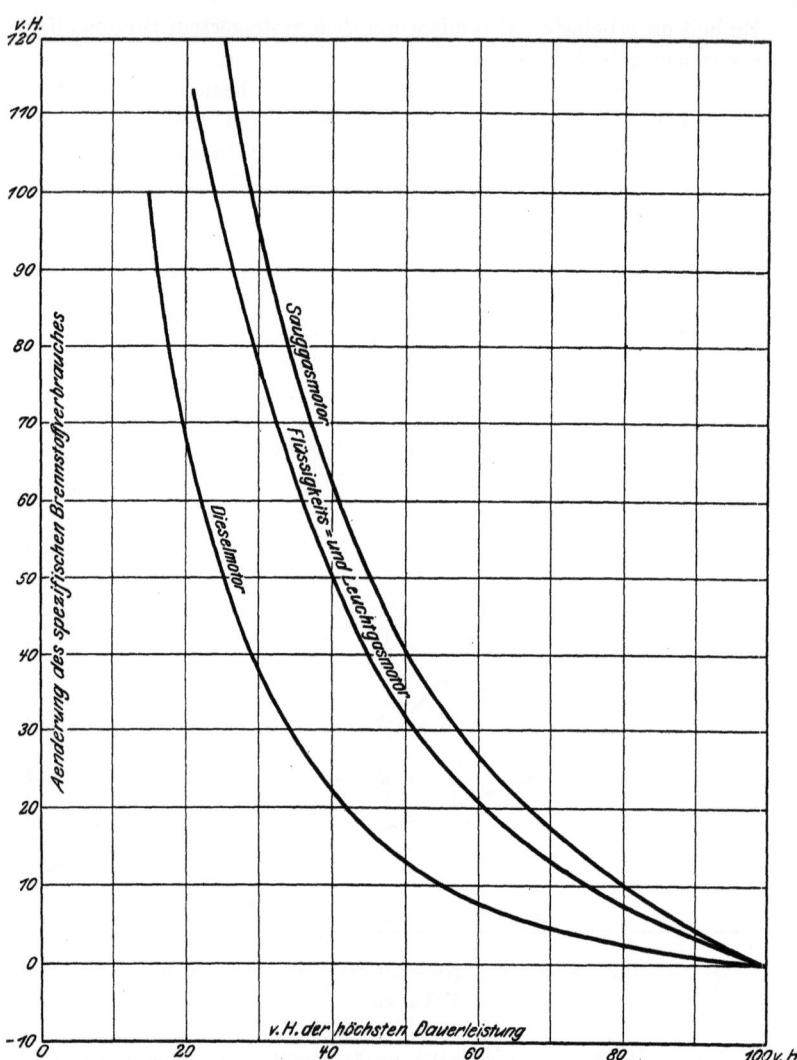

Fig. 20. Steigerung des Brennstoffverbrauchs von Verbrennungskraftmaschinen bei Teillasten.

Bei Überlastung tritt bei der Kolbenmaschine ein stärkeres, bei der Turbine ein etwas schwächeres Ansteigen des spezifischen Brennstoffverbrauches gegenüber der Normallast auf, während bei den Verbrennungskraftmaschinen eine Abnahme des Brennstoffverbrauches zwischen Normal- und Höchstlast stattfindet.

Die Figuren 19 und 20 zeigen das mittlere Verhalten der Dampfanlagen und Verbrennungskraftmaschinen bei verschiedenem Belastungsgrad, und zwar ist die Brennstoffsteigerung bezogen auf den Verbrauch bei Höchstlast und der Belastungsgrad ausgedrückt in Hundertteilen der Höchstleistung der Maschinen[1]).

Bei den Dampfanlagen ist zu unterscheiden zwischen dem Dampfverbrauch, der also nur von der Unterlastung der Maschine und den verhältnismäßig größeren Abkühlungsverlusten in den Zuleitungen beeinflußt wird, und dem Brennstoffverbrauch, der auch durch die ungünstige Arbeitsweise des zugehörigen Kessels bei Unterlast (Luftüberschuß usw.), vgl. Fig. 56, Seite 192) gesteigert wird; ebenso bei Überlastung und forciertem Kesselbetrieb. Wird die Dampfmaschine von mehreren Kesseleinheiten versorgt, von denen jeweils die dem Belastungsgrad entsprechende Anzahl in Betrieb genommen wird, so kann natürlich der Einfluß des Belastungsgrades auf die Dampferzeugung bei der ortsfesten Anlage (nicht bei der Lokomobile) ziemlich beseitigt werden, so daß die ausgezogenen Kurven dann auch für den Brennstoffverbrauch Geltung besitzen.

Die Dampfturbine[2]) zeigt bei Unterlast und Überlastung eine bedeutend geringere Veränderlichkeit des Brennstoffverbrauchs als die Kolbenmaschine (gleichbleibendes Vakuum, also ausreichende Kühlwasserversorgung vorausgesetzt; die geringe Steigerung bei Unterlast ist zum Teil auf die Verbesserung des Vakuums, die bei gleichbleibender Kühlwassermenge eintritt, zurückzuführen). Die Lokomobile verhält sich ebenfalls günstiger als die Kolbenmaschine; dagegen zeigt die (nicht eingezeichnete) Gleichstrommaschine eine sehr geringe Zunahme des spezifischen Brennstoffverbrauches und verhält sich ähnlich wie die Turbine. Turbine und Kolbenmaschine haben ihren günstigsten Dampfverbrauch bei etwa 70 % der zulässigen dauernden Höchstlast; bei Halblast (in bezug auf die Normalleistung) steigt der spez.

---

[1]) Also z. B. bezogen bei 100 PS Normalleistung auf eine Höchstleistung der Dampfmaschinen von 135 PS, der Dieselmaschine von 120 PS und der Sauggasanlage von 110 PS.

[2]) Bei Düsenregelung. Bei der (nicht dargestellten) Drosselregelung ist Zunahme bei sinkender Last wesentlich größer.

Dampfverbrauch gegenüber diesem günstigsten Wert bei der Kolbenmaschine um 8—10 % des Verbrauches bei Höchstlast, bei der Turbine um etwa 7 % (der Brennstoffverbrauch um etwa 30 %).

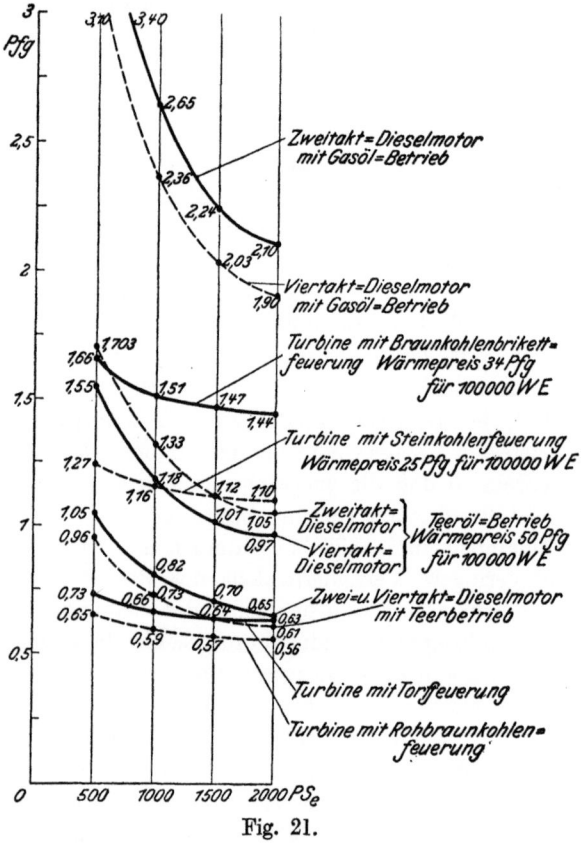

Fig. 21.

Bei Überlastung über Normallast nimmt der Verbrauch der Turbine nur wenig zu (bei Zuschaltdüsen; bei Einführung von Frischdampf in die „Mitteldruckstufen" durch Überlastungsventile dagegen stärker), ebenso der der Heißdampfmaschinen, besonders wenig bei Lokomobilen, da auch gleichzeitig die Überhitzung steigt; bei Sattdampfmaschinen steigt der Verbrauch schneller an bis zu 10 % des Normalverbrauches.

Die Verbrennungskraftmaschinen zeigen eine beträchtlich schnellere Zunahme des Brennstoffverbrauches mit der Unterlastung; am ungünstigsten verhält sich die Sauggasanlage (bei der eine nennenswerte Überlastung nicht möglich ist, außer mit „Druckluftspülung" bis 25 %), die bei Halblast bereits 40 % mehr, bei ¼ Last den doppelten Brennstoffbetrag erfordert wie bei Höchstlast; etwas günstiger verhalten sich die mit Leuchtgas und flüssigen Brennstoffen arbeitenden Explosionsmaschinen, während der Dieselmotor sich wesentlich günstiger verhält, aber bei geringeren Teillasten immer noch beträchtlich empfindlicher gegen Unterlast ist als die Dampfanlagen.

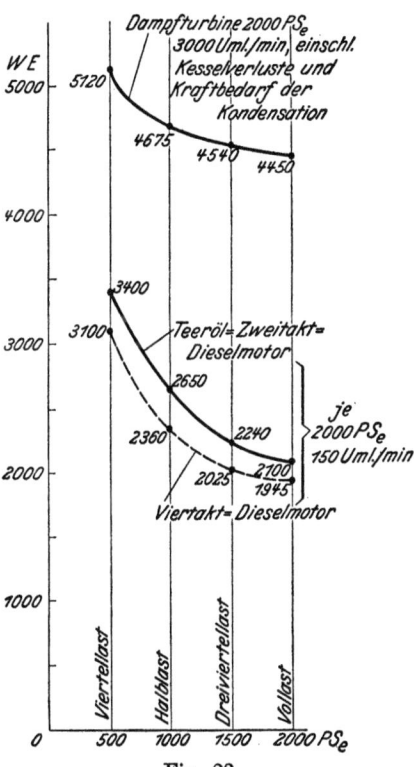

Fig. 22.

Die Figuren 21 und 22[1]) zeigen das Verhalten des Wärmeverbrauchs und der Brennstoffkosten von 2000 - PS-Diesel- und -Dampfturbinenanlagen, letztere mit 12 Atm., 325° C und hohen Vakuum betrieben. Die Turbine mit Steinkohlenfeuerung z. B., die bei Vollast ungünstiger arbeitet als der Teeröldieselmotor, wird gegenüber dem Zweitaktmotor bei ¾ Last, gegenüber dem Viertaktmotor bei Halblast in den Brennstoffkosten günstiger.

Infolge der verschieden großen Überlastbarkeit gegenüber der normalen Belastungsstufe muß, wie bereits früher ausgeführt, für Dampf- und Verbrennungskraftmaschinen eine

---

[1]) Nach Gercke, Technik und Wirtschaft 1912, S. 529.

verschieden große Normalleistung gewählt werden, um gleiche **Höchstleistung**, also gleiche Kraftreserve zur Verfügung zu haben; da die Überlastbarkeit der Dampfmaschinen 40—50 %, der Dieselmaschinen 20 % und der Gasmaschinen 10 % der normalen Druckleistung beträgt, müssen für gleiche Kraftreserve die Normalleistungen gewählt werden: Dampfanlage: Dieselmotor: Sauggasanlage = 1 : 1,2 : 1,32 (z. B. 100 PS Dampf, 120 PS Diesel, 132 PS Sauggas).

Das verschiedenartige Verhalten der Gas- und Dampfanlagen bei Teillasten gibt in großen Kraftwerken, in denen die Brennstoffkosten der Gasanlagen niederer sind als die der Dampfanlagen (wie meist der Fall, wenn keine Abwärmeverwertung möglich) und wo starke Belastungsschwankungen auftreten (Elektrizitätswerke, Walzwerke u. dgl.), Veranlassung zu gleichzeitiger Aufstellung von Gas- und Dampfanlagen.

Die Gas- oder Dieselmaschinen werden dabei möglichst mit ständiger Vollast betrieben, also bei günstigstem Brennstoffverbrauch, während die schwankenden Belastungsspitzen von der weniger empfindlichen Dampfanlage gedeckt werden. Dabei können z. B. die Auspuffgase der Verbrennungskraftmaschinen zur Speisewasservorwärmung der Dampfanlage ausgenutzt werden

Beispiel: Für eine Durchschnittslast von 75 PS sollen die Brennstoffkosten einer Lokomobile, einer Diesel- und einer Sauggasmaschine von je 100 PS Normalleistung bestimmt werden: Der auf die **Höchstlast** bezogene Belastungsgrad ist $\frac{75}{135} \cdot 100 = 55,5$ % bei der Lokomobile, $\frac{75}{120} \cdot 100 = 62,5$ % bei der Diesel-, und $\frac{75}{110} \cdot 100 = 68$ % bei der Sauggasanlage. Die Steigerung des normalen Verbrauches (vgl. Fig. 8 u. 15 und Zahlentafel 18) kann nunmehr nach Fig. 19 und 20 bestimmt werden.

Gegenüber den in den Figuren 19 und 20 dargestellten, den Garantiezahlen entsprechenden Brennstoffkosten tritt außer durch die Schwankungen des Belastungsgrades eine weitere **Steigerung der Brennstoffkosten** im praktischen Dauerbetriebe auf, die durch Brennstoffverbräuche in den Pausen und vor Betriebsbeginn, durch unsachgemäße Kessel-, Generator- und Maschinenbedienung, Abschlack- und Durchfallverluste, schlechte Steuerungs-, Zündungs- und Gemischeinstellung, Verluste in Leitungen, Stopfbüchsen, schwankendes Vakuum, ferner durch den Verbrauch der Dampfspeisepumpen (vgl. S. 70) und dgl. mehr begründet sind. Bei den Dampfbetrieben sind die Einflüsse der Bedienung sowie die Anheiz- und Abbrandverluste am größten, Sauggasanlagen leiden am meisten unter Belastungsschwankungen, während Diesel- und Flüssigkeitsmotoren häufig nur geringe Steigerungen der Brennstoffziffern bei sachgemäßer Wartung aufzuweisen haben.

Die Gesamtheit dieser Einflüsse muß in den sogenannten Betriebszuschlägen zu den Garantiebrennstoffziffern Berücksichtigung finden, deren Bemessung natürlich der Art des Betriebes und der Wartung angepaßt werden muß.

Nach zahlreichen übereinstimmenden Erhebungen von Josse, Eberle und Hoeltje, die indes durchwegs in Elektrizitätswerken ermittelt wurden, also in Betrieben, denen intermittierende und namentlich in den Abendstunden stark gesteigerte Last (ungünstig für die Kesselanlagen [Abbrand in den Pausen, Forcierung] günstig für Verbrennungskraftmaschinen) eigentümlich ist, sind die aus der durschschnittlichen Belastung und der garantierten Brennstoffziffer errechneten Werte zu erhöhen

bei Dampfanlagen um . . . . . . 25—40 %
bei Sauggasanlagen um . . . . . 20—35 %

einschließlich Anheiz- und Abbrandverluste,

bei Dieselmotoranlagen um . . . 0— 5 %
bei Flüssigkeitsmotoren um . . . . 5—10 %

Die geringen Betriebszuschläge der Dieselmotoren verschaffen denselben einen weiteren wesentlichen Vorsprung in den Brennstoffkosten. Bei größeren gut betriebenen Dampfanlagen mit gleichbleibender Belastung (z. B. Spinnereien) können die Zuschläge bedeutend geringer als die vorstehenden Zahlen, etwa 5 % über den Anheiz- und Abbrandzuschlägen (vgl. S. 45) gehalten werden, namentlich durch dauernde Kohlen- und Wasserverbrauchskontrolle. Die Zuschläge verschieben immerhin das Bild der wirklichen Brennstoffkosten bei Normallast wesentlich zugunsten der Verbrennungskraftmaschinen. Die Figuren 23 und 24 zeigen die Grenzen der Brennstoffkosten unter Berücksichtigung von 5% Zuschlag für Dieselmaschinen und 25 % für Sauggas- und Dampfanlagen. Bei billigen Brennstoffpreisen treten Heißdampfmaschinen, Teeröldieselmotoren und Sauggasanlagen in scharfen Wettbewerb, die geringsten Brennstoffkosten (etwa 0,7 Pf./PSe/st) werden durch Braunkohlenbrikettsauggasanlagen erreicht; dann folgt der Teeröldieselmotor mit 1,0 Pf.; Lokomobilanlagen für mittlere Leistungen brauchen 0,95 (bei 20 Pf. Wärmepreis) bis 1,9 Pf./PSe/st (bei 40 Pf. Wärmepreis) Brennstoff; mehrtausendpferdige Turbinenanlagen bedingen Brennstoffkosten zwischen 0,9 und 2,0 Pf./PSe/st, Kolbenmaschinen gleicher Größe 1,1 bis

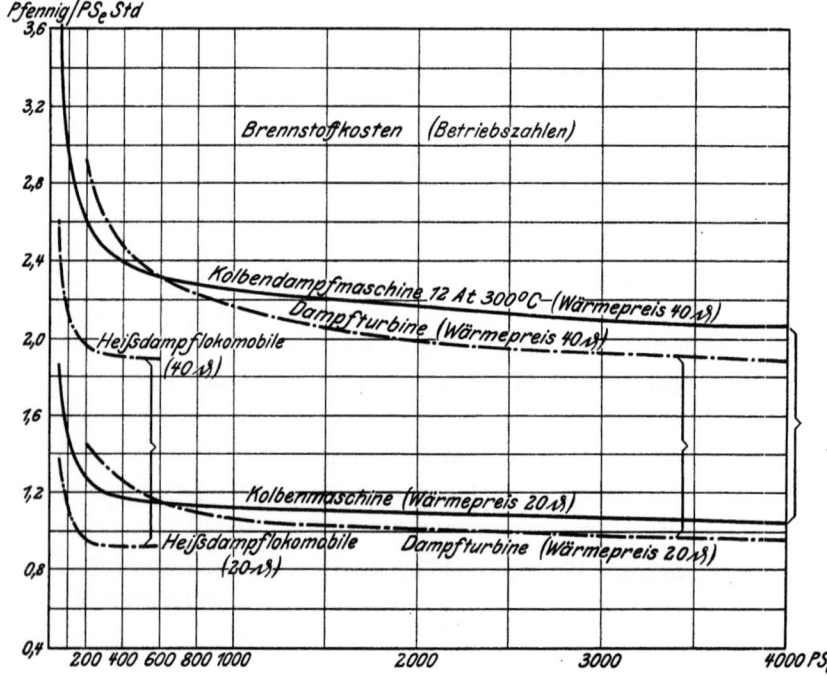

Fig. 23. Grenzen der Brennstoffkosten von Dampfanlagen bei Normallast.

2,2 Pf.; 50 pferdige Kolbenmaschinen 1,5—3,0 Pf./PSe/st bei Heißdampfkondensationsbetrieb. Der Gasöldieselmotor tritt bei dem bisherigen hohen Gasölpreis in bezug auf Brennstoffkosten bei kleineren Leistungen mit der Heißdampflokomobile in Wettbewerb, bei mittleren Leistungen unter 200PS ist er noch den ortsfesten Heißdampfanlagen bei hohem Kohlenpreis überlegen, bei mittleren Kohlenpreisen etwa gleichwertig[1]).

---

[1]) Durch die Ermäßigung des Gasölpreises hat sich inzwischen das Wettbewerbsgebiet zugunsten des Dieselmotors erweitert, vgl. Fußnote S.13.

Eine weitere Verschiebung der in den Figuren 23 und 24 dargestellten Brennstoffkosten, die sich auf Betrieb mit den günstigsten Brennstoffverbrauch beziehen, tritt natürlich noch ein, wenn Maschinen mit gleicher Höchstleistung zu vergleichen sind; dabei erhöhen sich die Brennstoffkosten der Sauggasanlagen

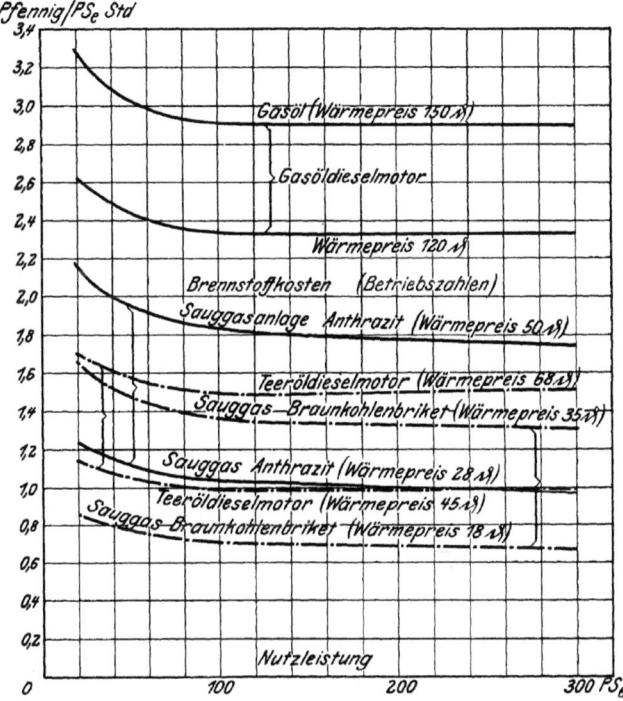

Fig. 24. Grenzen der Brennstoffkosten von Verbrennungskraftmaschinen (mit Betriebszuschlägen).

und der Dieselmotoren dem Belastungsgrad in bezug auf Höchstleistung entsprechend (vgl. oben S. 114), und zwar wachsen die Brennstoffkosten der Sauggasmaschinen etwas stärker, als die der Dieselmotoren.

Beispiel 1. Der höchste Kraftbedarf einer Fabrik beträgt 200 PS. Verglichen wird eine Dampfanlage von 145 PS, eine Dieselanlage von 160 PS und eine Sauggasanlage von 180 PS (der Kraftreserve entsprechend); die Durchschnittslast beträgt 145 PS. Die Dampfanlage arbeitet also mit ihrem günstigsten Verbrauch, die Dieselanlage braucht bei 0,72 Belastungsprobe etwa 4 % mehr und die Sauggasanlage etwa 16 % mehr (vgl. Fig. 20), als den Werten der Zahlent. 18 entspricht; auf Normalleistung bezogen beträgt der durchschnittliche Belastungsgrad der Dampfanlage 1, der Dieselanlage 0,90, der Sauggasanlage 0,80.

Beispiel 2: Ein Textilbetrieb hat 2875 Arbeitsstunden, bei 600 Lichtbrennstunden; die Durchschnittslast ohne Licht beträgt 160 PS, mit Licht 230 PS; gewählt soll werden eine 200-PS-Dampfmaschine (Lokomobile), ein 240-PS-Dieselmotor oder eine 260-PS-Sauggasanlage. Der Belastungsgrad in bezug auf Höchstleistung (Dampfanlage 280 PS, Dieselmotor 288 PS, Sauggas 286 PS) beträgt:

	ohne Licht	mit Licht
bei der Dampfanlage	57,2 %	82,0 %
,, ,, Dieselanlage	55,6 %	80,0 %
,, ,, Sauggasanlage. . . .	55,3 %	80,2 %

Der Brennstoffverbrauch in bezug auf Verbrauch bei Höchstlast B_h ergibt sich nach Fig. 19 u. 20 bei 20 % Zuschlag für Lokomobile und Sauggasanlage und 5 % Zuschlag für Dieselbetrieb:

Bei der Lokomobilanlage:
  $2275 \cdot 160 \cdot 1,07 \cdot B_h + 600 \cdot 230 \cdot 0,97 \cdot B_h) \cdot 1,20$.
Bei der Sauggasanlage:
  $(2275 \cdot 160 \cdot 1,32 \cdot B_h + 600 \cdot 230 \cdot 1,10 \cdot B_h) \cdot 1,20$.
Bei der Dieselanlage:
  $(2275 \cdot 160 \cdot 1,10 \cdot B_h + 600 \cdot 230 \cdot 1,025 \cdot B_h \cdot 1,05$.

Bei Sauggas- und Dieselmotoranlage ist dabei B_h der günstigste Verbrauch, entsprechend den Werten der Fig. 20, bei der Lokomobile ist gemäß Fig. 19 $\dfrac{B_h}{0,97} = B_n$, also 3 % höher als der Verbrauch bei Normalleistung.

Die sämtlichen vorstehenden Zahlenangaben beziehen sich auf Kraftbetriebe ohne Abwärmeverwertung. Die Verwertung von Abwärme der Maschinenanlage vermindert die Brennstoffkosten der Kraft um den vollen Wert der nutzbar untergebrachten Abwärme. Kann z. B. vom Abdampf einer Dampfmaschine 30 % vollwertig als Heizdampf (zum Ersatz einer sonst in der Kesselanlage mit Brennstoffaufwand zu erzeugenden Heizdampfmenge) verwendet werden, so ist dieser Betrag nicht mehr den Kraftkosten zur Last zu legen, da er ja in den Gesamtkosten eingespart wird. Die Brennstoffkosten der Kraft vermindern sich also gegenüber getrenntem Heizbetrieb um etwa 30 %. Durch Abwärmeverwertung können demnach sehr geringe Kraftkosten erzielt werden, so daß in einem Betrieb mit gleichzeitigem Kraft- und Wärmebedarf meist das Kraftmaschinensystem das wirtschaftlichste ist, das die weitgehendste Abwärmeverwertung ermöglicht.

Hierüber wird eingehend im Abschnitt 3 berichtet.

Zahlentafel 20.

Benzol (9300 WE, 26—28 M.)

Höchste Dauerleistung	Wärmeverbrauch WE/PSe/st	Brennstoffverbrauch kg/PSe/st	Brennstoffkosten bei einem Wärmepreis von	
			280 Pf.	300 Pf.
2	3600	0,385	10,80	11,55
4	3200	0,345	9,65	10,35
6	2750	0,295	8,25	8,85
8	2650	0,285	7,96	8,55
10	2550	0,275	7,70	8,25
15	2450	0,265	7,40	7,95

Von den Kleinverbrennungskraftmaschinen, deren Brennstoffkosten aus den Zahlentafeln 19 (S. 108) u. 20 ersichtlich sind, hat der Rohöldieselmotor den kleinsten Wärmeverbrauch, nur wenig größer als der Großdieselmotor. die Brennstoffkosten der Pferdekraftstunde ergeben sich trotz des hohen Gasölpreises schon beim 5 pferdigen Motor zu nur 3,12 bzw. 3,9 Pf.[1]). Einen etwas höheren Wärmeverbrauch, dafür aber wesentlich geringeren Wärmepreis hat der Naphthalinmotor der Deutzer Gasmotorenfabrik, bei dem sich beim 6 pferdigen Motor (kleinste Ausführung 4 PS) Brennstoffkosten von nur 2,22 bis 3,14 Pf./PSe/st ergeben. Wesentlich höhere Kosten verursacht infolge des hohen Wärmepreises der Leuchtgasmotor (bei 12—15 Pf./cbm Gas 8,2—10 Pf. beim 5 pferdigen Motor), fast die gleichen Brennstoffkosten wie bei diesem erwachsen auch beim Benzolmotor, ebenfalls infolge des hohen Wärmepreises. Der Benzinmotor, bei dem sowohl Wärmeverbrauch als auch Wärmepreis am höchsten sind, schneidet in bezug auf Brennstoffkosten für gewerbliche Betriebe am ungünstigsten ab. Die Benzinverbrauchsziffern der Zahlentafel gelten nur für Erzeugnisse erster Maschinenfabriken; weniger sorgfältige Ausführungen weisen bis zu 25 % höhere Verbräuche auf. Erginmotoren verbrauchen um etwa 10 % geringere, Petroleummotoren um etwa 12 % größere

---

[1]) Für Teerölbetrieb sind die zurzeit verfügbaren Kleinmotoren noch nicht geeignet.

Brennstoffmengen; die Brennstoffkosten der Erginmotoren sind bis zu 30 % kleiner, die der Petroleummotoren etwa 10 % höher als die angegebenen Kosten der Benzinmaschinen.

Sämtliche Kleinverbrennungskraftmaschinen müssen, da sie keine wesentliche Überlastbarkeit besitzen, **meist unterbelastet arbeiten, wodurch sich die wirklichen Brennstoffkosten** gegenüber den Werten der Zahlentafeln 19 und 20 **wesentlich erhöhen.**

Die Verbrauchssteigerung bei Unterlastung entspricht bei größeren Motoren der mittleren Kurve der Fig. 20 S. 110, bei kleinen Motoren etwa der oberen Kurve.

Ein 5 pferdiger Benzinmotor, der mit durchschnittlich 2 PS läuft, braucht also z. B. statt 320 g für die PSe/st rund 60 % mehr, also 415 g/PSe/st. Als Betriebszuschlag genügt für unvollkommene Verbrennung und dgl. ein Betrag von 5—10 % der angegebenen Versuchsverbräuche.

Fünftes Kapitel.
Anlagekosten.
A. Dampfanlagen.

Die Anlagekosten von Dampfkraftanlagen sind bei der großen Anzahl der Einzelteile, die je nach den örtlichen Verhältnissen verschieden gewählt werden müssen, kaum allgemein anzugeben; dazu kommt noch, daß Dampfmaschinen und Dampfkessel sowie zahlreiche Armaturen von kleinen und großen Maschinenfabriken hergestellt werden, die sich je nach Konjunktur, Ruf und Güte der Werkstattarbeit um erhebliche Prozentsätze in der Preisstellung unterscheiden können. Im nachstehenden sind Preise erster Maschinenfabriken zugrunde gelegt (bei hoher Konjunktur), die unter Umständen bis zu 20 % von kleinen Werken unterboten werden können.

Die Figuren 25 und 26 geben Durchschnittspreise für Flammrohr- und Wasserrohrkessel; bei letzteren wurden Einmauerungspreise nicht allgemein angegeben, das Mauerwerk und Fundament stellt sich auf etwa 20—25 M/cbm („hohl für voll", also an den Außenmaßen gemessen). Fig. 27 zeigt die Kosten zeitgemäßer Steilrohrkessel nebst Überhitzern, Fig. 28 die Preise zugehöriger

Planroste oder Kettenroste und den Kraftbedarf der letzteren (Kosten des Antriebs nicht inbegriffen). Die Figuren 29—33 geben die Kosten von Wasserreinigern, Kühltürmen, Selbstbeschickern (ohne Antrieb und Transmissionen), Abdampf-Vorwärmern, Dampfspeisepumpen, Schornsteinen (und deren erforderliche

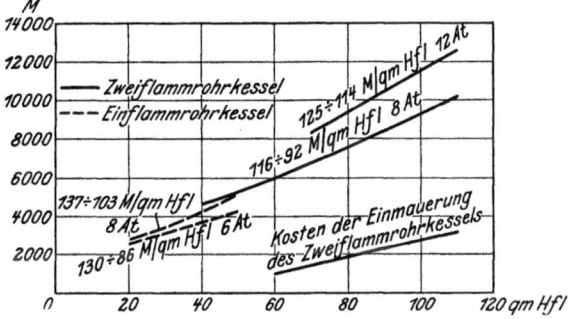

Fig. 25. Anschaffungskosten von Dampfkesseln.

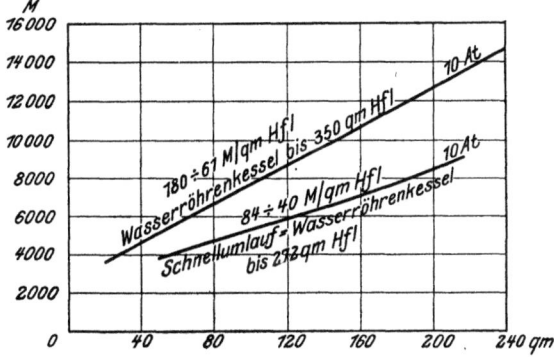

Fig. 26. Anlagekosten von Dampfkesseln.

Abmessungen für verschiedene Dampfleistungen mit und ohne Ekonomiser) in ungefähren Werten an. Die Fig. 34[1]) zeigt den außerordentlich verschiedenen Platzbedarf der gebräuchlichsten Kesselsysteme für die gleiche Dampfleistung nebst deren Anwendungsbereich, d. h. der mit einer Kesseleinheit erreichbaren höchsten Gesamtdampfmenge.

Die Fig. 35 zeigt Preise von Lokomobilen ohne Fundament und Montage; über letztere vgl. Zahlentafel 21, die auch über

---

[1]) Vergl. Fußnote 1, S. 59.

122 Grundlagen für den wirtschaftl. Vergleich der Wärmekraftmaschinen.

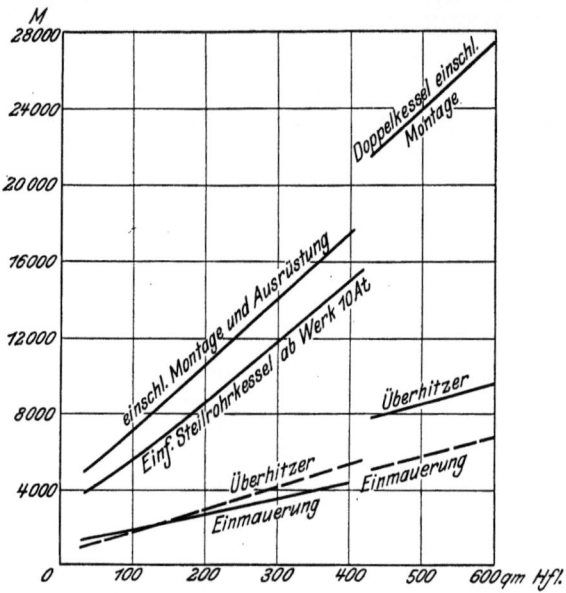

Fig. 27. Anlagekosten von Dampfkesseln.

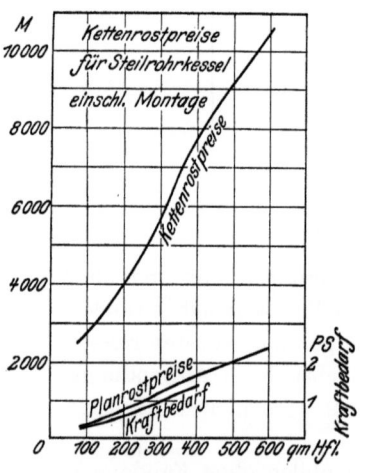

Fig. 28.
Anlagekosten von Rosten.

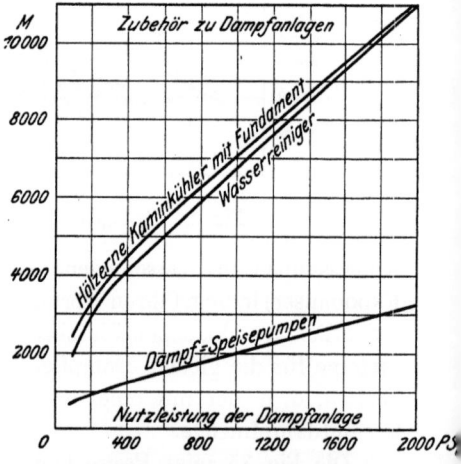

Fig. 29. Anlagekosten von Wasserreinigern, Speisepumpen und Kühltürmen.

Anlagekosten.

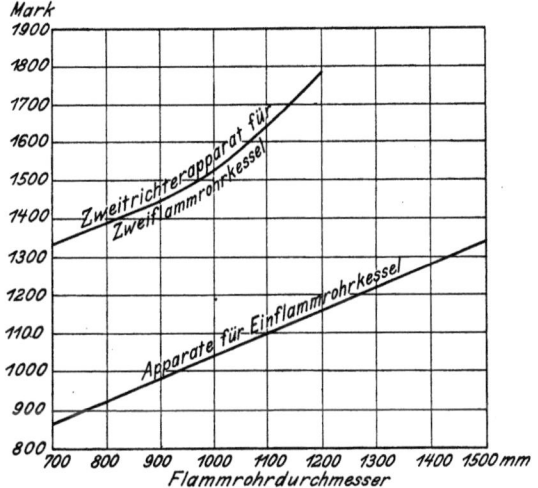

Fig. 30. Anlage von Selbstbeschickern.

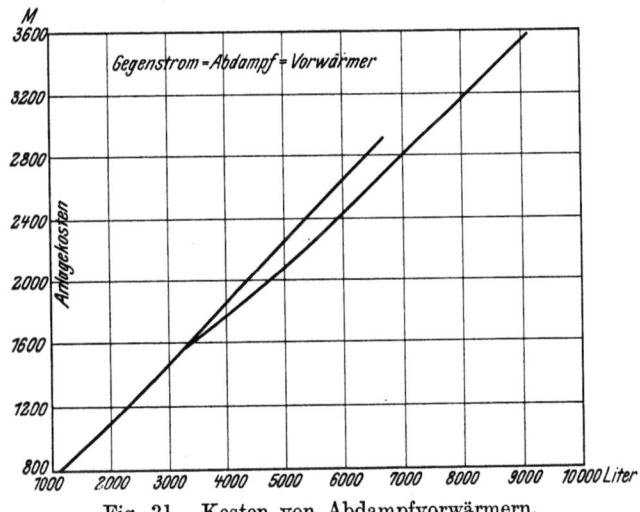

Fig. 31. Kosten von Abdampfvorwärmern.

Schmierölverbrauch Aufschluß gibt. Auffallend ist in Fig. 35, daß von etwa 150 PS Normalleistung ab die Kosten der Auspuffverbundmaschinen die der Kondensationsmaschinen übersteigen (Folge der größeren Zylinder- und Kesselabmessungen).

124 Grundlagen für den wirtschaftl. Vergleich der Wärmekraftmaschinen.

Die Figuren 36, 37 und 38 geben Kosten von Dampfmaschinen und Dampfturbodynamos gebräuchlicher Umdrehungszahlen;

Zahlen-
Heißdampf-

Normale Nutzleistung PSe	Auspuffmaschine			
	25	50	75	100
Preise der Lokomobilen in normaler Ausführung . . . . M.	7500	10 400	14 200	19 500
Kosten der Fundamente . . ca. M.	170	230	260	450
,, ,, Blechkamine . . . . M.	546	756	840	1 056
,, ,, Montage . . . . ca. M.	150	200	250	300
Kohlenverbrauch[1]) . . . . . ca. kg	1,00	0,94	0,92	0,96
Dampfverbrauch . . . . . . ca. kg	8,65	8,25	8,00	8,40
Kosten des Schmieröls pro Jahr, 300 Tage à 10 Stunden . . . ca. M.	350	540	640	700

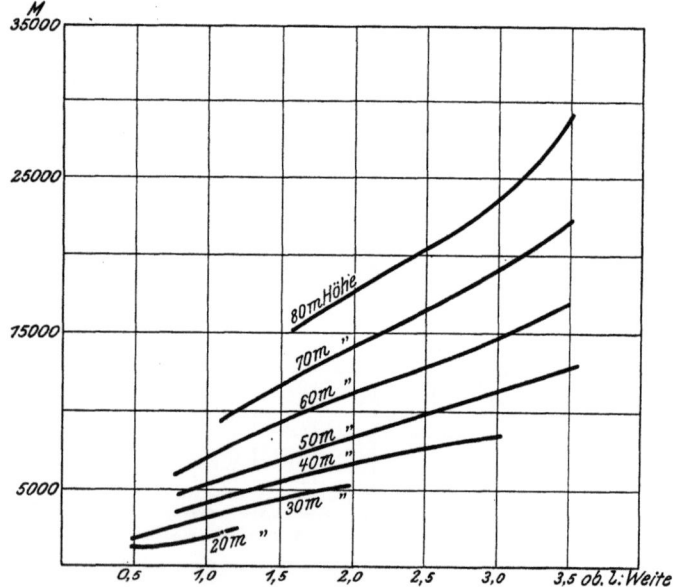

Fig. 32. Kosten von Schornsteinen mit normalem Fundament.

---

[1]) Anheiz- und Abbrandzuschlag etwa 10 %.

besonders ist der hohe Anteil der Fundamente und isolierten[1]) Rohrleitungen an den Gesamtkosten zu beobachten, der häufig

tafel 21.
Lokomobilen.

Verbundkondensationsmaschine							
50	75	100	150	200	300	450	600
13 800	15 800	19 700	24 700	31 800	49 000	64 000	78 500
475	600	700	800	900	1 350	2 150	2 950
624	768	864	1 134	1 296	—	—	—
225	300	350	450	550	1 150	1 500	1 600
0,66	0,64	0,62	0,60	0,58	0,56	0,55	0,545
5,7	5,45	5,30	5,20	5,10	4,95	4,90	4,85
525	630	700	725	760	900	1 200	1 600

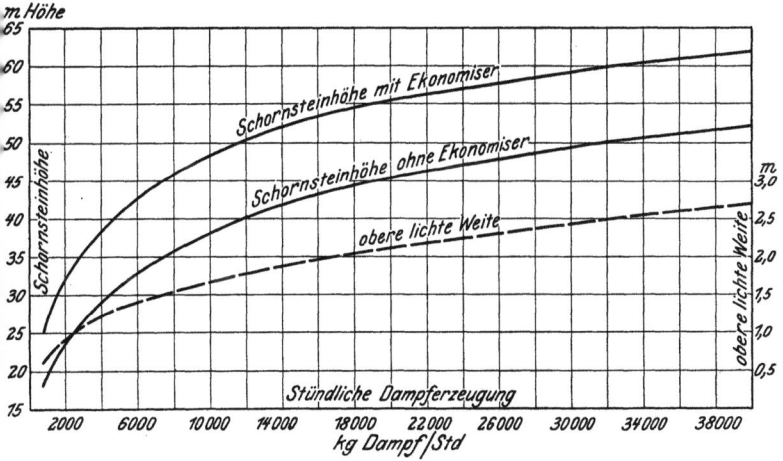

Fig. 33. Mindestabmessungen für Schornsteine.

unterschätzt wird (bis über 25 % der Maschinenkosten); namentlich bei Dampfturbinenangeboten ist darauf zu achten, daß die gesamten umfangreichen Rohrleitungen und Armaturen der Kondensationsanlage einschließlich Luftfilter und Kühlwasser-

---

[1]) Über Isolierungskosten vergleiche die Zahlentafeln 8—10 S. 66.

126 Grundlagen für den wirtschaftl. Vergleich der Wärmekraftmaschinen.

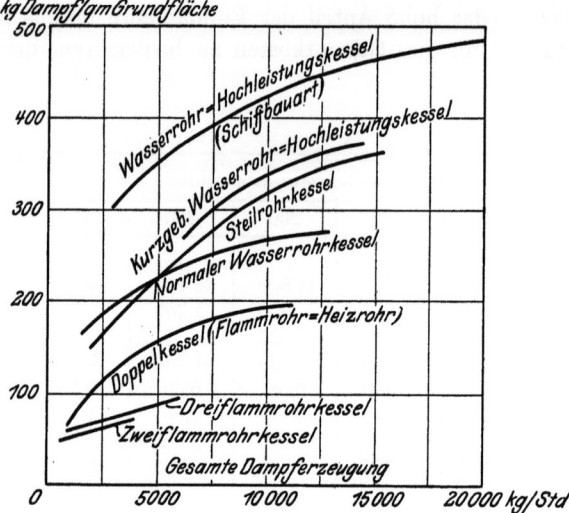

Fig. 34. Platzbedarf von Dampfkesseln.

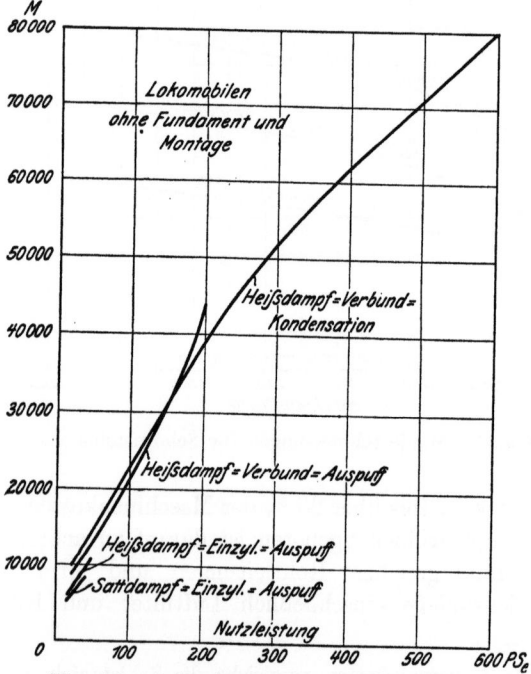

Fig. 35. Anlagekosten von Lokomobilen.

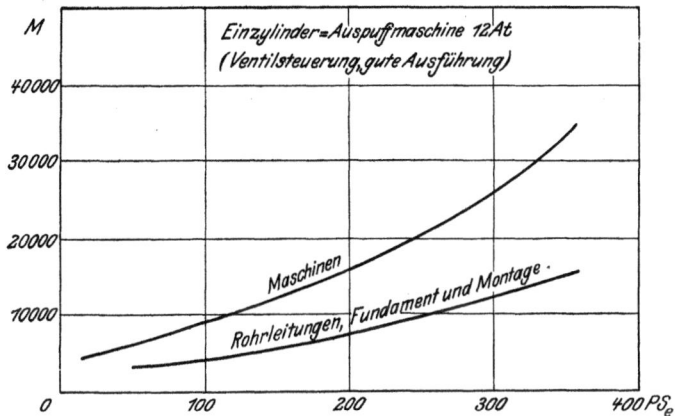

Fig. 36. Anlagekosten von Dampfmaschinen.

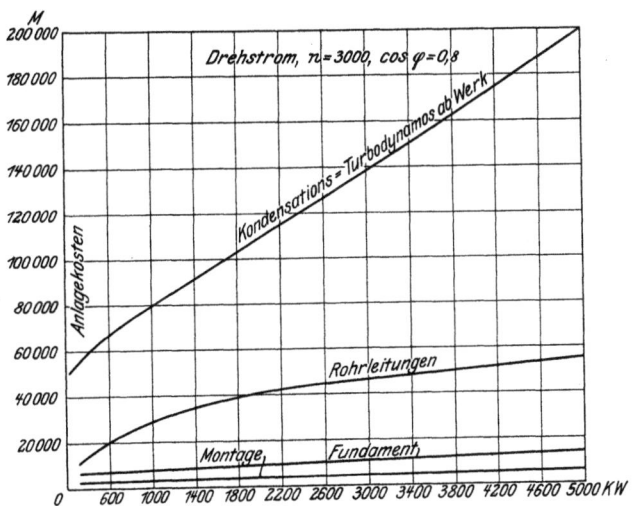

Fig. 37. Anlagekosten von Turbodynamos.

versorgung vollständig im Preise enthalten sind, da sich andernfalls erhebliche Nachforderungen für notwendige, aber nicht angebotene Teile ergeben, und eine vergleichende Betriebskostenberechnung auf Grund des unvollkommenen Angebotes irrige Ergebnisse zeitigen könnte. Stehende Maschinen, die 10—20 % billiger sind,

128 Grundlagen für den wirtschaftl. Vergleich der Wärmekraftmaschinen.

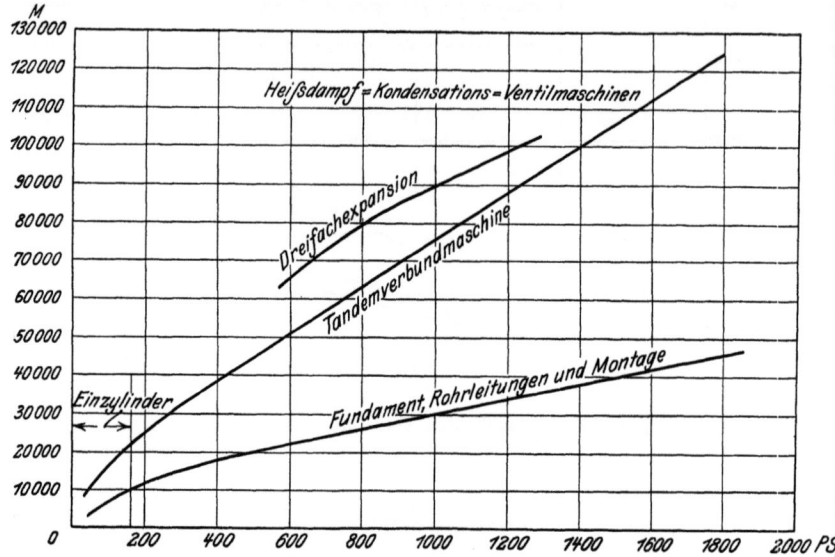

Fig. 38. Anlagekosten von Heißdampfmaschinen.

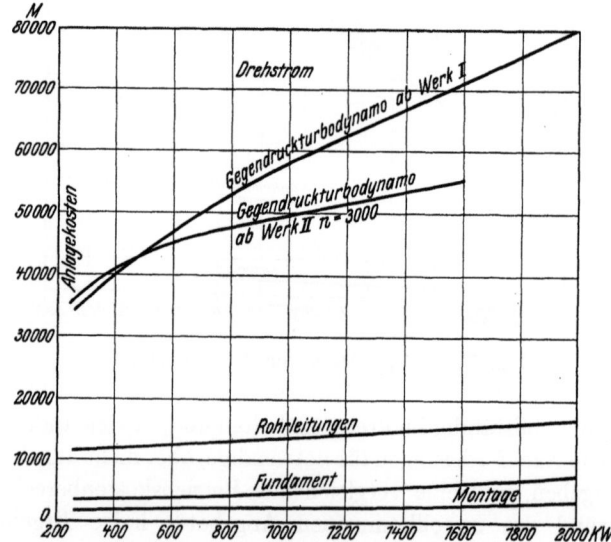

Fig. 39. Anlagekosten von Gegendruckturbinen (2 atm Gegendruck).

Anlagekosten.

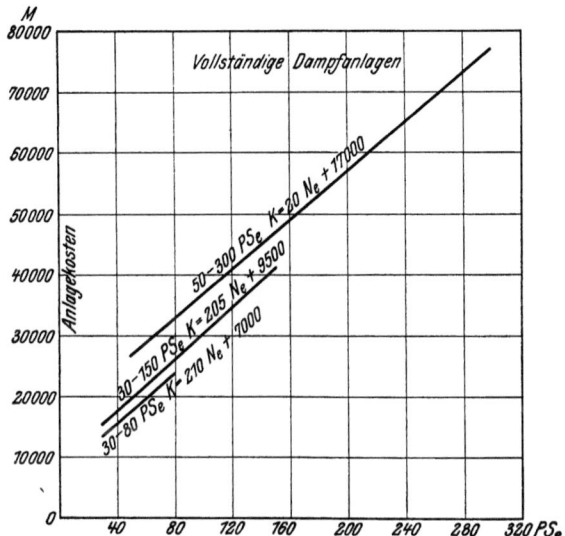

Fig. 40. Ungefähre Kosten ganzer Dampfanlagen.

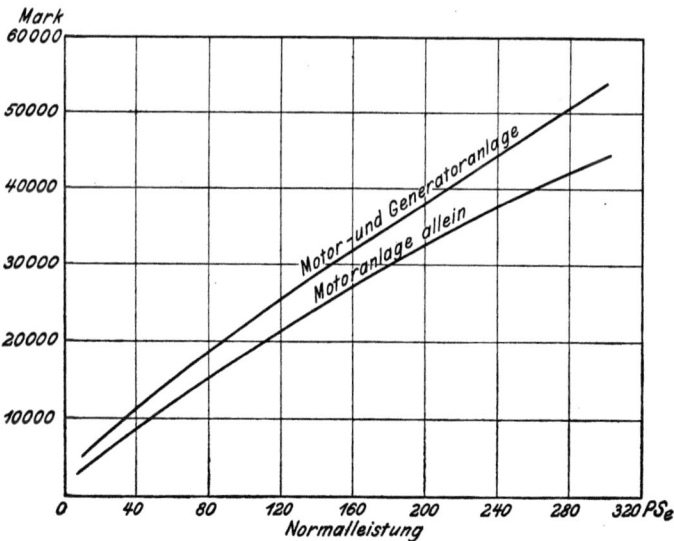

Fig. 41. Anlagekosten von Sauggasmotoren und Generatoren.

Urbahn-Reutlinger, Betriebskraft. 2. Aufl.

haben den Nachteil hohen Ölverbrauches und erschwerter Zugänglichkeit, sollten daher nur bei sehr beschränkten Platzverhältnissen in Anwendung kommen. Fig. 39 gibt Kosten von Gegendruckturbinen, die infolge des Fortfalles der Kondensation und der einfachen Bauart wesentlich billiger sind als gleichstarke Kondensationsturbinen. (In die Figur wurden die Preise 2er Werke aufgenommen, die dem Verfasser auf gleichzeitige Anfrage mitgeteilt wurden, um zu zeigen, wie erheblich die Unterschiede in der Preisstellung sein können.)

Die ungefähren Kosten ganzer Dampfanlagen sind (nach Scholls Führer des Maschinisten) in der Fig. 40 angegeben, als roher Anhalt für erste Vergleiche.

B. Verbrennungskraftmaschinen.

Die Fig. 41 zeigt mittlere Preise von Sauggasgeneratoren und Motoren; für elektrischen Betrieb (schwereres Schwungrad) erhöhen

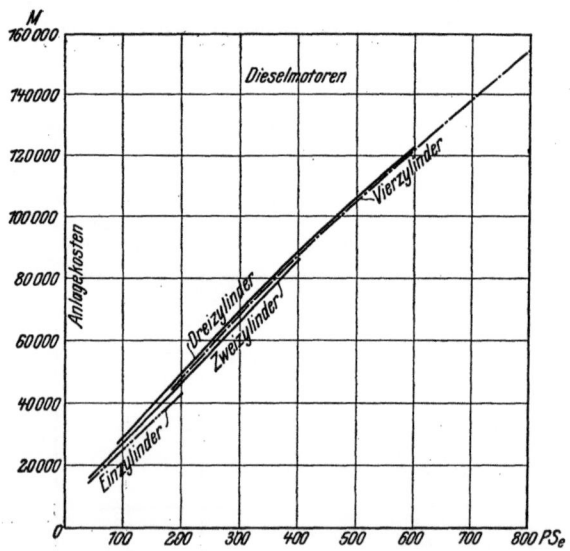

Fig. 42. Anlagekosten von Dieselmotoren.

sich die Motorenpreise um etwa 10 %. Die Leistung der Sauggasanlage ist bei Anthrazitbetrieb etwa 6—8 % höher als bei Koksbetrieb. Zu den angegebenen Preisen ab Werk treten für Fundament,

Rohrleitungen und Montage noch Kosten von 8—10 %. Die für Braunkohlenbrikettvergasung geeigneten Anlagen beanspruchen etwa 10 % höheres Anlagekapital wie gleich große Koksanlagen. Die Preise von Dieselmotoren (ohne Brennstofflagerung und Anwärmevorrichtung für Teeröl) sind aus Fig. 42 zu ersehen; für Montage, Fundament und Rohrleitungen sind ebenfalls 8—12 % (steigend von 20—800 PS) zuzuschlagen. Die ungefähren An-

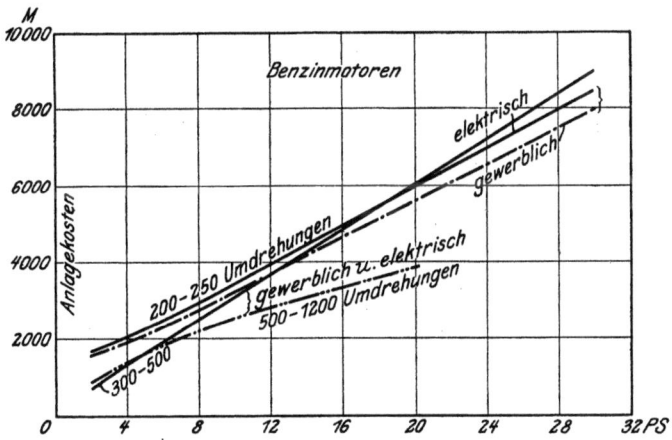

Fig. 43. Anschaffungskosten von Benzinmotoren.

schaffungskosten von Benzinmotoren für elektrische und gewerbliche Betriebe bei den üblichen Umdrehungszahlen sind aus Fig. 43 ersichtlich; die Preise der übrigen Kleinmotoren für Leuchtgas und flüssige Brennstoffe bewegen sich um die in den Zahlentafeln 22 und 23 angegebenen Anlagekosten. Naphthalinmotoren kosten etwa 600 M. mehr als gleichgroße Flüssigkeitsmaschinen.

Zahlentafel 22.
Preise von Leuchtgasmotoren
(Gasverbrauch 0,450—0,700 cbm/PS/st). Umdreh. = 180 ÷ 300/min.

Nutzleist. PSe	5	8	10	14	20	30	50	70	100	130
Preis f. gewbl. Betrieb . M.	2300	2800	3000	3650	4400	7000	10 000	13 500	17 000	20 000
Preis f. el. Betrieb . . M.	2550	2850	3100	3800	4600	7200	11 000	14 000	18 000	21 000

Zahlentafel 23.
Preise von schnellaufenden Kleinverbrennungsmotoren.

Nutzleistung PSe	2	3	4	5	6	7	8	12
n = 300—500/min M.	1000	1400	1600	1800	2000	2500	3000	—
n = 500—1200/min M.	900	1000	1300	1400	1600	1700	1800	3000

Zu beachten ist, daß die **Frachtkosten** sämtlicher größeren Verbrennungskraftmaschinen infolge der großen Gewichte höher sind als bei Dampfmaschinen.

C. Platzbedarf und Kosten der Maschinenhäuser.

Für die Kosten von Maschinen- und Kesselhäusern können die nachfolgenden Durchschnittssätze für Fabrikgebäude einschließlich Aushub in die Betriebkostenberechnung eingesetzt werden:

Zahlentafel 24.

	für 1 qm bebaute Fläche M.	für 1 cbm umbauten Raum M.
a) Zwischendecken und Stützen in Holzausführung:		
1. Kellergeschoß	30	8
2. Erdgeschoß	30	8
3. Dachgeschoß	30	8
4. weitere Zwischengeschosse je	2	0,5
b) mit Eisenträgern und Eisenstützen:		
1.	30	9
2.	35	9
3.	30	9
4.	2	0,5
c) Shedbauten mit Eisenstützen:		
bei Holzdach	35	5
bei Eisendach	40	7

Die Kosten der für die Montage und Reinigung größerer Maschinensätze erforderlichen **Laufkrane**, sowie besondere Ausstattungskosten (Boden- und Wandplatten, Ventilation u. dgl.) sind besonders zu veranschlagen. Mit Rücksicht auf den Grunderwerb, der in den Preisen der Zahlentafel nicht inbegriffen ist (namentlich in Städten ausschlaggebend) und die genannten

Ausstattungskosten wird meist in Voranschlägen mit einem Gesamtpreis von 60—80 M./qm Grundfläche (reichlicher Preis) gerechnet. Der ungefähre Platzbedarf für Dampfmaschinen, Dampfturbinen, Sauggasanlagen und Dieselmotoren ist in den nachstehenden Zahlentafeln für einige Größen zusammengestellt. Die Zahlentafeln enthalten jedoch nur die Maschinenabmessungen selbst; für Bedienungsgänge um die Maschinen sind mindestens 1—1,5 m Breite an den für die Wartung zugänglich zu machenden Seiten erforderlich. Bei Dampfturbinen ist auf die umfangreichen, mit Rücksicht auf geringe Saughöhe im Kellergeschoß unterzubringenden Kondensationsanlagen nebst Rohrleitungen und Luftfiltern eine ausgedehnte Unterkellerung des Maschinenraumes erforderlich. Stehende Dieselmotoren erfordern besonders hohe Maschinenhäuser mit Rücksicht auf den Kolbenausbau. Der Platzbedarf von Dampfkesseln ist aus Fig. 34[1]), S. 126 ersichtlich; der Heizerstand vor den Kesseln muß mindestens 4 m Breite besitzen. Der außerordentlich geringe Platzbedarf der Dampfturbine im Vergleich zu großen Einheiten von Kolben-

Zahlentafel 25.
Kleinster Raumbedarf ohne Bedienungsgänge.
(Normale Umlaufszahlen.)

Kolbendampfmaschinen (Heißdampftandem ohne Kessel)			Dampfturbodynamo ohne Kessel (Drehstrom n = 3000 m)			Dieselmotoren			Sauggasanlagen mit Generator		
Nutzleistung	Grundfläche	Höhe	Nutzleistung	Grundfläche	Kellertiefe für die Kondensation	Nutzleistung	Grundfläche	Höhe	Nutzleistung	Grundfläche	Höhe des Generatorraumes
PSe	qm	m	KW	qm	m	PSe	qm	m	PSe	qm	m
50	12,5	1,9	240	8,8	2,7	50	28	5,8	50	60	5,5
100	24,5	2,1	560	13,0	3,1	100	42	6,0	100	85	6,2
150	29,0	2,6	800	14,4	3,5	150	59	6,0	100	105	6,8
200	30,0	2,6	1200	16,3	3,5	200	63	6,0	200	118	7,4
300	36,0	3,0	1600	17,8	3,8	300	78	7,0			
400	40,5	3,2	2400	19,8	4,0	400	100	8,0			
500	41	3,6	3600	31,2	4,5	500	88	7,0			
1000	72	3,6	5000	34,0	5,0	600	101	7,0			
						800	132	8,0			

[1]) vergl. Fußnote [1]) Seite 59.

maschinen mag durch die Tatsache beleuchtet werden, daß für die Nutzpferdestärke Vollast für Kessel- und Maschinenanlage bei einer 250 pferdigen Kolbenmaschine etwa 0,3 qm Grundfläche, bei einer 2000 pferdigen Kolbenmaschine (Heißdampf) etwa 0,15 qm, bei der ebenso großen Turbine dagegen etwa nur die Hälfte — 0,07 qm — Grundfläche erforderlich sind. Die Maschinenraumhöhe für Dampfturbinen und Dampfmaschinen soll mindestens 4—5 m betragen.

Zahlentafel 26.
Platzbedarf von Kleinmotoren.

Sauggas- und Flüssigkeitsmotoren.		
Nutzleistung PSe	Grundfläche in qm liegend	stehend
2	5	3
5	5,5	3,5
7	6	4
10	7	4,3
15	8,2	5
20	11,3	5,8
30	15,2	7,5

D. Elektromotoren und elektrische Zentralen.

Elektromotoren mit ihrem außerordentlich geringem Platzbedarf [1—5 PS etwa 1 qm, 5—20 PS etwa 1—2 qm, 20—100 PS etwa 2—3 qm, 100—300 PS etwa 3—6 qm Grundfläche] bedürfen im allgemeinen keiner eigenen Maschinenräume; kleinere Motoren bis zu 30 PS können auf Konsolen oder Trägern an den Wänden befestigt werden, so daß gar keine Grundfläche erforderlich wird. Für die Schaltanlagen und Akkumulatorenbatterien sind dagegen oft ziemlich reichliche Räume notwendig; die Akkumulatorenräume, die der Säuredämpfentwicklung wegen nicht unterhalb von Arbeitsräumen angeordnet werden sollen, machen meist die noch anderweitige Verwertung der benötigten Grundfläche unmöglich, wenn nicht sehr sorgfältige Entlüftung vorgesehen wird.

Die Anschaffungskosten von Elektromotoren sind stark abhängig von der erforderlichen Umdrehungszahl, von der Ausführungsart des Einbaues bzw. Gehäuses (offen, geschützt, venti-

Anlagekosten. 135

liert geschützt, geschlossen, ventiliert geschlossen), außerdem ist der Preis des Zubehörs (Anlasser, Schalttafel, Kabel, Stellschienen usw.) je nach Anforderung an Vollkommenheit und Regulierbarkeit sehr verschieden. Als ungefähren Anhalt über die Anschaffungskosten gangbarer Motoren enthält die Fig. 44 mittlere Preise von Kleinmotoren bis 16 PS für Gleichstrom und Drehstrom sowie verschiedene Umdrehungszahlen und Spannungen. Zu den Preisen ist für Schalttafel, Sicherung, Anschlußleitung, Fundament und Montage je nach Anforderung ein Zuschlag von 15—30 % zu machen. Die Preise der Gleichstrommotoren beziehen sich auf offene Ausführung mit Nebenschlußwicklung mit Riemenscheibe (von 4 PS ab mit Wendepolen) einschließlich Gleitschienen und luftgekühltem Anlasser für Anlauf bei Vollast; die Preise der Drehstrommotoren gelten für offene Ausführung mit Kurzschlußanker und Riemenscheibe einschließlich Sicherung, Gleitschienen und Sterndreieckanlaßschalter. Fig. 45 zeigt Preise größerer Motoren, und zwar ebenfalls offener Ausführung für Riemenantrieb, bei Gleichstrom mit Nebenschlußwicklung und Wendepolen, bei Drehstrom mit Schleifringanker, Bürstenabhebevorrichtung, im übrigen mit dem gleichen Zubehör wie vorstehend angegeben.

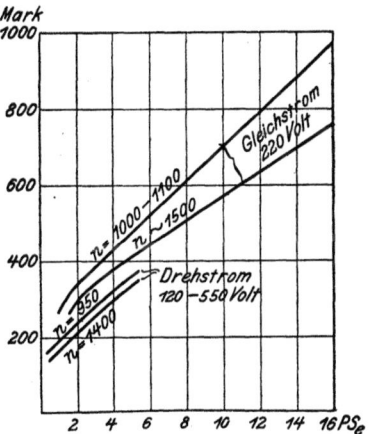

Fig. 44. Ungefähre Kosten von Elektromotoren.

Die ungefähren Gesamtanlagekosten kleinerer und mittlerer elektrischer Zentralen gleicher Kraftreserve, also gleicher Höchstleistung, sind für Dampf- und Verbrennungskraftbetriebe aus Fig. 46 ersichtlich; Gasanlagen erfordern demnach wesentlich höhere Anlagekosten. Die Anlagekosten für die Nutzpferdestärke, die bei kleinen Leistungen mit wachsender Größe schnell abnehmen, bleiben von etwa 900 PSe an bei Gasanlagen unveränderlich, während sie bei Dampfbetrieben von dieser Größe ab ebenfalls nur noch unwesentlich sinken. Die Unterteilung

136　Grundlagen für den wirtschaftl. Vergleich der Wärmekraftmaschinen.

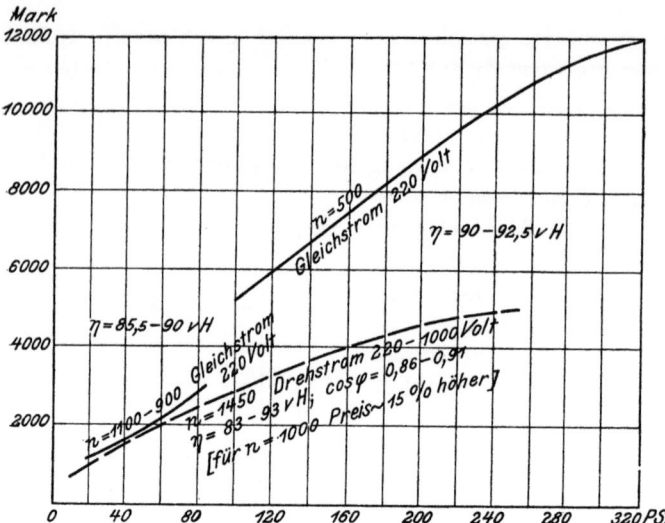

Fig. 45. Anlagekosten größerer Elektromotoren.

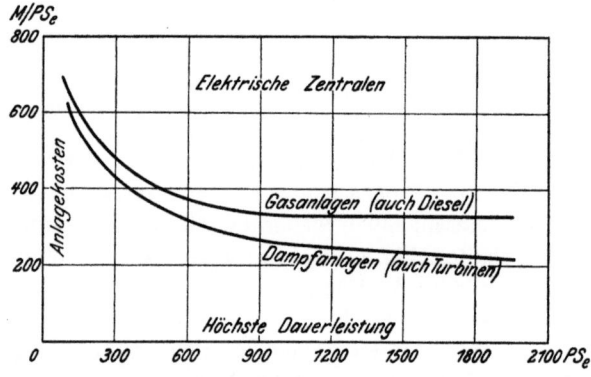

Fig. 46. Mittlere Anlagekosten elektrischer Zentralen gleicher Kraftreserve.[1])

in Einheiten von etwa 1000 PS erfordert also für Anlagen von etwa 2000 PS Gesamtleistung kein wesentlich höheres Anlagekapital. Bei größeren Leistungen nehmen dann bis zu etwa 9000 PSe die spezifischen Anlagekosten wieder weiter ab, wie aus Fig. 1 S. 6 ersichtlich, welche die Überlegenheit der Dampfturbinenzentralen gegenüber der Dieselzentrale in bezug auf Anlagekosten für Großkraftwerke deutlich erweist.

---

[1]) Nach Josse und Gehrcke.

Dritter Abschnitt.
Abwärmeverwertung für Raumheizung und sonstigen Wärmebedarf.

1. Kapitel.
Allgemeines.

Unter „Abwärme" versteht man Wärmemengen, die mit heißen Gasen, Dämpfen, Flüssigkeiten oder Dampf- und Flüssigkeitsgemischen aus Heiz- oder Kühlvorrichtungen oder aus Wärmekraftmaschinen „abziehen", d. h. ungenutzt ins Freie entweichen. Als „Abwärme" ist also z. B. der Wärmeinhalt der Heizgase zu bezeichnen, die aus den Zügen eines Dampfkessels mit hoher Temperatur in den Schornstein entweichen, eine Wärmemenge, die bei mittelguten Kesselanlagen etwa $^{1}/_{4}$ der zur Dampferzeugung aufgewandten Brennstoffwärme gleichkommt, bei schlechten oder stark angestrengten Kesseln aber bis über 40 % des Kohlenheizwertes betragen kann. Der Wärmeinhalt (d. h. innere Verdampfungswärme und Flüssigkeitswärme bei Abkühlung bis auf Umgebungstemperatur) der von der Auspuff- oder Gegendruckdampfmaschine ausgestoßenen oder aus der Kondensationsdampfmaschine abgesaugten Dampfmengen (über 60 % der zugeführten Brennstoffwärme), der Wärmeinhalt des von Kondensatoren oder Kühlvorrichtungen abfließenden erwärmten Kühlwassers, der Wärmeinhalt der hocherhitzten Auspuffgase und des heißen Kühlwassers von Verbrennungskraftmashinen (zusammen etwa 70 % des Brennstoffheizwertes), des Niederschlagswassers aus Dampfheizkörpern und -Leitungen, der heißen Abgase aus industriellen Öfen und Feuerungen (Glasöfen, Zementöfen, Puddel-, Schweiß- und Glühofen, Hochöfen, Sudpfannen u. dgl.) u. a. mehr sind „Abwärmemengen" im vorgenannten Sinne.

Die nutzbare Weiterverwendung möglichst großer Teile dieser verloren gehenden Wärmemengen, die Verwandlung von „Abwärme" in „Nutzwärme" in den verschiedensten Formen bildet die Aufgabe der „Abwärmeverwertung". Die Abwärme kann ebensowohl zu Heiz-, Koch- und Trockenzwecken herangezogen werden, wie zur Arbeitsleistung in Wärmekraftmaschinen. Sie ersetzt in jedem Falle Wärmemengen, die andernfalls unter Aufwand besonderer Brennstoffmengen erzeugt werden müssen, bringt also Brennstoffbeträge ganz oder teilweise in Wegfall und führt so zu Ersparnissen. Das Abfallprodukt, das bereits in einer höheren Temperatur- oder Spannungsstufe nutzbar Arbeit oder Wärme abgegeben hat und dessen noch verfügbarer Wärmeinhalt für diesen Zweck ohnehin miterzeugt werden mußte, tritt an Stelle eines getrennten Brennstoffaufwandes. Für die vorliegenden Betrachtungen, die Ermittelung der billigsten Betriebskraft, ist besonders die Verwertung des Maschinenabdampfes sowie der Abwärme von Verbrennungskraftmaschinen von Bedeutung, durch welche die Brennstoffkosten der Krafterzeugung erheblich vermindert werden können.

Für Heizvorgänge läßt sich indes die Abwärme nicht vollständig dem Wärmeträger entziehen; eine untere Grenze für diese Ausnutzung ist durch die Temperatur der Umgebung oder des Kühlwassers gegeben, unter welche die Flüssigkeiten oder Gase nicht herabgekühlt werden können. Eine weitere praktische Grenze für weitgehende Ausnutzung ist z. B. durch die großen Abmessungen der Heizflächen gegeben, die bei niedrigeren Temperaturen des Heizmittels für eine genügende Heizwirkung erforderlich werden, und deren Kosten durch den Wärmegewinn oft nicht gerechtfertigt werden. Die Figuren 47 und 48 zeigen z. B. das schnelle Anwachsen der Ekonomiserheizfläche bei zunehmender Abkühlung der Kesselabgase und den verhältnismäßig langsam anwachsenden Gewinn. Um die Heizgase auf 80^0 C abzukühlen, ist im betrachteten Beispiel bereits die doppelte Heizfläche erforderlich wie zur Abkühlung von der gleichen Anfangstemperatur auf 120^0 C, während der Gewinn von 14 % des Kohlenheizwertes nur auf 16,5 % anwächst.

Wie später gezeigt wird, kann in solchen Fabrikbetrieben, die alle von Kraftmaschinen u. dgl. gelieferte Abwärme nutzbar machen können, bei Dampfbetrieben, seltener auch bei Verbren-

Allgemeines.

nungskraftmaschinen im günstigsten Falle eine **Gesamtausnutzung von 70—80 %** der im Brennstoff enthaltenen Wärme erzielt werden. Dieser Erfolg der Abwärmeverwertung erscheint im rechten Licht, wenn man sich vorhält, daß zur Krafterzeugung, für die ja in den meisten Fällen der überwiegende Brennstoffverbrauch aufgewandt werden muß, von der verbrauchten Wärme

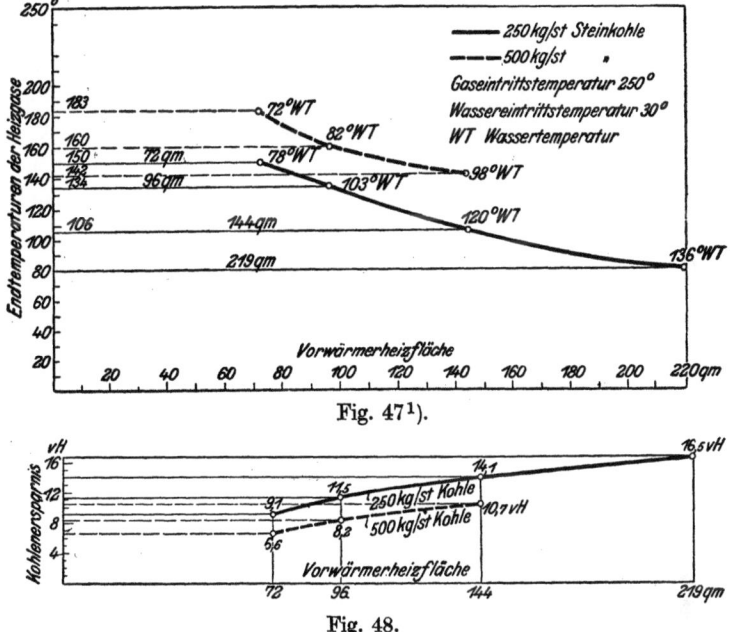

Fig. 47[1]).

Fig. 48.

in Dampfanlagen nur 4—15 %, in Gasmaschinen 22—35 % nutzbar in Kraft verwandelt werden können.

Die Kraftkosten werden nun um die Brennstoffkosten verringert, die für die durch Abwärme gedeckten Heizvorgänge bei getrennter Heizung entstehen würden.

Die anderweitig verwendete Abwärme ist nicht mehr der Maschine als Wärmeverbrauch anzurechnen; derselben ist vielmehr nur der wirklich verbrauchte Bruchteil der zugeführten Wärme sowie die nicht verwertete Abwärme zur Last zu legen. Ebenso werden auf der andern Seite die Kosten der durch Abwärme gedeckten Heizvorgänge verringert, für die gar keine

---

[1]) vergl. Fußnote [2]) Seite 57.

oder nur geringe Brennstoffmengen aufzuwenden sind. Von beiden Gesichtspunkten aus, Verringerung der Kraftkosten oder der Heizungskosten können die Brennstoffersparnisse, d. h. die **Verminderung des Gesamtwärmeaufwandes**, betrachtet und im Einzelfalle zahlenmäßig ermittelt werden.

Wird Wärme unmittelbar in der Form ausgenutzt, wie sie die Abwärme liefernde Maschine ohnehin zur Verfügung stellt, z. B. des Auspuffdampf einer in die Atmosphäre ausstoßenden Dampfmaschine, so bedeutet die gewonnene Wärme eine Reinersparnis, von welcher nur die Kapitalkosten der notwendigen Vorrichtungen in Abzug zu bringen sind. Ist dagegen zur Verwendung der Abwärme eine Steigerung des Wärmeverbrauches der Maschine notwendig, wie z. B. bei der mit dem für den Heizvorgang erwünschten erhöhten Gegendruck arbeitenden Dampfmaschine, die natürlich mehr Dampf für die Leistungseinheit erfordert, als die Auspuff- oder Kondensationsmaschine, so muß auch der Mehrverbrauch an Brennstoff gegenüber der normalen Maschine von dem Wärmegewinn in Abzug gebracht werden, um die Reinersparnis durch Abwärmeverwertung zu erhalten.

Zur Veranschaulichung der Berechnungsweise seien einige Beispiele angeführt, die sämtlich dem Gebiete der **Abdampfverwertung** entnommen seien. Die genaueren Grundlagen werden im folgenden Kapitel entwickelt.

Beispiel: Der Abdampf einer 100-PSe-Kondensationsdampfmaschine die 7 kg für die PSe/st braucht, erwärmt in einem zwischen Niederdruck, zylinder und Kondensator eingeschalteten Wasservorwärmer stündlich 6000 kg Wasser von 10° auf 55° C; bei Frischdampfverwendung für diese Wassererwärmung wären bei unmittelbarem Einströmen von Dampf mit

8 Atm. (663 WE.) $\dfrac{6000 \cdot 45}{663 - 1/_2 \cdot (55+10)} = 430$ kg Dampf, bei Erwärmung in einem Vorwärmer $\dfrac{270\,000}{500} = 540$ kg Dampf erforderlich. Bei einem Dampfpreis von 2,50 M. würde dies eine Reinersparnis von 3225 M. (bei 300 Arbeitstagen und zehnstündigem Betrieb) bzw. 4050 M. bedeuten.

Beispiel 2. Eine Kondensationsdampfmaschine (6 kg/PSe) wird mit 100 PS im Winter mit Auspuff (8 kg/PSe) betrieben; der stündliche Heizdampfbedarf an 1700 Stunden beträgt 500 kg. Bei Frischdampfheizung und Kondensationsbetrieb wären zu liefern stündlich 600 + 500 = 1100 kg Dampf; bei Auspuffbetrieb verbraucht die Maschine 800 kg, wovon 500 in die Heizung und 300 m in die Atmosphäre gehen. Die stündliche Ersparnis ist trotz des höheren Dampfverbrauches der Maschine 1100 — 800 = 300 kg

Dampf, beträgt also bei einem Dampfpreis von 2,50 M. während der ganzen Heizperiode 1275 M.

Beispiel 3. Für eine 500-KW-Anlage soll eine Dampfturbine aufgestellt werden, für die bei Vollast ein Dampfverbrauch von 7 kg/KW/st erwartet werden kann. Da in der Anlage ein Verbrauch an niedergespanntem Heizdampf von 3 Atm. besteht, soll die Beschaffung einer mit diesem Gegendruck arbeitenden Turbine in Erwägung gezogen werden. Der Dampfverbrauch einer Gegendruckturbine beträgt etwa 28 kg/KW, die Anlagekosten sind bei der aus einem einzigen Laufrad bestehenden Gegendruckturbine um etwa 22000 M. geringer als die der Kondensationsturbine. Wie groß muß bei einem Dampfpreis von 3 M. der Heizdampfbedarf mindestens sein, damit der Gegendruckbetrieb gegenüber Kondensationsbetrieb und Entnahme von gedrosseltem Frischdampf für Heizzwecke wirtschaftlich wird? Bei 24 stündigem Betrieb an 300 Tagen.

Der Mehrdampfverbrauch der Gegendruckturbineer erfordert $300 \cdot 24 \cdot 500 \cdot 21 \cdot 3 = 226800$ M. Die Kapitalkosten der Gegendruckturbine sind um 3300 M. (bei 15% Verzinsung und Abschreibung) geringer. Der Heizdampfbedarf muß also größer als 74500000 kg oder stündlich 10400 kg sein, damit der Gegendruckbetrieb Ersparnisse bringt (bei vollwertig gerechnetem Heizdampf).

Zweites Kapitel.

Abdampfverwertung.
A. Anwendungsformen und Anwendungsgebiete.

Die Dampfmaschine, die ihren Arbeitsdampf nach seiner Entspannung von dem Anfangsdruck auf den Luftdruck der Umgebung in die Atmosphäre „auspufft", hat ihm teils zur Arbeitsleistung, teils durch Abkühlungsverluste und Undichtheiten nur einen geringen Teil der im „Frischdampf" ihr zugeströmten Wärme entzogen. Es gehen z. B. bei einer mit 10 Atm. absol. Anfangsspannung und gesättigtem Dampf (Erzeugungswärme aus Wasser von $0^0 = 667$ WE) bei der Entspannung auf 1 Atm., je nach der Güte der Dampfmaschine, außer dem kleinen Unterschied der Erzeugungswärme des Dampfes von 10 und 1 Atm. (33 WE) nur 10—20% der verbleibenden Verdampfungswärme verloren, so daß also $8/_{10}$—$9/_{10}$ der Verdampfungswärme sowie die gesamte Flüssigkeitswärme, also etwa 80—90% des Frischdampfwärmeinhaltes noch mit dem Abdampf aus der Maschine entführt werden. Bei größerer Anfangsüberhitzung ist der Abdampf noch schwach überhitzt oder gesättigt, so daß auch die volle Verdampfungswärme (für 1 Atm.) noch zur Verfügung steht.

142 Abwärmeverwertung für Raumheizung und sonstigen Wärmebedarf.

Entgegen einer noch vielfach gehegten Ansicht ist nicht nur der Auspuffdampf, der mit mehr oder weniger hohem Druck in die Atmosphäre entweicht und dessen Wärme „sichtbar" ist, eine gegenüber frischem Kesseldampf beinahe vollwertiges Heizmittel für weitere Verwendung, sondern auch die im Abdampf der Kondensationsmaschine enthaltenen Wärmemengen (nahezu 60 % der Brennstoffwärme), die gewöhnlich in das Kühlwasser abgeführt werden, können großenteils zur Wasser- oder Lufterwärmung dem Dampfe in unter Luftleere stehenden Heizvorrichtungen nutzbar entzogen werden (= innere Verdampfungswärme + Flüssigkeitswärme bis zur mittleren Kühlwasser- oder Lufttemperatur).

Zahlentafel 27.
Temperatur und Erzeugungswärme von gesättigtem Wasserdampf.

Spannung in Atmosph.-Überdruck Atm.	Temperatur des gesättigten Dampfes °C	Erzeugungswärme eines kg gesättigten Dampfes WE			Steigerung der Erzeugungswärme gegenüber Dampf von 0,1 Atm. %
		Flüssigkeitswärme	Verdampfungswärme[1]	Gesamtwärme	
0,1	101,8	102,3	538,4	640,7	—
0,2	104,2	104,8	536,5	641,3	0,06
0,3	106,5	107,1	535,1	642,2	0,23
0,5	110,7	111,4	532,5	643,9	0,50
1,0	119,6	120,4	526,8	647,2	1,01
2,0	132,8	133,9	518,1	652,0	1,76
3,0	142,8	144,2	511,2	655,4	2,30
4,0	151,0	152,6	505,5	658,1	2,72
5,0	157,9	159,8	500,4	660,2	3,04
8,0	174,4	176,8	488,1	664,9	3,78
9,0	178,9	181,5	484,6	666,1	3,97
10,0	183,1	185,8	481,3	667,1	4,12
12,0	190,6	193,7	475,3	668,9	4,40
15,0	200,3	203,9	467,3	671,2	4,70

[1]) Wie ersichtlich, nimmt mit steigendem Dampfdruck die Flüssigkeitswärme zu, die Verdampfungswärme dagegen ab; das geringe Ansteigen der Gesamterzeugungswärme ist durch dieses einander entgegenwirkenden Größenverhältnis der Flüssigkeits- und Verdampfungswärme bedingt.

Die Temperatur und Erzeugungswärme gesättigten Dampfes ist aus der Zahlentafel 27, die zur Dampfüberhitzung aufzuwendende Wärme aus Zahlentafel 28 ersichtlich.

Als „Überhitzung" bezeichnet man die Temperaturdifferenz zwischen der Sattdampftemperatur und der Temperatur des überhitzten Dampfes gleichen Druckes. Dampf von 11 Atm. Überdruck und 275^0 C hat z. B. $275 - 186,9 = 88,1^0$ Überhitzung.

Zur Erzeugung dieser Überhitzung muß dem gesättigten Dampf (dessen Erzeugungswärme vgl. Zahlentafel 27) noch Überhitzungswärme zugeführt werden, die sich aus der Überhitzung durch Multiplikation mit der mittl. spezifischen Wärme des überhitzten Dampfes ergibt; über diese gibt Zahlentafel 28 Aufschluß.

Zahlentafel 28.

Dampf-überdruck atm.	Dampftemperatur in °C			
	200	250	300	350°
	mittl. spezif. Wärme			
7	0,560	0,532	0,517	0,512
9	0,597	0,552	0,530	0,522
11	0,635	0,570	0,541	0,529
13	0,677	0,588	0,550	0,536
15	—	0,609	0,561	0,543

Die obige Überhitzung entspricht z. B. einer Überhitzungswärme von $88,1 \times 0,555 = 48,9$ WE, die zur Erzeugungswärme zu addieren ist.

Maschinenabdampf ist in bezug auf Heizwert, d. h. nutzbar abgebbare Wärmemenge für 1 kg Dampf, fast gleichwertig mit Kesseldampf gleicher Spannung (Auspuff etwa gleichwertig Niederdruckdampf, Gegendruckdampf etwa gleichwertig Hochdruckdampf) und ist nur um wenige Prozent geringwertiger als nicht gedrosselter Dampf aus Hochdruckkesseln. (Trockener Auspuffdampf von 0,1 Atm. Überdruck hat z. B. einen um nur 4 % geringeren Wärmeinhalt als Dampf von 10 Atm. Überdruck.)

Die Heizwirkung des Abdampfes bei unmittelbarer Berührung, z. B. beim Einströmen in zu erwärmendes Wasser, ist also nur unwesentlich kleiner als die von gesättigtem Frischdampf und ist in der Hauptsache nur um die „Überhitzungswärme" (vgl. S. 143 und 105) geringer als die überhitzten Dampfes. Der Auspuffdampf von Sattdampfmaschinen ist, wie erwähnt, gewöhnlich um etwa 10 % feuchter[1]) als gesättigter Kesseldampf am Dampfdom, bei Betrieb mit höherer Überhitzung ist der Auspuffdampf noch schwach überhitzt oder trocken gesättigt. Ob der Feuchtigkeitsgehalt an der Verwendungsstelle bei Frischdampf oder Abdampf größer ist, hängt im übrigen nur von der Länge und dem Wärmeschutz der Zuleitungen von den Kesseln bzw. von der Maschine zur Heizstelle ab.

Bei mittelbarer Heizung durch Heizflächen ist die nutzbare Wärmeabgabe von 1 kg Abdampf und 1 kg nicht überhitzten[2]) Frischdampfes praktisch nicht sehr verschieden; die nutzbar abgebbare Verdampfungs- oder Niederschlagswärme beträgt in beiden Fällen zwischen 450 und 530 WE/kg, je nach Güte und Anordnung der Heizflächen sowie der Entlüftung und Entwässerung. Bei Abdampfverwertung rechnet man genügend sicher mit etwa um ein Zehntel geringerer Wärmeübertragung als bei Frischdampf gleicher Spannung.

Dagegen ist die Heizwirkung, d. h. die in der Zeiteinheit auf dem Quadratmeter Heizfläche übertragbare Wärmemenge abhängig von der Höhe der Dampftemperatur, und zwar nimmt sie bei steigender Temperatur, also auch bei steigendem Drucke des Heizdampfes etwas schneller zu als die Dampftemperatur (vgl. Zahlentafel 29). Bei gleicher Heizflächengröße wächst der Wärmeübergang mit steigendem Temperaturunterschied zwischen Dampf und Luft; außerdem wächst die für je 1° C Temperaturunterschied übertragbare Wärme mit der Höhe der Heizdampftemperatur. Hochgespannter gesättigter Dampf braucht daher dank seiner höheren Temperatur kleinere Heizflächen als Abdampf; in der Zahlentafel 29 ist die mittlere Wärmeabgabe von 1 qm Heizfläche der gebräuchlichsten Heizkörper für Raumheizung zusammengestellt. Der Wärmeinhalt von 1 kg Abdampf

---

[1]) Bei 10 % Dampfnässe ist also nur mehr 0,9 der Verdampfungswärme, dagegen doch die volle Flüssigkeitswärme (bis zur Außentemperatur) verfügbar.

[2]) Überhitzung ist bei Heizung durch Heizflächen nicht vorteilhaft, wenn der Dampf noch in erheblich überhitztem Zustand zur Heizstelle gelangt, da der Wärmeübergang von überhitztem Dampf an die Metallfläche viel geringer als bei gesättigtem Dampf ist.

liefert also fast die gleiche nutzbare Erwärmung, verlangt aber größere Heizflächen wie Frischdampf höherer Spannung.

Für eine Höchstraumtemperatur von 20º C rechnet man bei Niederdruckheizung mit einer durchschnittlichen stündlichen Wärmeabgabe
von 700 WE/qm Heizfläche bei Radiatoren,
„ 450   „   „   „ Rippenheizkörpern,
„ 880   „   „   „ glatten Heizrohren.

In vielen Fällen wird in der Praxis von der versuchsweise eingeführten Abdampfheizung von Trockenzylindern, Lufterhitzern usf. wieder abgegangen, weil die Arbeiter über zu langsame oder ungenügende Heizwirkung klagen. Fast immer ist diese Erscheinung, abgesehen von ungenügender Abführung des Niederschlagwassers, eine Folge der nicht genügend vergrößerten Heizfläche oder des zu großen Druckabfalles, den der Abdampf mit seinem erheblich größeren Volumen in den für Frischdampf höheren Druckes bemessenen engen Rohrleitungen erleidet; bei richtig bemessenen Zuleitungen und Heizflächen wird mit Maschinenabdampf fast in jedem Falle die gleiche Heizwirkung erzielt wie mit gedrosseltem Frischdampf. (Eine Ausnahme bilden nur solche Fälle, wo bei unmittelbarer Berührung Überhitzung oder höherer Druck mechanische Wirkungen ausüben, z. B. Auflockern der Fasern in Lumpen- und Zellstoffkochern der Papierfabriken.)

Zahlentafel 29.

Stündliche Wärmeabgabe der gebräuchlichsten Heizkörper für je 1º Temperaturunterschied zwischen Dampf und Luft und je 1 qm Heizfläche.

Art der Heizfläche	Bei Niederdruckdampfheizung (0,1 Atm. Überdruck) WE/st/qm/ºC	Bei Hochdruckdampfheizung (2,0—3,0 Atm. Überdruck) WE/st/qm/ºC
Wagerechte Rohrleitung (30—150 mm ä. D.)	13—11,5	14,0—12,5
Senkrechte Rohrleitung (30—150 mm ä. D.)	13,5—12,0	14,5—13,0
Niedere Rohrschlangen(bis 1 m hoch) . .	12,5—11,0	13,0—11,5
Rohrregister (ein- bis vierreihig)	11,5—8,0	12,0—8,5
Radiatoren (ein Element).	11,5	12,0
Radiatoren (2—6 Elemente)	9,5—8,0	10,0—8,5
Rippenkastenhöhe (unter 0,6 m Höhe, über 45 mm Rippenabstand)	8,0— 6,5	—
Rippenrohr (über 35 mm Rippenabstand) .	6,5	7,0—6,5

Die Ersparnisse in der Dampf- oder Kohlenmenge, die durch vollständige sachgemäße Abdampfverwertung erzielbar sind gegenüber getrenntem Kraft- und Heizungsbetrieb, sind in der Hauptsache darin begründet, daß für die Kraft, die mit der für die Heizung weiter verwendeten Dampfmenge unter Ausnutzung der höheren Druckstufen zwischen Kesselspannung und Heizungsdruck in der Maschine gewonnen wurde, nur der verschwindend geringe Mehraufwand an Erzeugungswärme (vgl. S. 45 u. 142) zur Steigerung des Dampfdruckes aufzubringen ist und ein geringer Wärmeverbrauch (5—10 %) für die beim Arbeitsvorgang in der Maschine eintretende Dampfverschlechterung. Da je nach der Höhe der Anfangsüberhitzung der genannte Betrag von 5—10 % nicht mehr in Dampfform, sondern als Feuchtigkeit im Auspuffdampf enthalten ist, so stehen 5—10 % weniger Dampf zu Heizzwecken zur Verfügung, als wenn eine unmittelbar den Kesseln entnommene Dampfmenge an der Verwendungsstelle trocken gesättigt ankommt.

Wird bei getrenntem Betrieb für die Heizzwecke ebenfalls Dampf höherer Spannung in den Kesseln erzeugt und nachher durch Drosselung vor der Verwendungsstelle auf den Heizungsdruck gebracht, so fällt auch der genannte Mehraufwand an Erzeugungswärme fort, und die bei völliger Verwertung des Abdampfes gewonnene Kraft wird, abgesehen von dem geringen Mehrverbrauch an Heizdampf infolge der bei Abdampf gewöhnlich höheren Dampfnässe, ohne Brennstoffkosten gewonnen.

Man kann die durch Abdampfverwertung erzielbaren Ersparnisse nach zwei Richtungen rechnerisch untersuchen: nach der Verminderung der Kraftkosten und nach der Verminderung der Heizungskosten. Bei der Verwertung des in die Luft puffenden oder in den Kondensator abgesaugten Abdampfes zum Beispiel zur Warmwasserbereitung ist entweder die sonst für die Wassererwärmung erforderliche Frischdampfmenge als erspart anzusehen, oder die Kraftkosten können als um den fraglichen Dampfbetrag vermindert eingesetzt werden.

Die Gesamtbrennstoffkosten für Krafterzeugung und Heizungsvorgänge werden demnach durch sachgemäße Abdampfverwertung immer dadurch verringert, daß ein und dieselbe Dampfmenge zuerst Kraft und dann Wärme abgibt.

Abdampfverwertung.

Die Ersparnisse[1]), die gegenüber getrenntem Betrieb mit der Kondensationsmaschine oder Auspuffmaschine und unmittelbarer Heizdampfentnahme aus den Kesseln erreichbar sind, lassen sich folgendermaßen beurteilen:

Fall 1: Eine Verwendung des Abdampfes ist ohne Erhöhung des Dampfverbrauchs der Maschine möglich, also bei Kondensationsmaschinen eine Verwendung des aus dem Niederdruckzylinder abströmenden Kondensatordampfes bei hoher Luftleere (Einschaltung eines Wasservorwärmers oder Lufterhitzers zwischen Zylinder und Kondensator). Bei Auspuffbetrieb entspricht diesem Fall die Verwertung des Auspuffdampfes ohne merkliche Erhöhung des Gegendrucks auf den Kolben

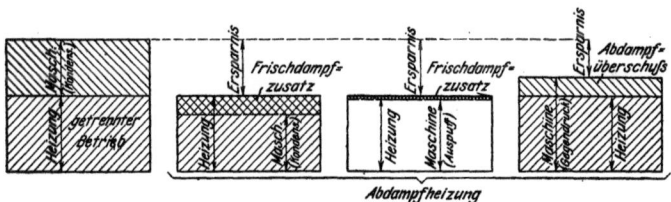

Fig. 49. Wert der Abdampfverwertung.

In der Fig. 49 sind die Verhältnisse zeichnerisch veranschaulicht für verschiedene Heizdampfverbräuche, unter der Voraussetzung, daß Heizdampf und Maschinenabdampf gleichwertig sind. Die obere Linie begrenzt die Gesamtdampfverbrauchsfläche bei getrenntem Betrieb, bei den drei rechtsstehenden Figuren den Gesamtdampfverbrauch bei Abdampfbetrieb. Die nicht schraffierte Fläche läßt für die verschiedenen Abdampfverbräuche die Dampfersparnis erkennen, die hier einfach gleich dem nutzbar verwerteten Bruchteil des Maschinenabdampfes ist. Die größte Ersparnis, die erreicht werden kann bei voller Verwertung des Abdampfes sind die gesamten Brennstoffkosten der Kraft. Ist Abdampf und Heizungsfrischdampf nicht gleichwertig (ersterer z. B. nässer), oder muß für den Maschinenebtrieb zur Abdampfverwertung hochwertigerer (z. B. überhitzter) Dampf erzeugt werden, so muß der Mehraufwand an Erzeugungswärme von der Ersparnis in Abzug gebracht werden.

---
[1]) Beispiele der Ersparnisberechnung, vergl. S. 140.

Fall 2: Die Verwendung des Abdampfes zu Heizzwecken erfordert höheren Maschinendampfverbrauch, z. B. durch eine Abschwächung der Luftleere bei der Kondensationsmaschine (zur Erzielung höherer Abdampftemperatur[1])) oder eine Erhöhung des Gegendrucks der Auspuffmaschine (hoher Heizungsdruck erforderlich). Die Gesetzmäßigkeit, nach der ungefähr der Dampfverbrauch der Kondensationskolbenmaschine und der Dampfturbine mit abnehmender Luftleere wächst, ist auf Seite 50 besprochen, das Anwachsen des Dampfverbrauchs mit ansteigendem Gegendruck ist für moderne Maschinen in den Fig. 11, 13 u. 14 in Durchschnittswerten dargestellt; ältere Einzylindermaschinen haben häufig viel stärkere Dampfverbrauchssteigerungen bei Betrieb mit Gegendruck aufzuweisen.

Die Ersparnisse, die bei gesteigertem Dampfverbrauch der Maschine und Abdampfverwertung gegenüber getrenntem Heizungsbetrieb und geringerem Dampfverbrauch für Krafterzeugung allein erzielbar sind, lassen sich an Hand der Fig. 49 kurz allgemein beurteilen. Bei getrenntem Betrieb ist die Heizdampfmenge und die Maschinendampfmenge in den Kesseln zu erzeugen; bei Abdampfbetrieb ist die der Maschine zuzuführende Dampfmenge zwar größer (z. B. Fig. 49 rechts), die Gesamtdampfmenge jedoch kleiner, da der Dampf ganz oder zum Teil nach der Arbeit in der Maschine als Heizdampf weiterarbeitet. Solange die Abdampflieferung der Gegendruckmaschine kleiner bleibt als der Heizdampfbedarf des Betriebes, ist nur die Gesamtdampfmenge für Heizbedarf in den Kesseln aufzubringen; die Größe des Dampfverbrauchs der Maschine ist also gleichgültig, solange die Abdampfmenge kleiner ist als der Heizdampfbedarf (also noch Frischdampfzusatz erforderlich wird), oder der Abdampf gerade für die Heizzwecke ausreicht. Bei vollständig verwertetem Abdampf ist die Dampfersparnis, wie aus der Figur ohne weiteres hervorgeht, gleich dem Dampfverbrauch der ohne

---

[1]) Temperatur des Abdampfes bei
    90 % Vakuum = 45,6° C
    80 %   „   = 59,8 „
    70 %   „   = 68,7 „
    60 %   „   = 75,5 „
    50 %   „   = 80,9 „
    40 %   „   = 85,5 „

Abdampfverwertung arbeitenden Maschine bei der gleichen Leistung; die durch den weiterverwerteten Abdampf geleistete Arbeit ist ohne Brennstoffkosten erzeugt worden. Zu beachten ist bei Beurteilung des Heizdampfbedarfes, daß Abdampf gewöhnlich höheren Feuchtigkeitsgrad besitzt als Frischdampf; im Durchschnitt sind etwa 10% größere Abdampfmengen zur Erzielung gleicher Heizwirkung gegenüber Frischdampf aufzuwenden[1]).

Kann der von der Maschine bei höherem Gegendruck gelieferte Abdampf nicht vollständig für Heizzwecke untergebracht werden, so tritt selbst bei erheblichen über Dach auspuffenden Mengen, wie aus Fig. 49 ersichtlich, noch eine Ersparnis gegenüber getrenntem Betriebe ein; dieselbe ist, bei vollwertig gerechnetem Abdampf, gleich dem Dampfbedarf der normal arbeitenden Maschine abzüglich der Auspuffmenge. Erst wenn der gesamte Dampfbedarf, der für Krafterzeugung bei getrenntem Betrieb erforderlich ist, über Dach geht, tritt ein Mehrverbrauch ein, und die Abdampfverwertung wird unwirtschaftlich.

Der Dampfverbrauch der mit Kondensation arbeitenden Dampfmaschine ist meist etwa 25 % geringer als bei Auspuffbetrieb derselben; Auspuffbetrieb mit Verwertung des Abdampfes zu Heizzwecken wird demnach geringeren Brennstoffverbrauch gegenüber Kondensationsbetrieb und Frischdampfheizung ergeben, sobald mindestens $\frac{1}{4}$ des Dampfverbrauchs der Auspuffmaschine nutzbar verwertet werden kann.

Die gesamten bisherigen Betrachtungen beziehen sich nur auf den Dampf- bzw. Brennstoffverbrauch, und seine Verminderung durch Abdampfverwertung. Wie bei jeder Wirtschaftlichkeitsbetrachtung sind auch hier die gesamten Betriebskosten vor Einführung der Abdampfverwertung zusammenzustellen; dabei zeigt sich häufig, daß bei bestehenden Anlagen die Abänderung oder Vergrößerung der Heizflächen und Dampfleitungen häufig auch die Erneuerung oder Umgestaltung der Kesselanlage (wegen des größeren Bedarfes an hochgespanntem oder überhitztem Dampf) u. a. mehr erforderlich würde, in einem Maße, daß durch

---

[1]) Auf den Abzug von den Ersparnissen, der für höhere Erzeugungswärme des gesteigerten Maschinendampfverbrauchs gegenüber dem gewöhnlich mit geringerer Spannung entnommenen Heizdampf zu machen ist, wurde bereits hingewiesen.

die erwachsenden Kapitalkosten die Verminderung der Brennstoffkosten erheblich vermindert oder gar übertroffen wird.

Für Betriebe mit Bedarf an höher gespanntem Heizdampf, bei denen Gegendruckbetrieb der gesamten Krafterzeugung ständig einen erheblichen Überschuß an nicht verwertbarem Abdampf liefern und daher unwirtschaftlich sein würde, kann eine wirtschaftliche Lösung durch Abdampfverwertung in zweierlei Weise versucht werden.

Die Krafterzeugung wird in dem einen Falle auf **zwei Maschinen** verteilt, die parallel auf dieselbe Welle oder das gleiche elektrische Netz arbeiten. Die eine Maschine arbeitet mit dem gewünschten Gegendruck und wird stets so belastet, daß der von ihr gelieferte Abdampf gerade dem Heizdampfbedarf entspricht; die andere Maschine arbeitet mit Kondensation und bringt nur die für den Gesamtkraftbedarf erforderliche Zusatzleistung auf. Diese Verteilung der Belastung wird durch zwei Regelvorrichtungen erzielt; die Gegendruckmaschine wird vom Druck in der Heizleitung durch einen sog. **Druckregler** gesteuert, der den Dampfzutritt und damit die Leistung der Maschine genau dem Dampfbedarf entsprechend regelt: wird viel Dampf gebraucht, sinkt also der Druck in der Heizleitung, so vergrößert der Druckregler die Dampfzufuhr zur Gegendruckmaschine (womit auch deren Leistung wächst) und umgekehrt. Für die jeweils entsprechende Belastung der Zusatzmaschine sorgt ein gewöhnlicher Geschwindigkeitsregler, so daß also die Gesamtkrafterzeugung und die Abdampfabgabe ganz unabhängig voneinander erfolgen können. Für das genaue automatische Zusammenarbeiten, die Vermeidung des Durchgehens der Gegendruckmaschine (bei geringem Heizbedarf) u. dgl. ist sorgfältige Durchbildung der Regelvorrichtungen erforderlich. Zwischen Gegendruckmaschine und Heizleitung ist eine (zweckmäßig mit Ölbremse versehene) Rückschlagklappe sowie ein gut wirkender Dampfentöler[1]) einzuschalten, ferner

---

[1]) Das im Heizdampf mitgeführte Öl schlägt sich auf den Heizflächen nieder und verringert den Wärmedurchgang in erheblichem Maße; eine vollständige Dampfentölung ist mit keinem Entöler möglich (Entölungsgrenze 10—15 g im Kubikmeter Wasser), doch genügt die Wirkung für die Abdampfheizung. Wird das Niederschlagswasser dagegen zur Kesselspeisung verwendet, so müssen die Ölreste durch Koks- oder Holzwollfilter oder durch chemische Behandlung im Wasserreiniger entfernt werden; Öl im Dampfkessel führt zum Erglühen der Bleche.

ist ein reichlich bemessenes Sicherheitsventil vorzusehen, das eine durch schnelles Absperren von Dampfverbrauchsstellen eintretende unzulässige Erhöhung des Druckes infolge Abdampfüberschusses in der Heizleitung ins Freie abführt, und schließlich ist durch Anordnung empfindlicher „Frischdampfzusatzventile", d. s. Reduzierventile, die bei geringer Unterschreitung des Heizungsdruckes sich öffnen, um Dampf von den Kesseln in die Heizleitung zu lassen, dafür zu sorgen, daß der gesamte Heizdampfbedarf selbsttätig gedeckt werden kann, wenn die Dampflieferung der Gegendruckmaschine (sei es infolge mangelnder Gesamtbelastung, sei es, weil sie bis zu ihrer Höchstleistung belastet ist) für den Gesamtbedarf zeitweise nicht ausreicht. Die von der Gegendruckmaschine erzeugte Kraft ist ohne wesentliche Brennstoffkosten gewonnen.

Diese Anordnung zweier getrennter Maschinen (Einzylinderkolbenmaschinen oder Turbinen), die hohes Anlagekapital erfordert, wird meist zweckmäßig nur zur wirtschaftlichen Ausgestaltung vorhandener Dampfanlagen (unter Weiterbetrieb einer vorhandenen Maschine) angewendet; für Neuanlagen wird der gleiche Zweck erreicht durch die sog. „Zwischendampfentnahme", d. i. die Entnahme von Heizdampf höherer Spannung „zwischen" den Zylindern einer Verbundmaschine, also aus dem Aufnehmer oder Receiver, oder bei beliebiger Druckstufe aus dem Gehäuse einer Dampfturbine (Anzapfturbine). Die Höhe des Entnahmedruckes muß mit Rücksicht auf den erforderlichen Druck an der Verwendungsstelle sowie den Druckverlust in der Zuleitung gewählt werden; er ist zwischen Anfangsdruck vor der Maschine und der Kondensatorspannung beliebig wählbar. Je geringer der Entnahmedruck eingestellt werden kann, umso größer sind die durch die Dampfentnahme erzielbaren Ersparnisse. Der nicht entzogene Dampf arbeitet in gewöhnlicher Weise im Niederdruckteil der Maschine bis zur Entspannung auf den Kondensatordruck weiter, um im Kondensator niedergeschlagen zu werden. Die Möglichkeit, beliebig wechselnde Dampfmengen in weiten Grenzen unabhängig von der gleichzeitigen Belastung der Maschine zu Heizzwecken entnehmen zu können bzw. den erforderlichen Heizdampfbedarf stets in vollem Maße decken zu können, wird durch ähnliche Regel- und Sicherheitsvorrichtungen erreicht wie bei dem oben geschilderten

Zusammenarbeiten einer Gegendruck- und Kondensationsmaschine.

Die mit Gegendruck betriebenen Kolbenmaschinen sind ausschließlich Einzylindermaschinen, die auch während der Zeiten, in denen kein Heizdampf gebraucht wird, durch Lüftung des Belastungsgewichtes eines in der Heizleitung angeordneten Ventils mit Auspuff betrieben werden können; durch besondere Regelvorrichtungen (Veränderung der Kompression) kann die Steuerung selbsttätig für beide Arbeitsweisen jeweils günstig eingestellt werden. Die Gegendruckturbinen sind äußerst einfache, meist mit einem einzigen Laufrad arbeitende Maschinensätze, die deshalb und besonders infolge des Wegfalls der umfangreichen Kondensationsanlage erheblich billiger sind als normale Turbinen (vgl. Fig. 37 u. 39). Der Dampfverbrauch der Gegendruckkolbenmaschine ist, wie die Fig. 11 u. 13 zeigen, bei gleichem Druckgefälle erheblich geringer als der der Turbine, d. h. für eine bestimmte Abdampfmenge erzeugt die Kolbenmaschine mehr Kraft als die Turbine. Diese Erscheinung ist dadurch begründet, daß die Kolbenmaschine die oberen Wärmegefällstufen des Dampfes erheblich besser ausnutzen kann als die Turbine, die ihre größte Wärmeausnutzung im Gebiet niederer Drucke (bei schnell anwachsendem Dampfvolumen) erzielt.

Dagegen ist der Abdampf der Turbine vollständig frei von Öl und kann, da weniger Dampfwärme bei gleichem Druckgefälle in Arbeit verwandelt wird, da ferner die Anfangsüberhitzung der Turbine höher gewählt werden kann (bis über 400° C), und da überdies ein Teil der Strömungsenergie sich durch Schaufelreibung in Dampfwärme zurückverwandelt, hochwertiger die Maschine verlassen als Kolbenmaschinenabdampf. Turbinenabdampf kann gegenüber gedrosseltem Frischdampf meist als gleichwertig gerechnet werden, wenn die Entfernungen von den Kesseln und der Turbine bis zu den Heizstellen nicht sehr verschieden sind. Die Reinheit des Turbinenabdampfes gibt trotz des ungünstigeren Dampfverbrauchs häufig den Ausschlag zur Wahl der Turbine, fast stets da, wo der Heizdampf in unmittelbare Berührung mit dem zu erwärmenden, gegen Öl empfindlichen Stoff gelangt (Zuckerlösungen, Farbflotten, Vulkanisierkessel u. a. m.).

Die Kolbendampfmaschine für **Zwischendampfentnahme** wird zweckmäßig als Einkurbel- oder Tandemmaschine gewählt, wodurch die infolge der Entnahme stark wechselnde Triebwerksbeanspruchung der beiden Zylinder ihre ungünstige Wirkung auf die Gleichförmigkeit des Ganges fast vollständig verliert. Die Entnahmeleitung zu den Heizstellen zweigt von dem Aufnehmer der Maschine ab unter Zwischenschaltung einer Absperrung, eines Dampfentölers, einer Rückschlagklappe und eines reichlich bemessenen Sicherheitsventils, das eine unzulässige Druckerhöhung in der Heizleitung verhindert. Wird dem Aufnehmer Dampf zu Heizzwecken bei dem beliebig eingestellten Heizungsdruck entzogen, erhält der Niederdruckzylinder also eine um die Entnahmemenge verringerte Dampfzufuhr, so verkleinert sich seine Leistung; damit die notwendige Gesamtleistung gleich bleibt, muß der Hochdruckzylinder eine dem Ausfall entsprechende Mehrleistung aufbringen. Die Möglichkeit, Heizdampfentnahme und Kraftbedarf vollständig unabhängig voneinander stets selbsttätig zu decken, wird auch hier durch Zusammenarbeiten eines vom Heizungsdruck bewegten „Druckreglers" und eines gewöhnlichen, von der Umlaufszahl der Maschine beeinflußten „Geschwindigkeitsreglers" gegeben. Der Druckregler sperrt die Dampfzufuhr zum Niederdruckzylinder weiter ab, wenn viel Dampf entnommen wird und daher der Druck in der Heizleitung zu sinken sucht, und gibt umgekehrt bei geringerem Heizdampfbedarf größere „Niederdruckfüllung", so daß also der Heizungsdruck (Aufnehmerdruck) stets gleichbleibenderhalten wird. Die für den Ausfall an Niederdruckleistung jeweils erforderliche Mehrleistung gibt der Hochdruckzylinder ab, dessen Dampfzufuhr von dem Geschwindigkeitsregler dem Gesamtkraftbedarf entsprechend eingestellt wird. Zwischen Kesseln und Heizstellen sind Frischdampfleitungen anzuordnen, die unter Vermittlung von den bereits besprochenen „Frischdampfzusatzventilen" selbsttätig Dampf in die Heizleitungen schicken, wenn die bei der jeweiligen Belastung entnehmbaren Zwischendampfmengen nicht genügen, und die auch bei Maschinenstillstand die Heizdampfversorgung übernehmen müssen. Mit Rücksicht auf die gewöhnlich geringe Dampfzufuhr wird der Niederdruckzylinder der Zwischendampfmaschine kleiner gewählt als normal; er muß auch bei größtem Heizdampfbedarf eine Mindestdampfmenge zugeführt erhalten, um nicht trocken zu laufen. Der Größe der Dampfentnahme sind nach unten keine Grenzen gezogen; wird kein Dampf entnommen, so arbeitet die Maschine als gewöhnliche Kondensationsmaschine (mit erhöhtem Aufnehmerdruck). Dagegen ist die Höchstentnahme beschränkt: eine gewisse Leistung bringt der Niederdruckzylinder bei der erwähnten Mindestdampfzufuhr immer auf, und nur der Unterschied zwischen dem Dampfverbrauch des Hochdruckzylinders für den Rest der Leistung und der dem Niederdruckzylinder zuzuführenden Dampfmenge kann entnommen werden. Bei schwacher Maschinenbelastung ist, namentlich bei höherem Aufnehmerdruck (Schleifenbildung), die Entnahmemöglichkeit sehr beschränkt. Bei normaler Belastung der Maschine ist die Entnahmemöglichkeit begrenzt durch die im Hochdruckzylinder erreichbare Höchstfüllung. Es können bei 2—3 Atm. Entnahmedruck etwa 150 % des Dampfverbrauchs der normalen Maschine entnommen werden.

Die Ersparnisse, die durch Zwischendampfentnahme erreicht werden gegenüber getrennter Krafterzeugung und Heizung sind, in gleicher Weise wie bei der Gegendruckmaschine, dadurch begründet, daß der entnommene Dampf im Hochdruckzylinder nahezu kostenlos Arbeit geleistet hat; bei vollwertigem, d. h. dem Frischdampf an der Heizstelle gleichwertigem Zwischendampf verringert sich der der geleisteten Kraft anzurechnende Dampfverbrauch der Maschine auf die noch im Niederdruckzylinder weiterarbeitende Dampfmenge und die geringen Zwischenverluste. Die Kosten der Kraft werden erheblich, im günstigsten Falle bis zu etwa 60 % bei voller Entnahme, vermindert. Die Dampfmenge, die bei Entnahme der Maschine zugeführt werden muß, ist natürlich größer als bei gewöhnlichem Kondensationsbetrieb, aber die Steigerung des Dampfverbrauchs ist wesentlich geringer als die entnommene Dampfmenge; die Differenz aus der Entnahmemenge und der Steigerung des Dampfverbrauchs der Kondensationsmaschine ist die ersparte Dampfmenge.

Die Fig. 50[1]) zeigt die Steigerung des Dampfverbrauchs der für Zwischendampfentnahme gebauten Kolbenmaschine in Abhängigkeit von der entnommenen Dampfmenge. Der Dampf-

---

[1]) Entnommen aus Reutlinger: Die Zwischendampfverwertung in Entwicklung, Theorie und Wirtschaftlichkeit, S. 93 (Berlin 1912).

verbrauch wächst sehr schnell mit der Höhe des Entnahmedrucks; je niedriger also die Heizdampfspannung gewählt werden kann (große Heizflächen), desto größer ist die erreichbare Ersparnis. Die im Gesamtkohlenverbrauch erzielbare Ersparnis ist ebenfalls in der Figur enthalten; sie wächst mit steigender Heizdampf-

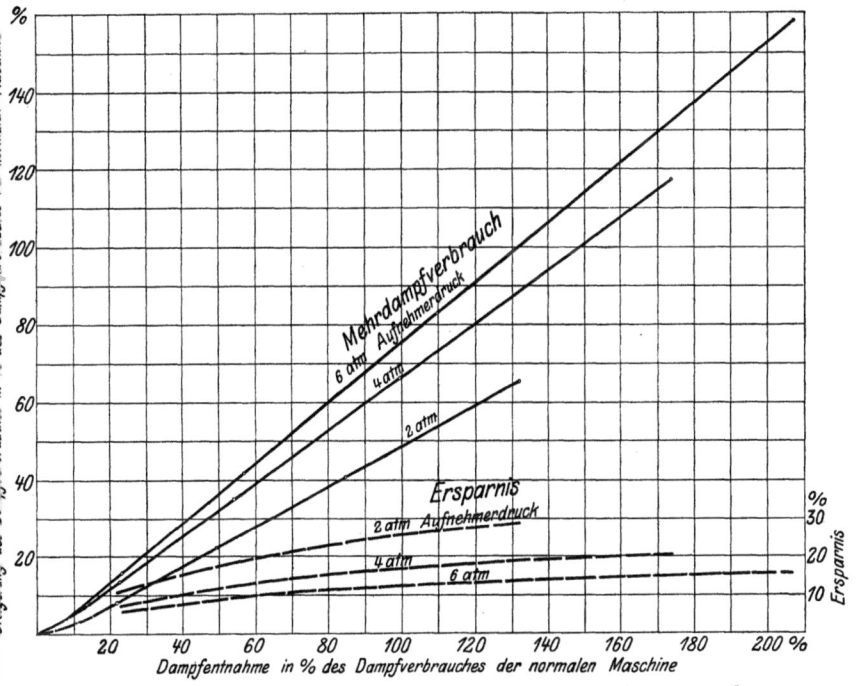

Fig. 50. Dampfverbrauch und Ersparnis bei Zwischendampfentnahme an Kolbenmaschinen (10—12 Atm., 270° C).

entnahme und mit fallendem Aufnehmerdruck. Wie ersichtlich, sind bei voller Heizdampfentnahme (ohne Frischdampfzusatz) bei niederer Spannung Ersparnisse bis nahezu 30 % der Gesamtdampfmenge erzielbar, bei 3 Atm. Überdruck bis 20 %. Die Figur gibt für die meist üblichen Verhältnisse (13 Atm. 300° C) etwas reichliche Dampfverbräuche, also sicher erreichbare Ersparnisse, für 9 Atm. und 275° etwas zu knappe Werte[1]). Auf die Heiz-

---

[1]) Die prozentuellen Ersparniszahlen beziehen sich auf die Summe aus dem vollwertig gerechneten Entnahmedampf und dem Dampfverbrauch

156 Abwärmeverwertung bei Raumheizung und sonstigen Wärmebedarf.

dampfmenge bezogen, lassen sich bei mittleren Verhältnissen 35—45% des Heizverbrauchs durch die Dampfentnahme einsparen.

Bei der Dampfturbine, die von vornherein für Entnahme gebaut sein muß, besteht im Gegensatz zur Kolbenmaschine keine Beschränkung über die Höhe des Entnahmedruckes, der Heizdampf kann an beliebiger Druckstufe und sogar bei Bedarf an Heizdampf verschiedenen Druckes gleichzeitig an mehreren Stellen entnommen werden. Der vor dem Anzapfraum liegende

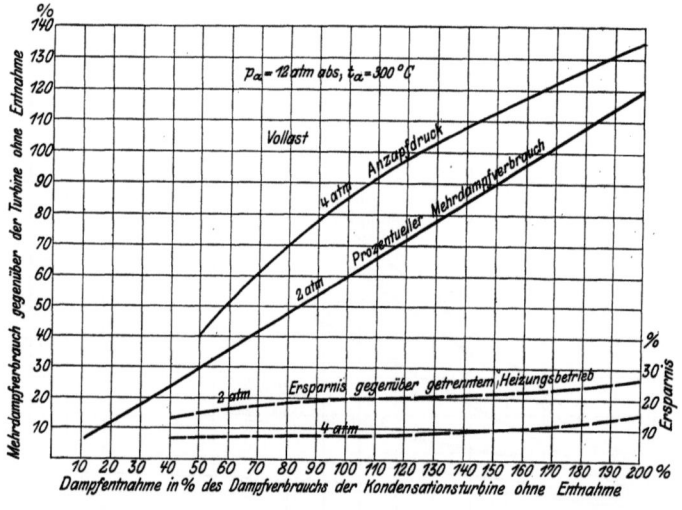

Fig. 51. Dampfverbrauch und Ersparnis bei Zwischendampfentnahme (AEG.-Anzapfturbinen).

Hochdruckteil steht durch ein sogenanntes „Überströmventil" mit dem Niederdruckteil in Verbindung, durch dessen vom Druck in der Heizleitung gesteuerte Einstellung die Dampfzufuhr zum Niederdruckteil dem Heizdampfbedarf entsprechend bemessen wird, während die jeweils erforderliche Hochdruckleistung, genau wie bei der Kolbenmaschine, durch einen Geschwindigkeitsregler, der die Frischdampfzufuhr zur Turbine beeinflußt, geregelt

---

der gewöhnlichen Kondensationsmaschine; bei Frischdampfzusatz sind die auf den Gesamtdampfverbrauch bezogenen Ersparniswerte natürlich entsprechend kleiner, ebenso ist bei feuchtem Zwischendampf ein Abzug zu machen.

wird. Die übrigen Organe sind ähnlich wie bei der Kolbenmaschine, der Entöler fällt hier fort. Der Dampfverbrauch der Turbine wächst bei Anzapfung, namentlich bei höheren Drücken, schneller als der der Kolbenmaschine, aus dem gleichen Grunde wie für den Gegendruckbetrieb besprochen; die Fig. 51[1]) zeigt die Verhältnisse nach Versuchen an A.-E.-G.-Turbinen. Die größte Anzapfdampflieferung ist bei Vollast etwa 200—250 % des normalen Verbrauches der Turbine, bei Halblast bis 300 %. Bei Teilbelastung der Turbine und höheren Anzapfdrucken sowie geringem Heizdampfbedarf ist eine Ersparnis nicht zu erzielen, also getrennter Betrieb vorzuziehen.

Vor einer Entscheidung über die Zweckmäßigkeit der Zwischendampfentnahme sind die Belastungs- und Heizdampfverbrauchsverhältnisse des Betriebes ihrem Verlauf nach möglichst genau zu ermitteln, und die Dampfverbräuche bei getrenntem und bei Anzapfbetrieb einander gegenüberzustellen. Bei starkem Wechsel der Belastung und bei kurzen Heizperioden ergibt sich häufig nur eine den erwachsenden Kapitalkosten nicht angemessene Ersparnis, während langer und regelmäßiger Heizdampfbedarf (z. B. in chemischen Fabriken, Kaliwerken, Leim- und Pulverfabriken, Brikettwerken, Zucker- und Schokoladefabriken u. a. mehr, häufig auch in Brauereien, Schlachthöfen, Färbereien, Ziegeleien, Konservenfabriken, Spinnereien und Webereien, Papierfabriken, Lederwerken u. a. mehr) häufig die oben genannten Ersparnisse in vollem Umfang erzielen läßt. Die Vereinigung von Betrieben mit überwiegendem Kraftbedarf und solchen mit großem Wärmebedarf (z. B. einer Weberei und einer Färberei), bei der Zwischen- und Abdampf der Kraftmaschine des einen Betriebes für den Heizbedarf des anderen verwertet wird, wird bei zweckmäßiger Anordnung die Brennstoffkosten beider Fabriken erheblich vermindern.

Die Aufspeicherung des Abdampfes einzelner mit Auspuff arbeitender Maschinen, die unregelmäßig betrieben werden, in Wärmespeichern und seine Weiterverwertung in „Abdampfturbinen" oder „Zweidruckturbinen" zur Krafterzeugung kommt im allgemeinen für gewöhnliche Fabrikbetriebe der hohen Kapitalkosten für Turbine, Wärmespeicher, Kühlwasserversorgung

---

[1]) Aus Reutlinger: Die Zwischendampfverwertung, S. 83 u. 84.

und Kondensationsanlage nicht in Frage und bleibt hauptlich auf Berg- und Hüttenwerke beschränkt.

Die Anwendungsmöglichkeiten des Abdampfes von Dampfmaschinen umfassen alle Heizvorgänge, bei denen nicht besonders hohe Temperaturen verlangt werden.

Kondensatordampf wird verwertet zur Erwärmung von Wasser (in „Vorwärmern" zwischen Niederdruckzylinder und Kondensator) sowie zur Lufterhitzung (in Luftheizkörpern, durch welche die zu erwärmende Luft mittels Ventilatoren gefördert wird), für Raumerwärmung (Kondensatorheizung), Entnebelung oder Trockenzwecke; werden höhere Wasser- oder Lufttemperaturen gewünscht als bei normalem Vakuum erreichbar (55—60° Wasser-, 30—35° Lufttemperatur), so kann entweder die Luftleere verschlechtert werden (vgl. Seite 148), oder die Nacherwärmung kann in zusätzlichen Heizkörpern mit Frischdampf oder Zwischendampf erfolgen. Eine besondere Anwendung des Kondensatordampfes bildet die unten zu besprechende Vakuumheizung.

Auspuffdampf (von etwa 100° C) kann zur Warm- und Heißwasserbereitung (bis nahezu 100°) durch unmittelbares Einströmen oder durch Heizflächen verwertet werden; sein eigentliches Anwendungsgebiet ist jedoch die Lufterwärmung in Heizkörpern zur Raumheizung oder zu Trockenzwecken. Zur Verdampfung von Lösungen, die unter Luftleere stehen, wird er z. B. noch in der Zuckerfabrikation und bei der Destillation von Wasser und wässerigen Lösungen verwendet. In Betrieben mit Kältebedarf, z. B. Brauereien, kann der Abdampf zur Kälteerzeugung (in Absorptionsmaschinen oder in Abdampfkältemaschinen) verwertet werden.

Gegendruck- und Zwischendampf hat ein nahezu unbeschränktes Anwendungsgebiet für alle durch Dampf höherer Spannung betriebenen Heizvorgänge. Durch die Wahl von Kesseln mit hohem Konzessionsdruck (13—18 Atm.) kann bei der Kolbenmaschine ein beliebig hoher Entnahme- oder Ausströmdruck erzielt werden. Es sei darauf hingewiesen, daß auch ältere Kolbenmaschinen, die ursprünglich nicht für hohen Anfangsdruck gebaut sind, beim Übergang zum Gegendruckbetrieb meist mit einer um den Gegendruck erhöhten Kesselspannung betrieben werden können, da die höchstauftretenden Triebwerksbeanspruchungen dann dieselben bleiben.

Bei der Turbine kann der Entnahmedruck ebenfalls in beliebiger Höhe ermöglicht werden. Der für die meisten Heizzwecke ausreichende Entnahmedruck liegt gewöhnlich zwischen 1 und 3 Atm. Überdruck; namentlich bei der Turbine sollten 3 Atm. nach Möglichkeit nicht überschritten werden, damit der Dampfverbrauch nicht zu ungünstig gesteigert wird. Gegendruck- und Zwischendampfbetrieb ist, wie erwähnt, falls die Einführung größere Investierungen erfordert, häufig nicht wirtschaftlich, wenn die Dampfentnahme aus der Maschine verhältnismäßig selten oder in geringer Menge erfolgt. Namentlich in Brauereibetrieben kleineren oder mittleren Umfangs mit verhältnismäßig geringer Sudzahl (z. B. 1 oder 2 Sude täglich), bei denen also die Abdampfverwertung sich auf wenige Tagesstunden beschränkt, ist der Ersparnisbetrag durch Abdampfverwertung für Sudwerk und Heißwasserbereitung (80° C) oft gering, während er in Großbrauereien mit 4—6 täglichen Suden erhebliche Summen erreichen kann. Günstiger liegen die Verhältnisse in Textil- und Papierfabriken, die in Schlichterei, Druckerei, Appretur, Spannrahmen und Trockenvorrichtungen, Papiermaschinen, Stoffanwärmung u. dgl. mehr regelmäßige, über die ganze Betriebszeit ausgedehnte Dampfentnahme zulassen und außerdem großen Raumheizbedarf im Winter haben, während in Betrieben mit ununterbrochen großem Heizdampfbedarf, wie chemischen Fabriken, Pulver- und Leimfabriken, Schokolade- und Konservenfabriken, Schlachthöfen, Gummifabriken, Braunkohlenbrikettwerken, Kaliwerken u. dgl., Gegendruck- oder Zwischendampfverwertung fast ausnahmslos sich als wirtschaftlich erweist.

Ein Hauptvorteil der Auspuff-, Gegendruck- oder Zwischendampfverwertung liegt noch in der durch die Dampfmengenverminderung bedingte Entlastung der Kesselheizflächen; durch die Abschwächung der bei getrenntem Betrieb und zeitweise großem Heizdampfbedarf auftretenden Dampfverbrauchsspitzen kann einerseits die betriebene Kesselfläche gleichmäßiger beansprucht, also mit günstigerem Wirkungsgrad betrieben werden, andererseits läßt sich häufig die zu betreibende Kesselfläche erheblich vermindern, was namentlich bei Neuanlagen entsprechende Ersparungen in den Kapitalkosten bedeutet.

Die am allgemeinsten anwendbaren Formen der Abdampfverwertung, die Raumheizung der Fabriken, die Verwertung zu

Trockenzwecken sowie zur Warmwasserbereitung seien nach den hauptsächlichsten praktischen Gesichtspunkten kurz erörtert.

B. Abdampfheizung für Fabrikräume.

Mit Rücksicht auf möglichst geringe Oberflächentemperatur (Staubverschwelung) soll der Betriebsdruck der in den Arbeitsräumen angeordneten Heizflächen (Rippenrohre, besser glatte weite oder enge Rohrstränge) nicht mehr als 0,1 Atm. Überdruck betragen. Wird der Dampf mit höherem Druck von der Maschine entnommen, so ist der Druck vor den Heizstellen zu vermindern; die Zuleitungen sollen nicht zu eng gewählt werden, da die Auspuffstöße sonst in lästiger Weise hörbar sind.

Bei sachgemäßer Bemessung und Verlegung der Rohrleitungen läßt sich Abdampf 200—300 m weit fortleiten, ohne daß ein merkbarer Gegendruck auf den Maschinenkolben entsteht. Infolge der geringen Anfangsdampfspannung sind Auspuffheizungen gegen Fehler in Anordnung oder Montage sehr empfindlich, weshalb die Ausführung nur bewährten Heizungsfirmen anvertraut werden sollte. Auf sachgemäße Entwässerung und Entlüftung ist besondere Sorgfalt zu verwenden; ein ununterbrochenes Gefälle der Leitungen in Richtung der Dampfströmung, mindestens 1—2 mm pro Meter der Dampfleitung, ebenso wie der Kondensleitungen ist Grundbedingung. Eine einzige Einsenkung der wagerechten Verteilungsleitungen kann durch Wasseransammlung den freien Durchgangsquerschnitt so weit verengen, daß die gute Wirkung der Heizanlage in Frage gestellt wird. Die Dampfleitung wird bei mehrstöckigen Gebäuden zunächst zur höchsten Stelle (etwas gegen die Vertikale geneigt) geführt und soll sich von hier in stetem Gefälle der Dampf- und Kondensatleitungen verteilen. Das Niederschlagswasser der einzelnen Stränge wird, wenn die Entfernung nicht zu groß ist, durch Kondenstöpfe in einen geschlossenen Sammelbehälter geführt und von hier in die Kessel gespeist. Bei langen Dampfleitungen stehen oft bauliche Rücksichten einer Verlegung mit genügendem Gefälle entgegen, da die Endpunkte der Leitungen zu tief zu liegen kämen (z. B. bei Verlegung in Kanälen oder über den Fenstern und Türen). Man hilft sich durch mehrmaliges Hochstufen („Sägegefälle") bei gleichzeitiger Entwässerung und Belüftung (zur Vermeidung von Vakuum beim Abstellen).

Abdampfverwertung.

Die Menge des fortzuleitenden Heizdampfes und die Leitungslänge bestimmen die lichte Weite der Dampfleitung, die zur Vermeidung größeren Gegendrucks gewählt werden muß. Die Zahlentafeln 30 u. 31 behandeln diese Verhältnisse.

Zahlentafel 30.

Stündliche Wärmemengen in WE, welche bei einer Dampfspannung von 0,1 Atm. und einer Länge der Rohrleitung von 100 m durch Rohrweiten von 13—300 mm l. Durchm. ohne schädlichen Rückdruck geleitet werden können.

Lichte Rohrweite in mm	Stündliche Wärmemengen in WE	Lichte Rohrweite in mm	Stündliche Wärmemenge in WE
13	2 000	100	215 000
20	4 000	113	275 000
25	6 000	125	350 000
32	11 000	138	450 000
38	18 000	150	600 000
52	36 000	175	750 000
58	50 000	200	1 050 000
70	80 000	250	2 000 000
82	125 000	300	3 500 000
88	155 000		

Die Koeffizienten der Zahlentafel 31 geben an, um wieviel größer oder kleiner der Rohrquerschnitt (nicht der Rohrdurchmesser) sein muß, wenn die Dampfrohrlänge größer oder kleiner als 100 m ist.

Zahlentafel 31.

Einfluß der Leitungslänge auf die Bemessung von Abdampfleitungen.

Entfernung, auf welche der Abdampf fortzuleiten ist, in m	10	20	30	40	50	60	70	80
Koeffizient	0,38	0,48	0,56	0,65	0,72	0,78	0,85	0,9
Entfernung, auf welche der Abdampf fortzuleiten ist, in m	90	100	125	150	175	200	250	300
Koeffizient	0,95	1,—	1,12	1,25	1,37	1,5	1,75	2,—

Zur Fortleitung einer gewissen Dampfmenge auf beispielsweise 200 m Entfernung müßte der Rohrquerschnitt 1,5 mal größer sein, als wenn die Dampfleitung nur 100 m lang wäre, und umgekehrt genügte das 0,38fache des für 100 m Rohrleitung erforderlichen Querschnittes, wenn der Weg des Dampfes nur 10 m betragen würde. Enthält die Leitung mehr als 5 Krümmer, so muß man für jeden Krümmer noch 6 m Rohrleitung einsetzen.

Zur Vereinfachung der Rechnung ist in Zahlentafel 30 nicht das Dampfgewicht in Kilogramm, sondern der Heizwert der ohne unzulässigen Druckverlust durch die betr. Rohrweiten zu leitenden Abdampfmengen in WE angegeben. Hierbei ist bereits berücksichtigt, daß von den 640 WE, welche 1 kg Abdampf im ganzen enthält, nur ca. 580 WE in der Heizung abgegeben werden, weil das Kondenswasser mit ca. 50⁰ C aus den Kondensleitungen abfließt. Es ist also angenommen, daß auch die Flüssigkeitswärme zum Teil nutzbar abgegeben wird. Wo dies nicht der Fall ist, sind die Zahlen etwa im Verhältnis 500 : 580 zu verkleinern.

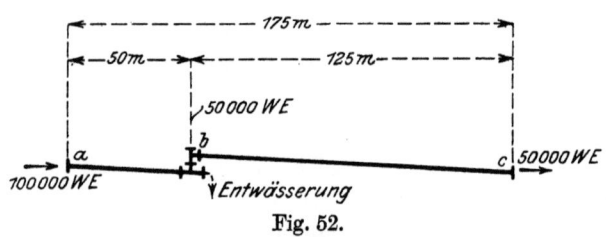

Fig. 52.

Beispiel: Die in Fig. 52 angegebene Abdampfleitung von 175 m gesamter Länge hat von a bis Abzweigung $b = 50$ m Rohrlänge 100000 WE. und von a bis Endpunkt $c = 175$ m 50000 WE fortzuleiten. Welche lichten Weiten müssen die Dampfrohre erhalten?

Um 100000 WE. von a bis $b = 50$ m fortzuleiten, ist nach Zahlentafel 19 die Rohrweite für $100000 \cdot 0{,}72 = 72000$ WE in Zahlentafel 30 aufzusuchen. Da das Rohr von 58 mm l. Durchm. nur für 50000 WE ausreicht, so ist das nächst stärkere Rohr von 70 mm l. Durchm. zu wählen. Von a bis $c = 175$ m (und nicht etwa von b bis $c = 125$ m) sind nur 50000 WE zu leiten. Für diese 175 m folgt aus Tabelle 31 der Koeffizient 1,37, so daß in Tabelle 30 die lichte Weite für $50000 \cdot 1{,}37 = 68500$ WE zu suchen ist. Die Strecke b bis c erhält hiernach ebenfalls eine lichte Weite von 70 mm, so daß die gesamte Rohrleitung a bis c in gleicher Rohrstärke auszuführen ist.

Der Einfluß der Rohrleitungslänge auf die Bemessung der Rohrweiten wird in der Praxis sehr häufig unbeachtet gelassen, so daß für eine bestimmte Wärmemenge immer der gleiche Rohrquerschnitt ausgeführt wird, ob es sich nun um kurze oder lange Leitungen handelt. Bei solchen falsch berechneten Anlagen sind dann die Rohre im Anfang der Leitung unnötig weit und am Ende zu eng.

Der lichte Durchmesser der Kondensleitung ist, je nach der Länge der Leitungen, einhalb bis zweidrittel so stark zu wählen als der lichte Durchmesser der Dampfzuleitungen. Horizontale Kondensleitungen von mehr als 5 m Länge sollten keine kleineren lichten Weiten als 20 mm erhalten.

Der zur Heizung verwandte Abdampf der Auspuffmaschine durchströmt zunächst einen Entöler, dessen Querschnitte zur Vermeidung einer fühlbaren Gegendrucksteigerung reichlich bemessen sein müssen, und der gleichzeitig als Wasserabscheider und zum teilweisen Ausgleich der Auspuffstöße dient. Hinter dem Entöler ist ein auf den Heizungsdruck eingestelltes Sicherheitsventil zur Vermeidung unzulässiger Drucksteigerung sowie zweckmäßig ein sogenannter „Abdampfregler" einzuschalten. Letzterer hat den doppelten Zweck, einerseits schon bei ganz geringen Drucksteigerungen dem Dampf einen Austritt ins Freie oder zur Speisewassererwärmung zu gewähren und andrerseits auf den Heizungsdruck gedrosselten Frischdampf selbsttätig zuzusetzen, wenn der Abdampf für die Heizzwecke nicht ausreicht. Durch Wechselventile (Doppelsitzventile) oder durch zwei zwangläufig verbundene Drosselklappen kann dafür gesorgt werden, daß der Abdampf ganz oder teilweise ins Freie gelangen kann; die zwangläufige Verbindung bewirkt, daß niemals beide Klappen gleichzeitig geschlossen werden und bei Versagen des Sicherheitsventiles durch den plötzlich gesteigerten Gegendruck an Maschine oder Heizungen Schäden verursacht werden können. Das Heizungskondensat kann nach einer Filterung durch Holzwolle oder Koks zur Beseitigung der Ölspuren zur Kesselspeisung verwandt werden. Wird die Dampfmaschine im Sommer mit Kondensation betrieben, so muß eine Vorrichtung zur Verstellung des Kompressionsgrades vorgesehen werden.

Als Heizkörper werden Rippenrohre ihrer Billigkeit wegen mit Vorliebe verwendet; glatte Heizrohre sind jedoch wegen ihrer besseren Heizwirkung möglichst vorzuziehen und namentlich in solchen Fällen allein anzuwenden, wo durch die Fabrikationsvorgänge feine Holzspäne, Woll-, Baumwollstaub oder sonstige Gespinstfasern und Ähnliches erzeugt werden, die in den Rippenheizflächen sich festsetzen und bei Verschwelung die Ware beschädigen und der Atmung lästig fallen. Die Heizflächen werden möglichst über Fußboden an den Außenwänden verlegt, da auf diese Weise ein Aufsteigen der erwärmten Luft und ein ständiger Kreislauf der Luft vom Fußboden nach der Decke und nach Abkühlung an den Außenwänden zurück erzielt wird. In hohen Hallen mit leichten Dächern oder großen Oberlichtern empfiehlt sich außerdem die Anordnung von Heizrohrsträngen unterhalb der Decke, damit bei größerer Kälte keine abgekühlten Luftströme mit großer Geschwindigkeit von oben heruntersinken und Zugerscheinungen hervorrufen; für die Raumlufterwärmung und die Fußbodenerwärmung selbst tragen die Deckenheizstränge nur wenig bei, da die leichtere warme Luft oben bleibt. Die früher sehr beliebten Heizstränge aus 2,5 mm starken Blechrohren sind sorgfältig vor Anrostungen zu schützen, damit das Anheizen noch mit dem erhöhten Druck des Frischdampfes von 1—2 Atm. erfolgen kann.

Bei der bisher besprochenen gewöhnlichen „Abdampfheizung" erfolgt die Raumlufterwärmung unmittelbar in den Räumen selbst durch abdampfgeheizte Rohre; statt dessen kann die Lufterwärmung auch zentral erfolgen und die erwärmte Luft durch Ventilatoren und Blechverteilungsleitungen in die Fabrikräume gefördert werden. Da im allgemeinen eine Zuglufttemperatur von 35^0 C genügt, so kann in diesem Falle Vakuumabdampf diese Erwärmung hervorbringen, d. h. die Dampfmaschine kann Sommer und Winter mit Kondensation arbeiten und für die Heizung, soweit sie durch Maschinenabwärme gedeckt werden kann, sind keine gesteigerten Brennstoffkosten für Krafterzeugung erforderlich.

Die Lufterwärmung bei dieser sog. „Kondensatorheizung" erfolgt in Lufterhitzern, die zwischen Zylinder und Kondensator eingeschaltet sind, und durch welche die Luft mittels Ventilator gefördert wird. Es kann entweder stets Frischluft angesaugt oder ein Teil der Raumluft wieder erwärmt werden (Umluft); letzteres ist bei verunreinigter Luft nicht zu empfehlen, damit sich die Heizflächen nicht verlegen. Die Betriebskosten der Kondensatorheizung sind häufig trotz der geringen Brennstoffkosten beträchtlich, infolge der hohen Anlagekosten für Lufterhitzer nebst Umführungsleitungen für Dampf und Luft, Ventilatoren nebst Antrieb, umfangreiche Blechrohrleitungen, Luftschächte usw., und infolge des namentlich bei nicht genügenden Leitungsquerschnitten beträchtlichen Kraftbedarfs der Ventilatoren (z. B. bei einem Shedbau von 3000 qm Grundfläche etwa 7 PS zur Förderung von stündlich 30 000 cbm Luft). Zum Anheizen sind entweder besondere Heizstränge für Frischdampf oder der vorübergehende Betrieb der Lufterhitzer mit Frischdampf vorzusehen. Vor Einführung der Kondensatorheizung, deren Hauptvorteil in der hohen Brennstoffökonomie und dem Wegfall aller Heizflächen in den Räumen besteht, sind stets eingehende Projekte von Spezialfirmen einzuholen und die Betriebskosten genau zu erheben; für Neubauten ergibt sich häufig ihre Wirtschaftlichkeit. Entnebelung und Luftbefeuchtung (in Textilfabriken) kann bequem mit der Kondensatorheizung verbunden werden, ebenso die Warmluftversorgung von Trockenvorrichtungen.

Gewissermaßen einen Mittelweg zwischen Auspuffheizung und Kondensatorheizung stellt die aus Amerika übernommene, in Deutschland noch wenig angewandte „Vakuumdampfheizung" dar, bei welcher die in den Fabrikräumen verlegten Heizrohre unter Unterdruck gesetzt werden; die Dampfmaschine arbeitet also nach Art der Kondensationsmaschine. Häufig erübrigt sich bei ausgedehnten Heizsystemen ein eigener Kondensator, da aller Dampf niedergeschlagen und das Wasser unter Vermittlung von an den Heizkörpern angebrachten Stauern durch eine Luftpumpe entfernt wird. Für größere Anlagen ist indes eine normale Maschinenkondensation erforderlich; unter Vermittlung von Dreiwegventilen zwischen Heizleitung und Kondensator kann der Abdampf ganz oder teilweise durch die Heizleitungen gesandt werden; in ähnlicher Weise wie bei der Auspuffheizung wird durch besonders konstruierte Ventile und Regler Drucksteigerung durch unmittelbares Abführen in den Kondensator und Heizdampfmangel durch selbsttätiges Einleiten von Frischdampf vermieden. Letzteres erfolgt zweckmäßig durch einen „Temperaturregler", der, von der Temperatur des Niederschlagswassers beeinflußt, bei stärkerer Abkühlung das Frischdampfventil öffnet. Der Dampfverbrauch der Maschine ist bei Vakuumdampfheizung gleich groß wie bei Kondensatorheizung, die Betriebskosten sind geringer wegen des Wegfalls des Kraftbedarfs der Ventilatoren und infolge der meist geringeren Anlagekosten. Die Heizflächen sind wegen der geringeren Oberflächentemperatur wesentlich größer und daher teurer als bei Auspuffheizung; die niedrige Oberflächentemperatur (50—60⁰) stellt indes einen hygienischen Vorteil der Vakuumheizung dar.

Warmwasserheizungen kommen für Fabrikräume der großen erforderlichen Heizflächen wegen wirtschaftlich nicht in Betracht; für vereinzelte Zwecke, meist Trockenvorgänge, können Heißwasserheizungen (Perkinsrohre) mit durch Kesselabwärme oder durch Auspuffgase erzieltem heißen Wasser von etwa 150⁰ C (unter 4—6 Atm. hohem Druck stehend) Anwendung finden.

Auspuffbetrieb oder Kondensationsbetrieb bei Raumheizung.

Für Fabrikbetriebe, in welchen die Errichtung einer Kondensatorheizung zu hohe Anlagekosten erfordern würde, also fast alle Anlagen unter 100 PS, tritt häufig die Frage auf, ob **Kondensationsbetrieb und Frischdampfheizung oder Auspuffbetrieb mit Abdampfheizung** wirtschaftlicher ist. Die Frage läßt sich allgemein folgendermaßen beurteilen:

Durch Kondensationsbetrieb wird der Dampfverbrauch durchschnittlich um 25 % gegenüber Auspuffbetrieb vermindert; erfordert die Heizung bei der überwiegenden durchschnittlichen Wintertemperatur gerade 25 % des Dampfverbrauches der Auspuffmaschine, so ist der Gesamtdampfverbrauch der gleiche bei Kondensationsbetrieb und Frischdampfheizung wie bei Auspuffbetrieb und Abdampfheizung. Sobald der **Heizbedarf jedoch größer wird als der Unterschied im** Dampfverbrauch bei Kondensations- oder Auspuffbetrieb, wird Abdampfheizung vorteilhafter (in bezug auf Brennstoffkosten).

Beispiel: Eine 50 PS$_e$ Heißdampfmaschine erfordere bei Auspuffbetrieb stündlich 8 · 50 = 400 kg, bei Kondensationsbetrieb 6 · 50 = 300 kg Dampf. Beträgt der Heizdampfbedarf gerade 0,25 · 400 = 100 kg/st, so ist sowohl bei Auspuffbetrieb als bei Kondensationsbetrieb der Gesamtdampfbedarf = 400 kg. Beträgt der Heizbedarf dagegen z. B. 150 kg/st, so ist Auspuffbetrieb wirtschaftlicher (400 kg gegenüber 450 kg/st).

Der Nutzen der Abdampfheizung in bezug auf Brennstoffkosten sei für kleine Fabrikbetriebe kurz betrachtet und, zwar für Lokomobilanlagen. Die Zahlentafel 32 gibt die zu Heizzwecken verfügbaren Wärmemengen des Abdampfes normal belasteter Lokomobilen an.

Zahlentafel 32.

Normalleistung PS_e	20	30	40	50	60	70	80	90	100
Heißdampf-Auspufflokomobilen (Einzylinder) WE	98 000	142 000	186 000	228 000	269 000	310 000	354 000	395 000	458 000
Heißdampf-Verbund-Lokomobilen . . WE	86 000	126 000	165 000	200 000	237 000	274 000	310 000	348 000	378 000

Die Reinersparnisse, welche durch die vollständige oder teilweise Verwertung dieser Abwärmemengen zu Heizzwecken erwachsen, ergeben sich durch den Vergleich mit den Betriebskosten besonderer Niederdruckkesselanlagen.

Beispiel: Wenn bei stärkster Kälte (-20^0 C) 90 % der Abdampfmenge einer 80-PS_e-Einzylinder-Heißdampfauspufflokomobile (354 000 · 0,9 = 318 600 WE) zur Deckung des Wärmebedarfs eines Fabrikgebäudes ausreichen, so müßte hierfür ein Heizkessel von $\frac{318600}{7250} =$ 44 qm Heizfläche aufgestellt werden. Bei 0^0 C Außentemperatur werden alsdann nur etwa 45 % der gesamten Abdampfmenge verbraucht. Legt man der Ermittlung des Brennstoffverbrauches während einer Heizperiode von 130 · 13 = 1690 Stunden eine Durchschnittstemperatur von 0^0 C zugrunde, so betragen die Durchschnittsbeträge der Gesamtkosten für Zinsen, Abschreibungen und Koksverbrauch nach der Fig. S. 194 etwa 1800 M.

Dies stellt also den Ersparnisbetrag bei Auspuffbetrieb und Abdampfheizung dar, wozu noch die geringeren Kapitalkosten der Auspufflokomobile gegenüber der Kondensationsmaschine kommen.

In gleicher Weise wie im vorstehenden Beispiel wurden die ungefähren Ersparnisbeträge für eine durchschnittliche Verwertung von 20—50 % der Abdampfmenge bei einer mittleren Wintertemperatur von 0^0 berechnet und in der Figur 53 dargestellt.

Von diesen Ersparnisbeträgen sind jedoch die Kosten des Anheizens vor Beginn des Maschinenbetriebes in Abzug zu bringen. Die ungefähre Berechnung sei zunächst wieder an einem Beispiel erläutert.

168 Abwärmeverwertung für Raumheizung und sonstigen Wärmebedarf.

Zur Beheizung eines Fabrikgebäudes werden bei 0° mittlerer Wintertemperatur 45 % des Abdampfes einer 100-PS_e-Heißdampf-Einzylinderlokomobile verbraucht (nach Zahlentafel 28 0,45 · 438 000 = 198 000 WE). Die Heizanlage muß demnach bei — 20° C etwa das Doppelte, also 400 000 WE abgeben können. Bei Niederdruckheizungen wird durchschnittlich eine Stunde vor Beginn der Arbeitszeit mit Anheizen begonnen; beim Anheizen mit Frischdampf von 1—2 Atm. genügt etwa halbstündiges Anheizen wegen der schnelleren Erwärmung und Luftverdrängung durch den höher gespannten Dampf. Der größte in einer halben Stunde aufzubringende Wärmebedarf von 400 000 WE erfordert etwa 800 kg Dampf oder bei einer 8 fachen Verdampfung etwa 100 kg Kohlen für Anheizen. Bei 130 Heiztagen und 2 M. Kohlenpreis ergeben sich die Anheizkosten zu rund 260 M.

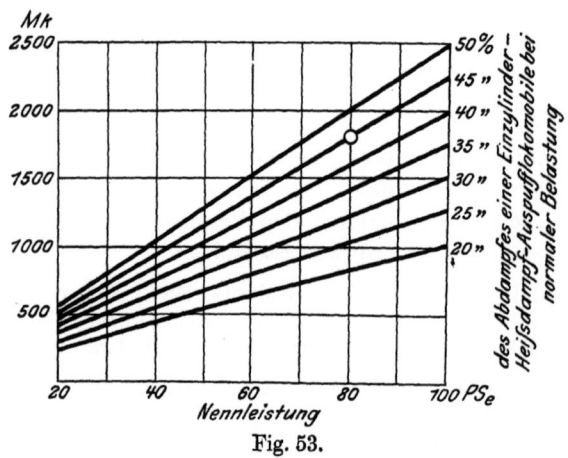

Fig. 53.

In gleicher Weise wurden für verschiedene Abdampfverbräuche die mittleren Kosten des Anheizens der Arbeitsräume vor der

Zahlentafel 33

Anheizkosten für Frischdampf bei Abdampfheizung ($^1/_2$ Stunde vor Betriebsbeginn bei 2 M. Kohlenpreis) in Mark.

Abdampfverbrauch bei einer mittleren Wintertemperatur von 0° C in Proz. der verfügbaren Abdampfmenge		Einzylinder-Heißdampf-Auspufflokomobilen						
		50 Proz.	45 Proz.	40 Proz.	35 Proz.	30 Proz.	25 Proz.	20 Proz.
		Verbund-Heißdampf-Auspufflokomobilen						
		—	50 Proz.	45 Proz.	38 Proz.	33 Proz.	28 Proz.	22 Proz
Normalleistung	100 PS_e	295	260	240	215	185	150	120
	80 „	240	215	190	170	150	120	95
	60 „	185	165	150	135	110	90	75
	40 „	120	105	95	80	75	60	55

Arbeitszeit errechnet und in der Zahlentafel 33 zusammengestellt. Die Zahlentafel hat selbstredend keine allgemeine Gültigkeit, sondern soll Durchschnittswerte für erste Vergleichsrechnungen bieten.

Ist der Wärmebedarf eines Fabrikgebäudes, wie üblich, für die tiefste Außentemperatur (— 20⁰ C) bestimmt worden, so kann in einfacher Weise die Wintertemperatur ermittelt werden, von der ab Auspuffbetrieb wirtschaftlicher ist als Kondensationsbetrieb und Frischdampfheizung.

Beispiel: Zur Beheizung eines Fabrikgebäudes bei — 20⁰ C auf + 20⁰ C sind stündlich 300 kg Heizdampf erforderlich; bei welcher Außentemperatur ist der Auspuffbetrieb der 65-PS_e-Maschine (7,7 kg/PS_e/st Dampfverbrauch) vorteilhaft?

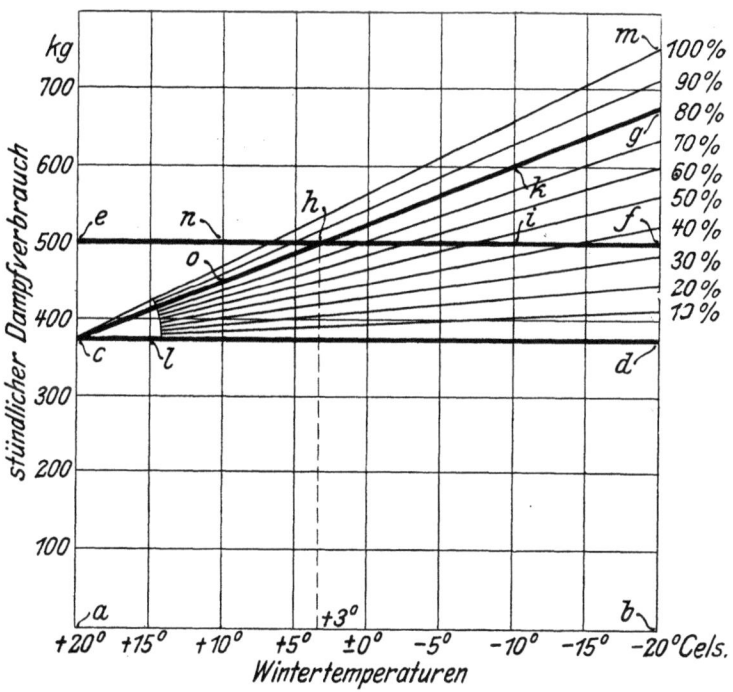

Fig. 54.

Der Dampfverbrauch der Maschine beträgt 500 kg bei Auspuff- und 375 kg bei Kondensationsbetrieb (vgl. Linien e f und c d in Fig. 54). Der gesamte Frischdampfverbrauch bei — 20⁰ C und Kondensationsbetrieb beträgt 375 + 300 = 675 kg (Ordinate b g); bei + 20° C wird kein Heizdampf gebraucht; der Dampfverbrauch beträgt 375 kg (Ordinate a c). Linie c g stellt den Gesamtverbrauch an Maschinen- und Heizdampf bei Kondensationsbetrieb und verschiedenen Außentemperaturen dar. Der Schnittpunkt h des Strahles c g mit der Linie e f (Auspuffverbrauch) gibt also an, bei welcher Außentemperatur Auspuff- und Kondensationsbetrieb den gleichen Gesamtdampfbedarf erfordert; im vorliegenden Falle bei + 3° Außentemperatur. Für jede tiefere Wintertemperatur ist aus Dreieck f g h zu ersehen, welcher Mehrdampfverbrauch gegenüber Abdampfheizung bei Kondensationsbetrieb und Frischdampfheizung entsteht (bei — 10° C z. B. 100 kg/st). Die bei höheren Außentemperaturen durch Kondensationsbetrieb erwachsenden Ersparnisse sind in gleicher Weise aus Dreieck c e h zu entnehmen (bei + 10° C z. B. 50 kg/st).

In ähnlicher Weise kann man die Temperaturen, von denen ab vorteilhafter mit Auspuff- oder Kondensationsbetrieb gearbeitet wird, für ein beliebiges Verhältnis des Heizdampfverbrauches zum Maschinendampfverbrauch bei Kondensationsbetrieb feststellen. Zur Veranschaulichung ist in die Fig. 54 ein Strahlenbündel eingetragen für ein Verhältnis des Heizdampfes zum Kondensationsmaschinendampfverbrauch von 10 % bis 100 %. Die Schnittpunkte dieser Strahlen mit dem Dampfverbrauch der Auspuffmaschine (e f) geben die gesuchten Temperaturen. Die Figur gilt allgemein für Gebäude, deren Wärmebedarf (von — 20° auf + 20° C) bekannt ist; entspricht z. B. der Heizdampfbedarf bei — 20° C 90 % des Dampfverbrauches der Maschine bei Kondensationsbetrieb, so folgt aus der Figur, daß bereits bei größerer Kälte als + 5° Außentemperatur der Auspuffbetrieb weniger Gesamtdampf erfordert. Würde der Höchstheizdampfbedarf aber nur 60 % des Dampfverbrauches der Kondensationsmaschine erfordern, so wäre der Auspuffbetrieb erst von — 3° C ab vorteilhafter.

Aus der Figur läßt sich allgemein entnehmen, daß bei der in Deutschland gültigen durchschnittlichen Wintertemperatur von 0° C durchgehender Auspuffbetrieb vorteilhaft ist, wenn mindestens 70 % des Dampfverbrauches der Kondensationsmaschine (entspr. etwa 55 % des Auspuffdampfes) zur Heizung ständig benötigt werden. Diese Heizdampfmenge dürfte bei Leistungen unter 150 PS beinahe in allen Fabrikbetrieben mit größeren Arbeitsräumen erforderlich sein. Das Laden der Akkumulatoren erfolgt vorteilhaft in den ersten Morgenstunden, um den verstärkten Anheizverbrauch möglichst durch die gesteigerte Abdampfmenge zu decken.

In Betrieben, deren Kraftbedarf im Verhältnis zur Ausdehnung der Arbeitsräume gering ist (z. B. Wäsche-, Schuh-, Papierwaren-, Maschinenfabriken, Anstalten für Lithographie, Feinmechanik, technische Massenartikel u. dgl.) ist durchgehender Auspuffbetrieb im kälteren Halbjahr stets vorteilhaft, zumal auch die Notwendigkeit der jedesmaligen Steuerungsverstellung beim häufigen Wechsel zwischen Kondensations- und Auspuffbetrieb entfällt.

C. Abdampfverwertung für Warmwasserbereitung und Trockenzwecke.

Die Warm- oder Heißwasserbereitung mit Auspuffdampf erfolgt entweder durch unmittelbares Einströmen des Dampfes ins Wasser, das zur Vermeidung des lästigen Geräusches durch besondere Düsen oder durch durchlöcherte Rohrschlangen stattfinden kann, oder mittels Heizflächen in Vorwärmern u. dgl. Warmwasser bis zu 55° C kann durch den Abdampf der mit normaler Luftleere arbeitenden Kondensationsmaschine in zwischen Zylinder und Kondensator eingeschalteten Vorwärmern erzielt werden; durch Verschlechterung der Luftleere (Einsaugen von Luft) können beliebig höhere Temperaturen bis etwa 75° C erzielt werden (vgl. S. 148). Die Weitererwärmung des durch Kondensationsabdampf erzielten Warmwassers kann durch Speisepumpenabdampf, Kesselabwärme oder, bei Verbundmaschinen, durch Zwischendampf erfolgen. Die Wahl der Dampfmaschinenbauart in Fabriken mit großem Warmwasser- und Heißwasserbedarf (Brauereien, Färbereien, Appreturanstalten, Wäschereien u. a. mehr) muß von Fall zu Fall nach dem Kraftbedarf und der Möglichkeit sonstiger Abdampfverwertung entschieden werden. Wo viel Heizbedarf für Raumheizung u. dgl. vorhanden ist, und Wasser von 60—90° in größeren Mengen gebraucht wird, ist im allgemeinen die Einzylinderauspuffmaschine die einfachste und in Anlage sowie Betrieb billigste Kraftmaschine, die in genügend großen und gut isolierten Vorwärmern einen Wasservorrat von 90—95° C stets zur Verfügung hält. Bei großem Bedarf an Warmwasser von 40—45° C und verhältnismäßig geringem Verbrauch an Heizdampf und siedendem Wasser ist die Zwischendampfmaschine mit Vakuumvorwärmer und Receiverdampfabgabe für Heizung und Heißwasserbereitung meist am Platze; zweckmäßig wird im oberen Teile des Vorwärmers ein zweiter Heizapparat für Zwischendampf eingefügt, der, nach Bedarf in Betrieb genommen, Heißwasser von 80—90° über den Warmwasservorrat schichtet.

Mit 1 kg Abdampf ist durch Heizflächen eine nutzbare Wärmeabgabe von 450—500 WE zu erzielen; 1 kg Kondensatorabdampf liefert also, genügende Heizflächen vorausgesetzt, etwa 11—12 kg Warmwasser von 50° C (aus Wasser von 10° C), 1 kg Auspuffdampf 8—9 kg Wasser von 70° C. Eine 100pferdige Kondensationsmaschine mit einem Dampfverbrauch von 7 kg kann also z. B. stündlich 7 700 Liter Warmwasser von 50° C ohne Brennstoffkosten zur Verfügung stellen.

Für Verwertung des Abdampfes in Trockenanlagen bietet sich in Ziegeleien, Pappen- und Papierfabriken, Sägewerken, Holzwarenfabriken, Lederfabriken, Spinnereien und Webereien (Schlichtmaschinen) u. a. mehr reichlich Gelegenheit, zumal die meisten Trockenanlagen Sommer und Winter in Betrieb sind. Die Trocknung erfolgt durch mit Abdampf bereitete Warmluft[1]), die das Trockengut zu erwärmen, das Wasser auszutreiben, zu absorbieren und abzuführen hat. Die Wassermenge, die ein Kubikmeter Luft bis zu völliger Sättigung aufnehmen kann, ist bei niederen Temperaturen sehr gering und steigt schnell mit der Temperatur, wie aus Zahlentafel 34 hervorgeht.

Der sachgemäße Entwurf von Trockenanlagen bedarf großer Erfahrung. Zur Bestimmung des Wärmeverbrauchs, der für die Maschinenwahl maßgebend ist (Luft bis 45° kann in Kondensatorlufterhitzern bei abgeschwächtem Vakuum erzielt werden, höher erwärmte Luft mit Auspuff- oder Zwischendampf) ist festzustellen:

1. der Wassergehalt des Trockengutes (zum Verdunsten eines Kilogramm Wasser von 0° C sind rund 630 WE erforderlich),
2. die Luftmenge zur Aufnahme und Abführung der zu verdunstenden Feuchtigkeit.

Die Temperatur, mit welcher getrocknet wird, ist für den Wärmeverbrauch der Trockenanlage sehr wesentlich. Wenn z. B.

---

[1]) Oder, wie in Brikettwerken, durch unmittelbare Abdampfheizung.

Abdampfverwertung.

Zahlentafel 34.

Wassermengen in kg, welche 1 cbm Luft von -20° C bis $+80^{\circ}$ C bei völliger Sättigung enthält.

Temperatur der Luft	Wassergehalt qro 1 cbm bei völliger Sättigung in kg	Temperatur der Luft	Wassergehalt pro 1 cbm bei völliger Sättigung in kg
-20° C	0,00105	$+30^{\circ}$ C	0,03021
-15° „	0,00158	$+35^{\circ}$ „	0,03941
-10° „	0,00231	$+40^{\circ}$ „	0,05091
-5° „	0,00337	$+45^{\circ}$ „	0,06514
$\pm 0^{\circ}$ „	0,00489	$+50^{\circ}$ „	0,08263
$+5^{\circ}$ „	0,00682	$+55^{\circ}$ „	0,10393
$+10^{\circ}$ „	0,00939	$+60^{\circ}$ „	0,12965
$+20^{\circ}$ „	0,01722	$+70^{\circ}$ „	0,19719
$+25^{\circ}$ „	0,02293	$+80^{\circ}$ „	0,29153

1 cbm Luft von 0°, der nach Zahlentafel 34 ca. 0,004 kg Wasser enthält, auf 55° C erwärmt wird, wobei 1 cbm bei völliger Sättigung ca. 0,104 kg Wasser aufnimmt, so kann 1 cbm Luft von 55° C bei völliger Sättigung $0,104 - 0,004 = 0,10$ kg Wasser aufsaugen. Die zur Erwärmung eines Kubikmeter Luft um 1° C aufzuwendende Wärmemenge kann man für die bei Trockenanlagen in Betracht kommenden Temperaturen mit genügender Genauigkeit gleichmäßig zu 0,3 WE annehmen. Zur Erwärmung eines Kubikmeter Luft von 0° auf 55° C. sind dann $0,3 \cdot 55 = 16$ WE erforderlich. Wird die Luft aber nur auf 40° C erwärmt, so kann ein Kubikmeter nur ca. $0,050 - 0,004 = 0,046$ kg Wasser aufsaugen, so daß zur Aufnahme von 0,10 kg Wasser ca. 2 cbm Luft von 40° C erforderlich werden, für deren Erwärmung $0,3 \cdot 40 \cdot 2 = 24$ WE aufzuwenden sind. Der Wärmeverbrauch der Trockenanlage ist daher desto geringer, je höher die Temperatur ist, mit der getrocknet wird.

Der Vorteil der Wärmeersparnis bei hohen Trockentemperaturen läßt sich jedoch in vielen Fällen nicht ausnutzen, da darauf Rücksicht zu nehmen ist, welche Höchsttemperatur das Trockengut ohne Schaden vertragen kann. Bei Holz z. B. sollte man den Trockenprozeß mit $25-30^{\circ}$ C beginnen und mit ca. $40-45^{b}$ C beenden. Bei zu schnellem Trocknen und höheren Temperaturen würde das Holz leicht reißen. Je nach der Stärke, Struktur und Feuchtigkeit des Holzes sollte die Trockenzeit nicht unter 60 bis 100 Stunden betragen.

3. Der Wärmeverbrauch zur Erwärmung des Trockengutes.

Hierfür kommt die spezifische Wärme der zu trocknenden Körper in Betracht. Bei Tannenholz beträgt die spezifische Wärme z. B. 0,65, bei Ziegelsteinen ca. 0,22. Um z. B. 1 kg trockenes Holz von $+5^0$ C auf $+30^0$ C zu erwärmen, sind $25 \cdot 0,65 = 16$ WE erforderlich.

4. Der Wärmeverlust durch die Umschließungsflächen des Trockenraumes.

Die hierfür aufzuwendenden Wärmemengen sind unter Benutzung der Transmissionskoeffizienten der Zahlentafel 39 S. 185 zu berechnen.

Beispiel zur Berechnung von Holztrockenanlagen: 1 cbm frisches Tannenholz soll in der Zeit von zwölf Arbeitstagen zu je zehn Arbeitsstunden getrocknet werden. Wieviel kg Abdampf sind zur Trocknung stündlich erforderlich, und was würde die Trocknung des 1 cbm Tannenholz mit Frischdampf kosten?

1. **Wärmeaufwand zur Wasserverdunstung:**

   1 cbm frisches Tannenholz wiegt   850 kg
   1 ,, getrocknetes Tannenholz wiegt   520 ,,
   1 ,, frisches Tannenholz enthält also 330 kg Wasser.

Zur Verdampfung eines kg Wasser von 0^0 C sind ca. 630 WE, also zur Verdampfung der 330 kg Wasser $330 \cdot 630 = 207\,900$ WE erforderlich.

2. **Wärmeaufwand zur Erwärmung der Frischluft:**

Zu Beginn des Trocknens werde die Luft auf $+35^0$ C und gegen Ende des Trocknens auf $+45^0$ C, also im Mittel auf $+40^0$ C erwärmt.

Wasser
Bei $+40^0$ C enthält 1 cbm bei völliger Sättigung . . . 0,05076 kg
Bei der mittleren Wintertemperatur von 0^0 C enthält
1 cbm Frischluft . . . . 0,00487 ,,
1 cbm auf 40^0 C erwärmte Frischluft kann daher bei
völliger Sättigung aufsaugen . . . . 0,04589 kg

In der Praxis läßt sich eine völlige Sättigung der Luft nicht erreichen. Bei einer Sättigung von ca. 70 % enthält 1 cbm Luft $\frac{70}{100} \cdot 0,04589 = 0,0321$ kg Wasser. Zur Aufsaugung der in 1 cbm Tannenholz enthaltenen Wassermenge von 330 kg sind demnach $\frac{330}{0,0321} = 10\,600$ cbm Luft erforderlich. Um 10 600 cbm Luft von 0^0 C auf $+40^0$ C zu erwärmen, sind der Frischluft $40 \cdot 0,3 \cdot 10\,600 = 131\,500$ WE zuzuführen.

3. **Wärmeverbrauch zur Erwärmung des Trockengutes.**

Wird die Trockenanlage Tag und Nacht betrieben, so wird das Trockengut nur 1mal auf die Temperatur des Trockenraumes erwärmt. Wird jedoch nur während des Tages getrocknet, so muß das Trockengut an 8—14 Tagen je einmal von ca. 15⁰ C auf 40⁰ C erwärmt werden.

Bei zwölf Tagen Trockenzeit sind zur Erwärmung eines cbm Tannenholz im Gewicht von ca. 600 kg von $+\ 15^0$ C auf $+\ 40^0$ C $25 \cdot 0{,}65 \cdot 600 \cdot 12 = 109\,200$ WE aufzuwenden.

4. Wärmeverluste durch die Umschließungsflächen des Trockenraumes.

Der Rauminhalt des Trockenraumes sei zu 120 cbm und der Wärmeverlust pro Stunde bei $+\ 40^0$ C Innen- und 0^0 C Außentemperatur zu 25 WE pro 1 qm Rauminhalt angenommen. An 12 Tagen zu je 10 Stunden gehen dann durch die Umschließungsflächen $12 \cdot 10 \cdot 25 \cdot 120 = 360\,000$ WE verloren.

Unter der Annahme, daß 10 cbm Holz gleichzeitig getrocknet werden, entfallen auf 1 cbm Holz 36 000 WE.

Zur Trocknung eines cbm frischen Tannenholzes sind somit erforderlich:

1. zur Verdampfung des Wassergehaltes . . . . . . 207 900 WE
2. zur Erwärmung der Frischluft . . . . 131 500 ,,
3. zur Erwärmung des Trockengutes . . . . 109 200 ,,
4. für Wärmeverluste des Trockenraumes . . . . . 36 000 ,,

Sa. 520 600 WE.

Diese Wärmemenge entspricht bei 100⁰ C Abflußtemperatur des Kondenswassers einer Dampfmenge von $\dfrac{520\,600}{640-100} = 965$ kg. Diese 965 kg Dampf verteilen sich, wie angenommen war, auf 12 Tage à 10 Stunden, so daß pro Stunde eine Dampfmenge von $\dfrac{960}{120} = 8$ kg oder annähernd die Abdampfmenge eines PS_e zur Trocknung eines cbm Tannenholz erforderlich ist.

Bei der Trocknung mit Frischdampf kosten die 520 600 WE bei einem Brennstoffpreise von 205 M. für 1000 kg von je = 7500 WE und einem Kesselwirkungsgrade von 65 %

$$\frac{520\,600}{7500 \cdot 0{,}65} \cdot \frac{205}{10\,000} = 2{,}20 \text{ M.}$$

Drittes Kapitel.

Abwärmeverwertung der Verbrennungskraftmaschinen.

Entsprechend dem geringen Wärmeverbrauch der Verbrennungskraftmaschinen für die Leistungseinheit gegenüber der Dampfmaschine (z. B. 9000 WE/PS_i bei einer 50-PS-Auspuffmaschine, 2800 WE/PS_i/st bei einem Sauggasmotor und

1900 WE./PS$_i$/st beim Dieselmotor) sind natürlich die die Maschine verlassenden Abwärmemengen beträchtlich geringer. Die Abwärmemengen finden sich in dem heißen Kühlwasser (etwa 30—40% der zugeführten Wärme) von 50—70° wieder (beim Dieselmotor etwa 15 l/PS, bei den übrigen Verbrennungskraftmaschinen 25—35 l/PS/st bei Normallast), teils in den heißen Auspuffgasen. Das aus den Kühlmänteln abfließende Warmwasser kann unmittelbar verwendet oder in Warmwasserheizungen ausgenutzt werden. Die gewonnenen Wärmemengen sind verhältnismäßig gering. Beim Dieselmotor sind im ganzen etwa 500—900 WE/PS$_e$/st nutzbar zur Wassererwärmung gewinnbar. Zur Warmwasserbereitung, die der stündlichen Kühlwasserlieferung eines 100-PS-Dieselmotors entspricht, wären z. B. nur $\frac{100 \cdot 15 \cdot 40}{500} = 120$ kg Dampf bei Heizflächen oder 100 kg Dampf bei unmittelbarem Einströmen erforderlich.

Im Kühlwasser der Sauggasmaschine finden sich etwa 800 WE/PS$_e$ nutzbar wieder, beim Dieselmotor 500—600 WE/PS$_e$.

Der Wärmeinhalt der mit 350—450° abströmenden Auspuffgase der Verbrennungskraftmaschinen kann nur unter Vermittlung von Heizflächen, die von den Abgasen umspült werden und wegen des Säuregehaltes der Abgase in Gußeisen ausgeführt werden müssen, zur Luft- oder Wassererwärmung erfolgen, da die unmittelbare Berührung der heißen Gase etwa mit Trockengut nicht angängig ist. Die Abkühlung an den ziemlich groß und teuer ausfallenden Heizflächen kann bis auf etwa 130° getrieben werden (wegen Rostgefahr nicht weiter). Für eine PS$_e$/Stunde können beim Dieselmotor etwa 350—500 WE nutzbar zu Heizzwecken übertragen werden (entsprechend 0,5—1 kg Heizdampf). Die Sauggasanlage ermöglicht eine Ausnutzung der Abgase von etwa 500—600 WE/PS$_e$.

Für große Fabrikräume reicht also bei kleineren und mittleren Kraftanlagen die Abwärme zu Heizzwecken nicht aus und erweist sich in Anbetracht der teuren Abgasverwerter (etwa 0,2 qm/PS$_e$ für 2000—3000 WE. stündlicher Übertragung auf 1 qm Heizfläche, weite Querschnitte zur Vermeidung von Gegendruck) meist als unwirtschaftlich. Dagegen werden die Abgase oft zweckmäßig verwertet, das mit 50—60° abfließende Kühlwasser auf höhere Temperaturen (für Warmwasserheizung usw.) zu erhitzen. In Einzelfällen, bei denen das Verhältnis des Heizwärmebedarfs und der Abgaslieferung günstig gestaltet (größere Maschinensätze, verhältnismäßig kleiner Heizbedarf), kann indes auch bei Verbrennungskraftmaschinen ein wirtschaftlich günstiges Ergebnis der Abwärmeheizung erzielt werden. Bei großen Kraftanlagen, bei denen die Anlagekosten

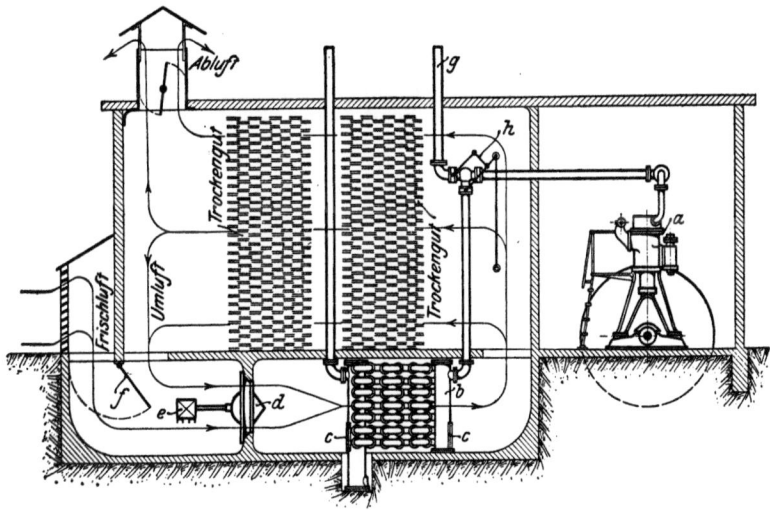

a) Dieselmotor.
b) Rippenrohrabgasverwerter.
c) Reinigungsöffnungen.
d) Ventilator.
e) Elektromotor.
f) Lenkplatte für die Abgase.
g) Unmittelbarer Auspuff.
h) Zwangläufig verbundene Umlenkklappen.

Fig. 55. Trockenanlage mit Dieselmotorenabgasen.

der Abgasverwerter nicht zu sehr ins Gewicht fallen, lassen sich auch durch die Abgasheizung zur Raumerwärmung oder zu Trockenzwecken Reinersparnisse erzielen. Die Fig. 55[1]) zeigt eine schematische Anordnung einer Dieselmotorengasverwertung für Trockenzwecke (Lufterwärmung). Für Raumheizung ist in Anbetracht des unterbrochenen Maschinenbetriebes häufig noch die Aufstellung einer Niederdruckheizanlage erforderlich (zum Anheizen und für die Betriebspausen), so daß die Kapitalkosten der Abwärmeverwertungsanlagen voll den Brennstoffersparnissen

---

[1]) Zeitschr. d. Ver. d. Ing. 1912.

Urbahn-Reutlinger, Betriebskraft. 2. Aufl.

178 Abwärmeverwertung für Raumheizung und sonstigen Wärmebedarf.

gegenüber ständigem Niederdruckheizbetrieb zur Last fallen; für kleine Anlagen wird die Abgasverwertung fast in allen Fällen unwirtschaftlich sein.

Beispiel: Die Ersparnis durch eine Abgasheizung für eine 50-PS_e-Sauggasanlage an 130 jährlichen Heiztagen mit 10stündigem Heizbedarf gegenüber Heizkesseln mit Koksfeuerung (Kokspreis M. 2,60/100 kg, Ausnutzung von 1 kg Koks = 5000 WE) berechnet sich zu

$$\frac{50 \cdot 440}{5000} \cdot 130 \cdot 10 \cdot \frac{2,60}{100} = 148 \text{ M.}$$

Die Anschaffungskosten der Abgasheizanlage dürfen demnach (bei 15% Verzinsung, Abschreibung und Unterhaltung) den Betrag von 1000 M. nicht erreichen, wenn noch eine Reinersparnis erzielt werden soll.

Vierter Abschnitt.
Allgemeines über Fabrikheizung.

Erstes Kapitel.
Zur Beheizung von Fabrikgebäuden erforderliche Wärmemengen.

Über den Wärmebedarf von Gebäuden findet man in technischen Handbüchern bisweilen sehr allgemein gehaltene Angaben bezüglich der Anzahl der WE, die zur Beheizung eines Kubikmeters Rauminhalt durchschnittlich erforderlich sind. Solche Angaben ohne engere Begrenzung des Geltungsbereiches sind mit der größten Vorsicht zu benutzen, da der stündliche Wärmebedarf eines Kubikmeters Rauminhalt zwischen 10 und 100 WE schwanken kann. Von besonderem Einflusse auf den Wärmebedarf eines Gebäudes pro 1 cbm Rauminhalt ist zunächst die Größe des Gebäudes bzw. das Verhältnis der Umschließungsflächen, d. h. Fußböden, Wände, Decke, Dach, zum Rauminhalt. Je größer ein Gebäude ist, desto geringer wird das Verhältnis der Umschließungs-, also auch der Abkühlungsflächen zum Rauminhalte. So hat z. B. ein Fabrikbau von 20 m Länge, 10 m Breite und 5 m Höhe bei einem Rauminhalte von 1000 cbm eine Umschließungs- und Abkühlungsfläche von 700 qm, während ein Fabrikbau von 40 m Länge, 20 m Breite und 10 m Höhe bei 8000 cbm, also dem 8 fachen Rauminhalt, nur 2800 qm oder die 4 fache Umschließungs- oder Abkühlungsfläche besitzt.

Der Wärmebedarf pro 1 cbm Rauminhalt hängt außerdem durchaus von der Art der Umschließungsflächen ab. Ein Quadratmeter Fensterfläche mit einfacher Verglasung verursacht z. B. etwa 4 mal soviel Wärmeverluste als 1 qm Außenmauer von 51 cm Wandstärke und 1 qm nichtverschaltes Wellblechdach einen etwa 8 mal größeren Wärmeverlust als 1 qm Holzzementdach.

Zahlentafel 35.

Stündlicher Wärmebedarf mit Teerpappdach ohne innere Verschalung abgedeckter Fabrikgebäude pro cbm Rauminhalt bei 40° C Temperatur-Differenz. (Ohne Zuschlag für Anheizen.)

Länge der zu beheizenden Fabrikgebäude			20 m 10 m		40 m 20 m		60 m 30 m	
Breite ” ” ” ” ”								
Lichte Höhe der zu beheizenden Fabrik-Gebäude	Mit Teerpappdach auf 2,5 cm Schalung und	Wandstärke der Außenmauern	Von der gesamten äußeren Wandfläche des Gebäudes beträgt die Fensterfläche in % (Fenster mit einfacher Verglasung)					
			20 %	30 %	30 %	40 %	30 %	50 %
5 m	a) mit massivem Steinfußboden	38 cm	49	54	40	42	34	37
		51 cm	47	52	38	40	32	36
	b) mit Holzdielung auf massivem Steinfußboden	38 cm	46	51	36	38	30	33
		51 cm	44	49	35	37	29	32
10 m	a) mit massivem Steinfußboden	je ½ der Höhe 51 u. 38 cm	37	42	26	29	21	25
		” ” ” 64 u. 51 cm	35	40	25	28	20	24
	b) mit Holzdielung auf massivem Steinfußboden	je ½ der Höhe 51 u. 38 cm	35	40	24	27	19	23
		” ” ” 64 u. 51 cm	33	39	23	26	18	22
15 m	a) mit massivem Steinfußboden	je ⅓ der Höhe 64,51 u. 38 cm	32	37	22	25	—	—
		” ” ” 77,64 u. 51 cm	31	36	21	24	—	—
	b) mit Holzdielung auf massivem Steinfußboden	je ⅓ der Höhe 64,51 u. 38 cm	31	36	21	24	—	—
		” ” ” 77,64 u. 51 cm	30	35	20	23	—	—

Zahlentafel 36.

Stündlicher Wärmebedarf mit Holzzementdach oder Teerpappdach mit innerer Verschalung abgedeckter Fabrikgebäude pro cbm Rauminhalt bei 40° C Temperatur-Differenz. (Ohne Zuschlag für Anheizen.)

| Länge der zu beheizenden Fabrikgebäude | | | 20 m 10 m | | 40 m 20 m | | 60 m 30 m | |
Breite „ „ „ „								
Lichte Höhe der zu beheizenden Fabrik-Gebäude	Mit Holzzementdach und	Wandstärke der Außenmauern	Von der gesamten äußeren Wandfläche des Gebäudes beträgt die Fensterfläche in % (Fenster mit einfacher Verglasung)					
			20 %	30 %	30 %	40 %	30 %	50 %
5 m	a) mit massivem Steinfußboden	38 cm	43	48	33	35	27	31
		51 cm	40	46	31	34	26	30
	b) mit Holzdielung auf massivem Steinfußboden	38 cm	40	45	30	32	25	28
		51 cm	37	43	28	31	23	27
10 m	a) mit massivem Steinfußboden	je ½ der Höhe 51 u. 38 cm	34	39	23	26	18	22
		„ „ „ 64 u. 51 cm	32	37	22	25	17	21
	b) mit Holzdielung auf massivem Steinfußboden	je ½ der Höhe 51 u. 38 cm	32	37	22	24	17	20
		„ „ „ 64 u. 38 cm	30	36	21	23	16	19
15 m	a) mit massivem Steinfußboden	je ⅓ der Höhe 64,51 u. 38 cm	30	35	20	23	—	—
		„ „ „ 77,64 u. 51 cm	28	34	19	22	—	—
	b) mit Holzdielung auf massivem Steinfußboden	je ⅓ der Höhe 64,51 u. 38 cm	29	34	19	22	—	—
		„ „ „ 77,64 u. 51 cm	27	33	19	21	—	—

Zahlentafel 87.

Stündlicher Wärmebedarf von Fabrikgebäuden mit massiver Decke unter abgeschlossenem Bodenoder Luftraum pro cbm Rauminhalt bei 40° C Temperatur-Differenz. (Ohne Zuschlag für Anheizen.)

Länge der zu beheizenden Fabrikgebäude			20 m		40 m		60 m	
Breite „ „ „ „			10 m		20 m		30 m	
			Von der gesamten äußeren Wandfläche des Gebäudes beträgt die Fensterfläche in % (Fenster mit einfacher Verglasung).					
			20 %	30 %	30 %	40 %	30 %	50 %
Lichte Höhe der zu beheizenden Fabrik-Gebäude	Mit massiver Decke unter abgeschlossenem Bodenoder Luftraum und	Wandstärke der Außenmauern in						
5 m	a) mit massivem Steinfußboden	38 cm 51 cm	40 37	45 42	30 28	32 30	25 23	28 27
	b) mit Holzdielung auf massivem Steinfußboden	38 cm 51 cm	37 34	42 40	27 25	29 28	22 20	25 24
10 m	a) mit massivem Steinfußboden	je ½ der Höhe 51 u. 38 cm „ „ „ „ 64 u. 51 cm	32 30	37 35	22 21	24 23	17 16	20 19
	b) mit Holzdielung auf massivem Steinfußboden	je ½ der Höhe 51 u. 38 cm „ „ „ „ 64 u. 38 cm	31 29	35 34	20 19	23 22	15 14	19 18
15 m	a) mit massivem Steinfußboden	je ⅓ der Höhe 64,51 u. 38 cm „ „ „ „ 77,64 u. 51 cm	29 27	34 33	19 18	22 21	—	—
	b) mit Holzdielung auf massivem Steinfußboden	je ⅓ der Höhe 64,51 u. 38 cm „ „ „ „ 77,64 u. 51 cm	28 27	33 32	18 17	21 20	—	—

Zahlentafel 38.

Stündlicher Wärmebedarf mit Wellblech abgedeckter Fabrikgebäude pro cbm Rauminhalt bei 40° C Temperatur-Differenz. (Ohne Zuschlag für Anheizen.)

| Länge der zu beheizenden Fabrikgebäude | | 20 m 10 m | | 40 m 20 m | | 60 m 30 m | |
Breite „ „ „ „							
		\multicolumn{6}{c}{Von der gesamten äußeren Wandfläche des Gebäudes beträgt die Fensterfläche in % (Fenster mit einfacher Verglasung)}					
Lichte Höhe der zu beheizenden Fabrikgebäude	Wandstärke der Außenmauern in	20 %	30 %	30 %	40 %	30 %	50 %
Verschaltes Wellblechdach und massiver Steinfußboden							
5 m	51 cm	62	67	53	55	48	51
10 m	51 cm	42	49	33	36	28	32
15 m	51 cm	35	40	27	29	22	26
Nicht verschaltes Wellblechdach und massiver Steinfußboden							
5 m	51 cm	113	119	104	106	99	102
10 m	51 cm	68	74	59	61	54	57
15 m	51 cm	52	58	44	46	39	43

Zur Abschätzung des Wärmebedarfes ganzer Fabrikgebäude (nicht einzelner Räume des Gebäudes, die wieder je nach ihrer mehr oder weniger geschützten Lage einen sehr verschiedenen Wärmebedarf haben können) wird in den Zahlentafeln 35—38 ein Anhalt gegeben. Aus einem Vergleich der angegebenen Einzelziffern folgt, daß besonders die Gebäudegröße, die Bedachung und die Fensterfläche den Wärmebedarf pro 1 cbm Rauminhalt beeinflussen, während die Stärke der Umschließungsmauern und die Art des Fußbodens von geringerem Einflusse sind. Die Werte der Zahlentafeln 35—38 geben den größten stündlichen Wärmeverlust durch die Umschließungsflächen bei —20^0 C an. Bei Berechnung der Heizflächen ist noch ein Zuschlag für das Anheizen am Morgen erforderlich, da einmal die Außen- und Innenmauern, Decken, Fußböden auf 20^0 C zu erwärmen sind und außerdem in den meisten Fällen ein beschleunigtes Anheizen erwünscht ist. Die stets vorhandenen Undichtigkeiten der Fenster, Türen usw. sollten ebenfalls durch eine reichlichere Bemessung des Anheizzuschlages berücksichtigt werden. Wird der Heizbetrieb nachts ganz unterbrochen, so daß die Räume bis zum anderen Morgen stark auskühlen, so ist dieser Zuschlag, der mehr oder weniger exponierten Lage des Gebäudes entsprechend, mit 25 bis 40 % der für die Wärmeverluste durch die Umschließungsflächen der Gebäude berechneten Wärmemengen zu bemessen. Wird während der Nacht etwas geheizt, wie dies bei Niederdruckdampfheizungen mit Füllschachtkesseln ausführbar ist, so genügt ein Sicherheitszuschlag von 15—20 %.

Sollen die Fabrikgebäude nicht auf +20^0 C erwärmt werden, sondern nur auf +18^0. oder +15^0. oder 12^0 C, so sind die Werte mit 0,95 bzw. 0,88 bzw. 0,8 zu multiplizieren.

Nach diesen allgemeinen Angaben soll nunmehr auf die genauere Ermittlung des Wärmebedarfes eingegangen werden, die auch zur richtigen Verteilung der Heizflächen auf die einzelnen Räume der Fabrikgebäude vorzunehmen ist. Die Berechnung der Wärmeverluste durch einen Umschließungskörper erfolgt auf Grund der in Zahlentafel 39 angegebenen Wärmedurchgangsziffern, welche sich auf 1 qm Fläche und 1^0 C Temperaturdifferenz zwischen beiden Seiten der betreffenden Umschließungsfläche beziehen. Je nach der Außenkälte und der

Zahlentafel 39.
Stündlicher Wärmeverlust in WE pro 1 qm Fläche bei einer Temperatur-Differenz von 1° C.

	Wärmeverlust bei 1° C Temperatur-Differenz pro 1 qm Fläche WE
Mauern aus vollem Backsteinmauerwerk	
Wandstärke in cm (ohne Putz gemessen) . 12	2,40
,, ,, ,, ... 25	1,70
,, ,, ,, ... 25	1,30
,, ,, ,, ... 51	1,10
,, ,, ,, ... 64	0,90
,, ,, ,, ... 77	0,80
,, ,, ,, ... 90	0,65
,, ,, ,, ... 103	0,60
,, ,, ,, ... 116	0,55
,, ,, ,, Rabitzwände . . . . . 4—6	3,00
,, ,, ,, ,, ... 6—8	2,40
,, ,, ,, Bretterwände 1,5	2,40
,, ,, ,, ,, ... 2,0	2,00
,, ,, ,, ,, ... 2,5	1,90
Wellblechwand	7,00
,, verschalt . .	3,50
Fußböden:	
Balkenanlage mit Dielung und Schalung	0,70
Gewölbe mit Dielung darüber	0,45
Gewölbe mit massivem Boden	1,00
Holz über dem Erdreich hohl verlegt	0,80
Holz in Asphalt verlegt	1,00
Massiver Boden über Erdreich	1,40
Decken:	
Balkenlage mit Dielung und Putz	0,5
Gewölbe mit Dielung	0,7
Fenster:	
Einfaches Fenster	5,00
Doppeltes Fenster	2,30
Einfaches Oberlicht	5,30
Doppeltes Oberlicht	2,40
Dächer:	
Teerpappdach auf 2,50 cm Schalung	2,2
Teerpappdach auf 2,5 cm Schalung mit Luftschicht und verputzter innerer Verschalung	1,25
Schieferdach auf 2,5 cm Schalung	2,2
Zinkdach auf 2,5 cm Schalung	2,3
Wellblechdach auf 2,5 cm Schalung	4,0

	Wärmeverlust bei 1° C. Temperatur-Differenz pro 1 qm Fläche WE.
Wellblechdach ohne Schalung	10,4
Ziegeldach (aber dicht) ohne Schalung	5,0
Holzzementdach ohne Schalung	1,3
Türen:	
Tür	2,0
Glasfüllung in Türen	5,0

Wärme des zu beheizenden Raumes sind diese sogenannten Transmissionskoeffizienten mit der Temperaturdifferenz zu multiplizieren; bei — 20° C z. B. Außentemperatur und 15° C Wärme des beheizten Raumes beträgt die Temperaturdifferenz 20 + 15 = 35° C.

Zu den Koeffizienten der Zahlentafel 39 sind nun noch verschiedene Zuschläge zu machen, da die Lage der Abkühlungsfläche zur Himmelsrichtung einen Einfluß auf die Wärmeverluste hat. Diese Zuschläge betragen bei einer Lage der Abkühlungsfläche

nach Norden 15 %,
„ Osten 10 %,
„ Westen 5 %.

Die Temperatur des Erdbodens ist zu $\pm$ 0° C anzunehmen. Die Temperatur von Kellern, Dachböden oder besonders leicht gebauten, nicht beheizten Nebenräumen liegt je nach den baulichen Verhältnissen zwischen 0° und — 5° C.

Bei Berechnung der Wärmeverluste von Decken oder Dächern ist auch noch zu berücksichtigen, daß unter der Decke die Temperatur um 20° C und bei hohen Räumen bis zu 5° C höher ist als die gewünschte Raumtemperatur in 1—2 m über Fußboden.

1. Beispiel: Wieviel WE gehen stündlich aus einem auf + 20° C beheizten Raume durch ein einfaches nach Osten gelegenes Fenster von 1 qm Fläche bei 20° C Außenkälte verloren und wieviel WE durch eine nach Süden gelegene Mauer von 51 cm Wandstärke?

Bei 1° C Temperaturdifferenz gehen nach Zahlentafel 39 durch 1 qm einfaches Fenster stündlich 5 WE verloren. Durch die Lage nach Osten erhöht sich dieser Koeffizient um 10 %, also auf 5,5. Bei 20° C Außenkälte und 20° C Wärme in dem beheizten Raume, mithin 20 + 20 = 40° C Temperaturdifferenz gehen demnach 5,5 . 40 = 220 WE stündlich durch 1 qm einfaches, nach Osten gelegenes Fenster. Bei 7° C Außenkälte und

Beheizung des Raumes auf 18° C würde der Wärmeverlust $(18 + 7) \cdot 5{,}5$ = 138 WE pro Stunde betragen.

Eine nach Süden gelegene Mauerwand von 51 cm Stärke läßt dagegen nach Zahlentafel 39 bei 40° C Temperaturdifferenz pro 1 qm stündlich nur $1{,}1 \cdot 40 = 44$ WE hindurch.

2. Beispiel: Welcher stündliche Wärmeverlust entsteht bei einer Raumtemperatur von 18° C und 20° C Außenkälte bei einem Teerpappdach ohne innere Verschalung und 1000 qm Dachfläche?

Bei einer Raumtemperatur von + 18° C in 2 m Höhe über Fußboden herrscht unter dem Dache eine Temperatur von ca. + 20° C. Bei — 20° C Außenkälte, also 40° C Temperaturdifferenz, gehen nach Tabelle 18 pro Stunde durch 1 qm Teerpappdach ohne innere Verschalung $40 \cdot 2{,}2 = 88$ WE verloren und durch 1000 qm 88 000 WE.

3. Beispiel: Wie groß ist der stündliche Wärmeverlust eines Fabrikgebäudes von 40 m Länge, 20 m Breite, 5 m Höhe mit 51 cm starken Außenmauern, massivem Steinfußboden, über Erdreich, Teerpappdach ohne innere Verschalung, 180 qm gleichmäßig auf alle Außenwände verteilter Fensterfläche mit einfacher Verglasung bei einer Innentemperatur von + 20° C und einer Außentemperatur von — 20° C? Das Gebäude liegt mit einer Längswand nach Norden.

Die Wärmeverluste der einzelnen Umschließungsflächen setzen sich folgendermaßen zusammen:

	WE
Massiver Steinfußboden über Erdreich, 800 qm. (Die Temperatur des Erdbodens wird zu ± 0° angenommen.)	$20 \cdot 1{,}4 \cdot 800 = 22\,400$
Teerpappdach ohne innere Verschalung 800 qm. (Unter dem Dache ist die Temperatur ca. 2° höher als 1 m über Fußboden.)	$42 \cdot 2{,}2 \cdot 800 = 73\,920$
Außenwände: Von den Außenwänden liegen, nach Abzug der Fensterflächen, 140 qm nach Norden. Mit 15 % Zuschlag für Nordseite	$40 \cdot 1{,}15 \cdot 1{,}1 \cdot 140 = 7\,084$
70 qm nach Osten. Mit 10 % Zuschlag für Ostseite	$40 \cdot 1{,}1 \cdot 1{,}1 \cdot 70 = 3\,388$
140 qm nach Süden. (Für Südseite kein Zuschlag.)	$40 \cdot 1{,}1 \cdot 140 = 6\,160$
70 qm nach Westen. Mit 5 % Zuschlag für Westseite	$40 \cdot 1{,}05 \cdot 1{,}1 \cdot 70 = 3\,234$
Fenster: Von der gesamten Fensterfläche von 180 qm liegen:	
60 qm nach Norden (15 % Zuschlag)	$40 \cdot 1{,}15 \cdot 5 \cdot 60 = 13\,800$
30 ,, ,, Osten (10 % Zuschlag) .	$40 \cdot 1{,}1 \cdot 5 \cdot 30 = 6\,600$
60 ,, ,, Süden (kein Zuschlag) .	$40 \cdot 5 \cdot 60 = 12\,000$
30 ,, ,, Westen (5 % Zuschlag) .	$40 \cdot 1{,}05 \cdot 5 \cdot 30 = 6\,300$
Gesamter Wärmebedarf bei 20° C Außenkälte ohne Zuschläge für Anheizen	$= 154\,886$

und pro 1 cbm $\dfrac{154\,886}{20\cdot 40\cdot 5} = 38$ WE. (Vgl. Zahlentafel 31 unter 30 % Fensterfläche.)

An Stelle der verschiedenen Zuschläge für die einzelnen Himmelsrichtungen ist für Überschlagsrechnungen die Annahme einer mittleren Zuschlages von 8 % für alle 4 Außenwände und die Fenster zulässig.

In vorstehendem wurde stets angenommen, daß die Wärmeverluste der Gebäude unmittelbar proportional dem Temperaturunterschied seien. Dies ist jedoch nicht ganz zutreffend, denn bei sehr windiger oder feuchtkalter Witterung von mäßiger Kälte kann der Wärmeverlust fast ebenso groß sein als an sehr kalten, aber windstillen Tagen. Fabrikbauten mit sehr großen Fensterflächen oder Oberlichtern und leichten Dächern unterliegen der abkühlenden Wirkung des Windes in besonderem Maße. Obwohl 20° C Kälte in Mitteldeutschland sehr selten sind, darf man daher keinesfalls mit Rücksicht hierauf eine Heizanlage knapper, etwa für 15° C. Außenkälte, bemessen, da die Heizanlage sonst an feuchtkalten und sehr windigen Tagen ebensowenig wie bei 15—20° C. Kälte genügen würde. Außerdem ist zu beachten, daß eine solche, etwa nur für 15° C. Außenkälte berechnete Heizanlage infolge der geringen Heizfläche der Heizkörper auch an windstillen Tagen von geringer Wintertemperatur zu lange Zeit zum Anheizen gebrauchen würde, was aus Betriebsrücksichten nicht wünschenswert ist. Speziell in Spinnereien, Webereien, Druckereien usw. muß vor dem Arbeitsbeginn schon gut geheizt sein, damit die Maschinen ordnungsgemäß arbeiten und die Fäden der Gewebe oder die Papierbahnen nicht durch Klemmen der für warme Raumtemperatur eingestellten Maschinenteile zerrissen werden. In Druckereien und graphischen Kunstanstalten muß besonders reichlich geheizt werden, damit die Farben leicht fließen.

Zweites Kapitel.
Ventilation von Fabrikräumen während des Winters.

In vielen Betrieben wird durch die Fabrikation die Luft stark verschlechtert, so daß für reichliche Ventilation gesorgt werden muß. In anderen Fällen, wie bei Färbereien, Papierfabriken usw., macht der Wasserdunst in den Arbeitsräumen und die

Tropfenbildung an den Decken viele Schwierigkeiten. Zur Beseitigung dieses Dunstes gibt es nur ein Mittel, und zwar die Zuführung warmer Luft, welche die überschüssige Feuchtigkeit der Raumluft begierig aufsaugt und beim Austritte aus den Abluftkanälen mit fortnimmt.

Eine mehrmalige stündliche Lufterneuerung ist auch in Arbeitsräumen erforderlich, in welchen viele Leute beschäftigt sind, und in denen der natürliche Luftwechsel durch die Mauern, Undichtigkeiten der Fenster, Türen usw. nicht genügt. Besonders gering ist der natürliche Luftwechsel in den Zwischengeschossen mehrstöckiger Bauten mit massiven Decken oder in Räumen mit Holzzement-Dächern, da diese fast luftundurchlässig sind. In solchen Fällen sind für die Ventilation besondere Frischluft- und Abluftkanäle anzulegen. Die Zuführung frischer Luft sollte im Winter keinesfalls durch Öffnen einiger Fenster vorgenommen werden, da die hereinströmende kalte Luft gesundheitsgefährliche Zugerscheinungen hervorruft. Die zuzuführende Frischluft soll vielmehr vor dem Eintritt in den Arbeitsraum auf die Raumtemperatur vorgewärmt werden und möglichst über Kopfhöhe eintreten, während die verbrauchte Luft über Fußboden abgesaugt wird.

Sobald genügend Abdampf zum Erwärmen der Frischluft zur Verfügung steht, verursacht eine reichliche Ventilation und die Beschaffung reiner Luft der Fabrikräume im Winter keinerlei Brennstoffkosten, außer dem Kraftbedarf der Ventilatoren, der oft nicht unerheblich ist (z. B. bei 60 000 cbm Luft/st und 45 mm WS-Widerstand etwa 8—9 PS). Muß zum Erwärmen der Ventilationsluft jedoch Frischdampf oder Dampf einer Niederdruckdampfkessel-Anlage verwendet werden, so kann die Ventilation recht teuer werden. Zur Erwärmung eines Kubikmeters Luft um 1^0 C sind 0,31 WE. erforderlich. In Betrieben mit Entstaubungsanlagen (z. B. Schuhfabriken) können bei Frischdampfheizung erhebliche größere Heizungskosten entstehen, als aus der Wärmeverlustrechnung ermittelt, da beständig große Mengen warmer Luft abgesaugt und ersetzt werden müssen. In derartigen Betrieben ist Abdampfheizung oder Reinigung und Rückleitung der noch warmen Luft besonders am Platze.

Der Kraftbedarf der Ventilatoren kann durch reichliche Bemessung der zweckmäßig in verzinktem Blech auszuführenden

Kanäle niedrig gehalten werden. Gemauerte Kanäle müssen stets glatt verputzt werden, um zu hohe Reibungswiderstände zu vermeiden.

Beispiel: Ein auf 18° C beheiztes Fabrikgebäude von 10 000 cbm Luftinhalt soll während des Winters bei zweimaligem stündlichen Luftwechsel ventiliert werden. Welche Kosten entstehen bei Verwendung von Frischdampf zur Lufterwärmung?

Bei einer mittleren Wintertemperatur von 0° C sind zur Erwärmung der stündlich zweimal zu erneuernden Raumluft $18 \cdot 0{,}31 \cdot 2 \cdot 10\,000$ $= 111\,000$ WE oder $\dfrac{111\,000}{5\,000} = 22$ kg Kohle oder Koks aufzuwenden.

Wird die Ventilation bis zu einer Außentemperatur von —5° C betrieben, und rechnet man pro Heizperiode 100 Tage von weniger als 5° Kälte, so folgt der Brennstoffverbrauch zur Lufterwärmung bei einem täglichen Ventilationsbetriebe von 9 Stunden zu $100 \cdot 9 \cdot 22 = 20\,000$ kg Kohle oder Koks, welche 410 bzw. 520 M. kosten.

Drittes Kapitel.

Niederdruckdampfheizungen und Heizungskosten.

Fabrikbetriebe mit Verbrennungskraftmaschinen sowie mit Kraftversorgung durch Strombezug müssen gewöhnlich zur Deckung des Heizbedarfs besondere Heizkesselanlagen erhalten; falls nicht Hochdruckkessel für Fabrikationsdampf vorhanden sind, erfolgt die Aufstellung von Niederdruckdampfkesseln mit Füllschachtfeuerungen, die je nach Wintertemperatur mit 0,03 bis 0,15 Atm. betrieben und von der Zentralheizungsindustrie für die Verbrennung von Anthrazit, Koks und Braunkohlenbriketts bei guter Brennstoffausnutzung (bei Leistungen zwischen 4000 und 12 000 WE/st/qm Heizfläche 80 % Wirkungsgrad und darüber) erstellt werden. Bei Anbringung eines Standrohres (von 5 m Höhe, höchster Druck 0,5 Atm.) ist die Aufstellung unter bewohnten Räumen zulässig; die Kesselaufstellung erfordert, damit die Rückleitung des Kondensates selbsttätig erfolgen kann, der tiefste Punkt der Kondensatfallstränge also mindestens 20 cm, die tiefste Heizfläche mindestens 2 m über dem höchsten Wasserstand im Kessel liegt, oft erhebliche Ausschachtungsarbeiten. Die Bedienung beschränkt sich auf die zeitweise Auffüllung des Füllschachtes, der Dampfbedarf wird unter Vermittlung selbsttätiger Feuerzugregler gedeckt, die vom Dampfdruck gesteuert werden. Für großen Heizbedarf werden schmiedeeiserne Kessel (Flammrohr-, Rauchrohr- oder Sattelkessel) in Einheiten bis zu 60 qm mit Einmauerung aufgestellt, die mit Planrostunter- oder Vorfeuerung (bei minderwertigen Brennstoffen wie Torf) arbeiten. Für kleinere Anlagen wählt man die Aufstellung von gußeisernen nicht eingemauerten Gliederkesseln, deren Füllschachtinhalt bei 0^0 Außentemperatur etwa 3—4 Stunden, bei starker Kälte oder beim Anheizen etwa 1,5—2 Stunden ausreicht; die Kessel werden in Einheiten von etwa 1—30 qm Heizfläche ausgeführt. Die Vorzüge gußeiserner Kessel bestehen in dem sehr geringen Platzbedarf, in der großen Haltbarkeit, da Gußeisen im Gegensatz zu Schmiedeeisen wenig rostet und durch die Rauchgase nicht angegriffen wird, und der Möglichkeit, schadhaft gewordene Glieder ohne längere Betriebsstörung und mit geringen Kosten auszuwechseln. Schmiedeeiserne Kessel rosten namentlich bei schwachem Heizbetrieb häufig sehr schnell, eine Folge zu weitgehender Rauchgasabkühlung, bei der der Taupunkt des Wasserdampfes in den Abgasen erreicht wird. Die Beanspruchung gußeiserner Kessel soll, um genügender Brennstoffausnutzung und trockenen Dampf zu erzielen, 13—14 kg Dampf auf den Quadratmeter Heizfläche nicht überschreiten; diese Beanspruchung entspricht bei einer Rückflußtemperatur des Niederschlagswassers von etwa 70^0 C einer größten stündlichen Wärmelieferung des Quadratmeter Kesselheizfläche von 7000 bis 7500 WE. Die Höchstleistung der gußeisernen Kessel beträgt 9000—12000 WE/qm, für Flammrohr-Kessel 9000 bis 10 000 WE, für Rauchrohrkessel 7000—8000 WE; diese Leistung soll beim Anheizen oder bei größter Kälte nicht überschritten werden. (Die Kesselfläche wird nach dem nach Seite 184 zu berechnenden Höchstwärmebedarf und 10 % Verlustzuschlag mit den angegebenen Ziffern gewählt.) Da der Wirkungsgrad der Kessel bei Beanspruchungen unter etwa 4500 WE/qm/st sehr schnell abnimmt, vgl. Fig. 56, unterteilt man zweckmäßig die für den Höchstwärmebedarf erforderliche Heizfläche in mehrere kleine Einheiten, was übrigens auch einer Erhöhung der Betriebssicherheit gleichkommt; die Kessel werden dann je nach der

Außentemperatur mit ziemlich normaler Belastung gleichzeitig in Betrieb genommen. Die Anlage- und Betriebskosten von Niederdruckdampfheizungen lassen sich naturgemäß sehr schwer allgemein beurteilen, da sie sich mit den örtlichen und klimatischen Verhältnissen beträchtlich ändern. Für den Vergleich von Abdampf- und Niederdruckheizungen sind die Anlagekosten der Rohrleitungen und Heizkörper annähernd gleich anzunehmen, so daß für die wirtschaft

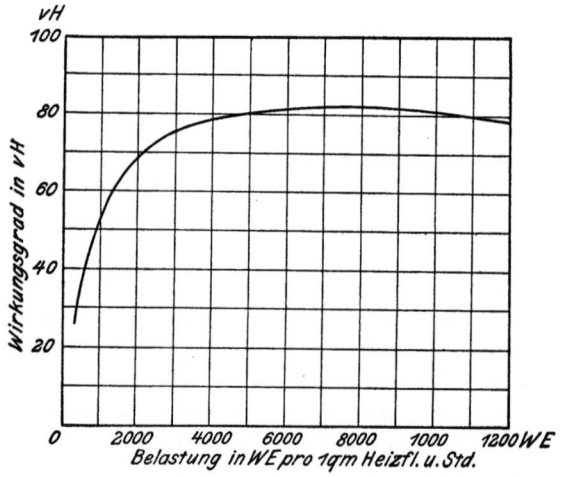

Fig. 56. Brennstoffausnutzung in einem Niederdruckheizkessel.

liche Vergleichsrechnung im wesentlichen nur die Anlagekosten der Kesselanlagen selbst sowie ihr Brennstoffverbrauch zu erheben sind. Die Preise von Niederdruckkesseln lassen sich nun ebenfalls nicht allgemein in Mittelwerten angeben, da der Vertrieb derselben an die Einzelabnehmer nicht von den Fabriken selbst, sondern ausschließlich durch Heizungsfirmen erfolgt, die die gesamte Heizanlage nebst allem Zubehör liefern; dabei werden häufig, um den Anschein der Billigkeit zu erwecken, die Kessel selbst in den Angeboten mit verhältnismäßig niederen Preisen eingesetzt, während der Verdienst in den Rohrleitungen und ähnlichem, deren notwendige Menge und Anordnung schwerer beurteilt werden kann, gesucht wird. Aus der Fig. 57 sind ungefähre (ziemlich niedrige) Preise betriebsfertig montierter Niederdruckdampfkessel für

Koksfeuerung einschließlich aller Armaturen, Sicherheitsvorrichtungen, der Montage und etwa 12 m hoher Esse ersichtlich; nicht eingeschlossen sind Bauarbeiten für die tief auszuschachtenden Heizkesselgruben. Für ganz rohe Ersteinschätzungen können

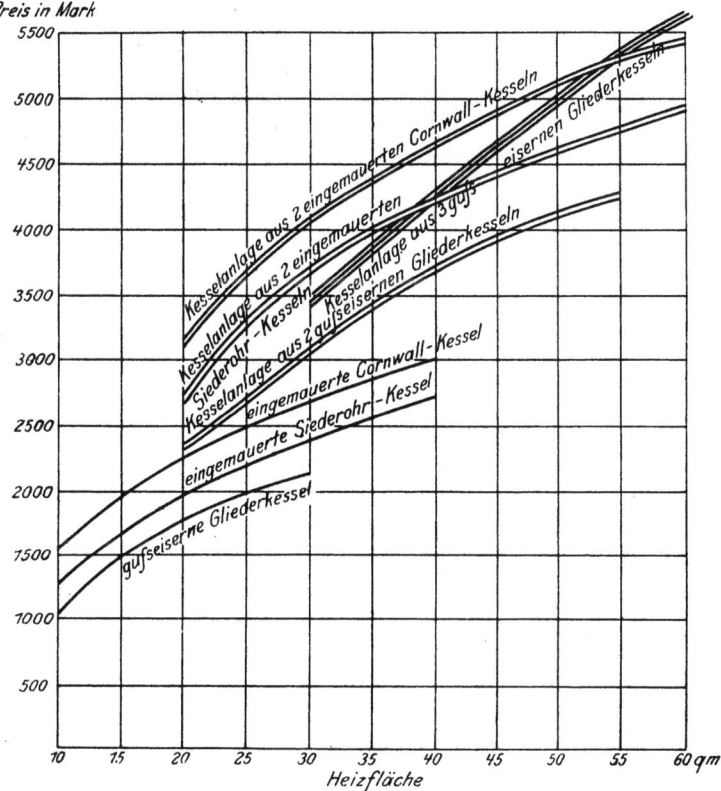

Fig. 57. Ungefähre Anlagekosten von Niederdruckheizungskesseln.

die Anlagekosten einer Niederdruckheizanlage für den cbm beheizten Raum auf 2 M. bis 2,50 M. angenommen werden, für Abdampfheizungen (ohne Kessel) auf 1 M. bis 1,50 M., letzteres bei Rippenheizrohren.

Der Berechnung des jährlichen Brennstoffverbrauches einer Fabrikheizung kann man für mittlere deutsche Verhältnisse eine durchschnittliche Außentemperatur von 0^0 C zugunde legen und eine Heizdauer von 1700—1800 Stunden; sämtliche Tage, an denen von morgens bis abends oder nur stundenweise geheizt wird, kann man zu etwa 130 Heiztagen (13 Stunden Heizbetrieb einschließlich Anheizen) zusammenfassen. Da die Gesamtheizfläche für — 20⁰ C Außentemperatur mit 7500 WE/qm berechnet wird, entspricht 0⁰ einer durchschnittlichen Kesselleistung von 3750 WE; bei Koksfeuerung von 7200 WE Heizwert und 65 % Brennstoffausnutzung ergibt sich ein Jahresverbrauch auf den

$$\text{Quadratmeter installierter Kesselfläche von} \frac{3750 \cdot 130 \cdot 13}{0{,}65 \cdot 7200}$$

= ~ 1350 kg Koks, also bei einem Kokspreis von 2,50 M./100 kg

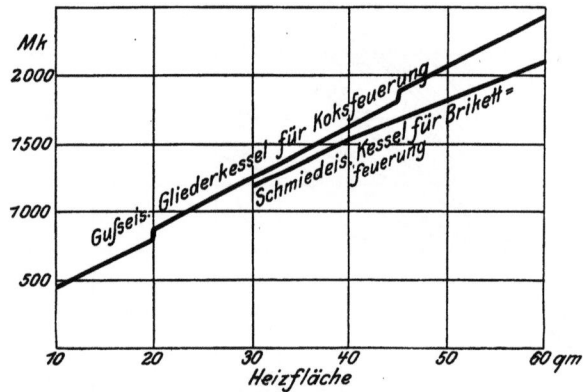

Fig. 58. Ungefähre Betriebskosten von Niederdruckheizungen an 130 Heiztagen.

ein Brennstoffaufwand von 33,75 M. Diese mittleren Heizungskosten hängen selbstredend von der Sparsamkeit des Heizbetriebes sowie davon ab, ob der Winter mehr oder weniger kalt und windig ist. Umfragen bei ausgeführten Fabrikanlagen ergaben im allgemeinen etwas geringere Verbräuche für die Heizperiode und 1 qm Kesselheizfläche.

Um einen ungefähren Überblick über die durchschnittlichen Betriebskosten von Niederdruckheizungen zu geben, werden dieselben in der Figur 58 zeichnerisch dargestellt. Die Abschreibung der gußeisernen Kessel wurde zu 6 %, die der schmiedeeisernen zu 10 % eingesetzt bei 4 % Verzinsung. Für Gliederkessel bis 20 qm wurde 1 Kessel angenommen, bis 45 qm 2 Kessel und darüber 3 Kessel. Für Koksbetrieb wurden 33 M. Brennstoffkosten für den qm Heizfläche, für Brikettbetrieb (125 M./100 kg) der Betrag von 23,50 M. eingesetzt. Die Heizungskosten betragen mit diesen Unterlagen z. B. bei 50 qm installierter Kesselheizfläche entsprechend einer Höchstheizleistung von etwa 375 000 WE/st rund 2100 M. bei Koksbetrieb und 1600 M. bei Brikettbetrieb.

Der Wärmebedarf zur Beheizung eines Kubikmeters Fabrikraum ist nach Größe, Lage und Bauart des Gebäudes sehr verschieden; die Zahlentafeln 31—34, über deren Berechnung Kapitel 1 dieses Abschnittes kurzen Aufschluß gibt, geben den stündlichen Wärmeverlust der Abkühlungsflächen der Gebäude bei —20° C Außentemperatur und +20° C Innentemperatur (also 40° C Temperaturunterschied) an. Diese Werte sind nach Lage und Bauart des Fabrikgebäudes noch um 25 bis 40 % zu erhöhen für Anheizen, Windanfall, Wärmeverluste durch undichte Fenster und Türen und dergl., ferner ist für die Ventilation (vgl. S. 188) der erforderliche Wärmeaufwand gesondert einzusetzen. Der Abkühlungsverlust ist dem mittleren Temperaturunterschied proportional, beträgt also z. B. bei Erwärmung auf 15° nur $\frac{35}{40}$ der in den Zahlentafeln enthaltenen Werte.

Fünfter Abschnitt.
Kraftversorgung durch Strombezug.

Überlandzentralen, gemeindliche und private Elektrizitätswerke übernehmen in stark anwachsender Zahl und Größe die Stromlieferung an die umgebenden Bezirke für Beleuchtung und für Kraftversorgung von gewerblichen und Fabrikbetrieben; zur Ausdehnung ihres Lieferbereiches sowie zur gleichmäßigen Ausnutzung der aufgestellten Zentralen sind derartige Werke gezwungen, eine äußerst rege Werbetätigkeit für den Abschluß von Stromlieferungsverträgen auszuüben. Es ist natürlich, daß eine derartige Werbetätigkeit den Stromabnehmer, also auch den Leiter von Fabrikbetrieben, fast in jedem Fall überzeugen soll, daß der Verzicht auf den größten Teil der eigenen Krafterzeugung oder auf die gesamte eigene Krafterzeugung und der Bezug elektrischer Energie von seiten des Elektrizitätswerkes die wirtschaftlichste Lösung der Kraftversorgung für den Fabrikbetrieb sei.

Als Hauptbeweisgründe werden gewöhnlich angeführt: die Annehmlichkeit, daß das große Anlagekapital für die eigene Kraftanlage in Wegfall kommt, der Wegfall des Maschinenhauses ferner von Rohrleitungen und Transmissionen mit ihren Energieverlusten innerhalb der Fabrik, die dadurch eintretende Verbilligung der Fabrikgebäude, die nicht mehr die schweren Transmissionen zu tragen haben, die Unabhängigkeit in der räumlichen Anordnung und die unbeschränkte Entwicklungsmöglichkeit der Fabrik ohne Rücksicht auf die vorhandenen Maschinen- und Transmissionsanlagen, der Wegfall der Brennstoff- und Wasserversorgung, die Sauberkeit und Geräuschlosigkeit des Betriebes, die Entbehrlichkeit größeren Bedienungspersonals, die vorteilhaftere Produktion der Arbeitsmaschinen bei elektrischem Einzel- oder Gruppenantrieb, die besseren Licht- und Luftverhältnisse in den von Wellensträngen freien Arbeitsräumen, die verminderte Unfallgefahr u. a. mehr.

Es fällt dem weniger Geübten häufig schwer, die zweifellos großen Vorteile des elektrischen Antriebes der Arbeitsmaschinen streng zu unterscheiden von der jeweiligen Wirtschaftlichkeit des Strombezuges bei Verzicht auf eigene Krafterzeugung.

Der elektrische Antrieb der Arbeitsmaschinen durch Elektromotoren kann selbstredend auch bei eigener Stromerzeugung erfolgen; die Frage des Strombezugs ist also zu prüfen durch eine Gegenüberstellung der Betriebskosten für Kraft und Heizung bei eigener Krafterzeugung (wobei die Kraftverteilung elektrisch oder durch reinen Transmissionsantrieb oder gemischt erfolgen kann) und der Betriebskosten bei Strombezug (also hauptsächlich elektrischer Kraftverteilung und Motorenantrieb).

A. Kraftverteilung durch elektrischen und Transmissionsantrieb.

Die für die Betriebskostenberechnung wichtigen Vor- und Nachteile der Kraftverteilung durch Transmissionen gegenüber Antrieb jeder Arbeitsmaschine durch eigenen Elektromotor (Einzelantrieb) oder gegenüber Motorenantrieb kleinerer durch Transmissionen verbundener Gruppen von Arbeitsmaschinen (Gruppenantrieb) sind kurz die folgenden:

Der elektrische Antrieb der einzelnen Arbeitsmaschinen oder von Gruppen der Arbeitsmaschinen ist namentlich für weitverzweigte Betriebe, in denen die Arbeitsmaschinen stoßweise oder mit schwankender Last laufen, gegenüber Transmissionsantrieb vorteilhaft, da die Motoren nur während ihrer Arbeitsperiode Strom verbrauchen[1]), während die ständig laufenden Transmissionen auch während der Arbeitspausen oder während des Stillstandes einzelner Arbeitsmaschinen einen fast gleichbleibenden Energieverlust bedingen. Für Arbeitsmaschinen, die außerhalb der eigentlichen Arbeitszeit laufen müssen (z. B. Pumpen für Nachtbetrieb, kommt ausschließlich elektromotorischer Antrieb unter Vermittlung einer Akkumulatorenbatterie in Frage, da bei Trans-

---

[1]) Außer den geringen Transformatorenverlusten.

missionsantrieb für diese einzelne Maschine die unterlastete Antriebskraft und ein großer Teil der Transmissionsstränge mit ihren Leerlaufsverlusten ständig betrieben werden müßte.

Einzelantrieb kommt hauptsächlich für kurz betriebene Maschinen in Betracht oder solche Arbeitsmaschinen, deren Produktion keine Schwankungen und Stöße der Antriebskraft verträgt, oder deren Umdrehungszahl unabhängig geregelt werden muß.

Gruppenantrieb eignet sich besonders für eine Reihe von Arbeitsmaschinen mit ziemlich gleicher Betriebszeit oder für Gruppen von Maschinen, deren Einzellast stark schwankt, oder für die Elektrisierung von älteren Betrieben, bei denen vorhandene Transmissionsstränge weiter benutzt werden können.

Einzelantrieb verlangt meist höheres Anlagekapital als Gruppenantrieb für die größere Anzahl der Motoren und die größere insgesamt zu installierende Leistung der Motoren, da jeder Motor für den Höchstkraftbedarf seiner Arbeitsmaschine ausreichen muß, während bei Gruppenantrieb der Motor nur nach dem „Gleichzeitigkeitsfaktor" der Arbeitsmaschinen für eine geringere, erfahrungsgemäß festgelegte Durchschnittsleistung bemessen zu werden braucht. (In Webereien z. B. etwa 50 %, in Brauereien Kältemaschinen 100 %, sonstige Arbeitsmaschinen etwa 40 %, in Spinnereien je nach Rohstoff und Garnnummer 70—90 % der installierten elektrischen PS gleichzeitig in Betrieb.) Die größeren Anlagekosten des elektrischen Teils werden allerdings oft durch die wegfallenden Kosten der Gruppentransmissionen ausgeglichen oder gar unterschritten. Einzelantrieb erfordert auch etwas höhere Stromkosten wegen der meist länger andauernden Unterlastung der einzelnen Motoren. Dagegen muß der Gruppenantrieb den Leerlaufsverlust seiner Transmissionen aufbringen.

Für die vergleichende Betriebskostenberechnung für Transmissions- oder elektrische Kraftverteilung sind außer dem Anlagekapital die **Energieverluste** maßgebend, die im Einzelfall durch die beiden Antriebsarten bedingt sind.

Die **Transmissionsverluste** können sich in sehr weiten Grenzen bewegen; bei Massenfabrikation mit kleinem Kraftbedarf der Arbeitsmaschinen und sehr verzweigten Arbeitsräumen (z. B. Papierwarenfabrikation, Schuhfabriken) können die Transmissionen unter Umständen mehr Energie verzehren, als der nutzbar abgegebenen Arbeit entspricht. Bei mittlerem Kraftbedarf bewegen sich die Transmissionsverluste zwischen 15 und 40 % (letzterer Wert bei veralteten Anlagen mit Winkelantrieben usw.), bei ganz zeitgemäßen Werken mit zweckmäßiger Aufstellung der Arbeitsmaschinen und sorgfältig ausgeführten Lagern kann der Verlust bis auf 8 % der abgegebenen Kraft vermindert werden. Die Einzelverluste im günstigsten Falle sind etwa die folgenden:

Seiltrieb mit 1 Seil: Verlust etwa . . . . 6— 4 %
Seiltrieb mit 4 Seilen: Verlust etwa . . . 11— 6 %
Kreisseiltrieb: Verlust etwa. . . . . 15—10 %
Zahnradantrieb: Verlust etwa. . . . . . . 4— 3 %
(Winkelantrieb wesentlich mehr)
Riementrieb: Verlust etwa . . . . 6— 2 %
Stahlband: Verlust etwa . . . . 1— 0,5 %

abgesehen von Lagerreibung der Transmissionen und Luftwiderstand der Scheiben.

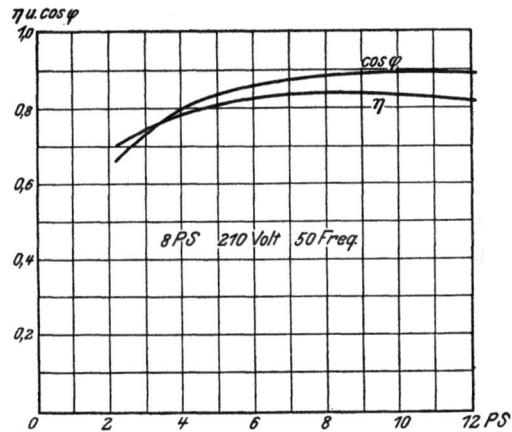

Fig. 59. Wirkungsgrad η eines kleinen Drehstrommotors bei Unterlastung.

Die Verluste bei elektrischer Übertragung setzen sich zusammen aus: den elektrischen und mechanischen Verlusten in Dynamomaschinen und Motoren[1]), ferner aus den Spannungs-

---

[1]) Wirkungsgrad der Dynamo $= \dfrac{\text{abgegebene Leistung}}{\text{zugeführte Leistung}}$; vgl. Zahlentafeln 40—42.

verlusten in Stromleitungen, Widerständen und Schaltapparaten, und schließlich in Ausnahmefällen, wenn Gleichstrom und Drehstrom oder Strom verschiedener Spannung gleichzeitig erfordert wird, in den Verlusten in Umformern und Transformatoren.

Die letztgenannten Verluste müssen bei Strombezug immer in der Betriebskostenberechnung berücksichtigt werden, wenn der Zähler für den abgegebenen Strom auf der Hochspannungsseite eingeschaltet ist. Transformatoren haben auch Leerlaufverluste in den Pausen der Stromentnahme und müssen daher zweckmäßig bei Stillständen ausgeschaltet werden.

Über die mechanischen und elektrischen Verluste der Dynamomaschinen und Motoren geben die Zahlentafeln 40—42 Aufschluß; Zahlentafel 42 gibt Aufschluß über das durchschnittliche Verhalten der Motoren bei Unter- und Überlastung (Überlastbarkeit 25 % [40 Minuten], Stromstöße bis 40 % [3 Minuten]). Die Elektromotoren, namentlich zeitgemäße Drehstrommotoren (vgl. Fig. 59 u. 60) sind gegen Unterlastung ziemlich unempfindlich.

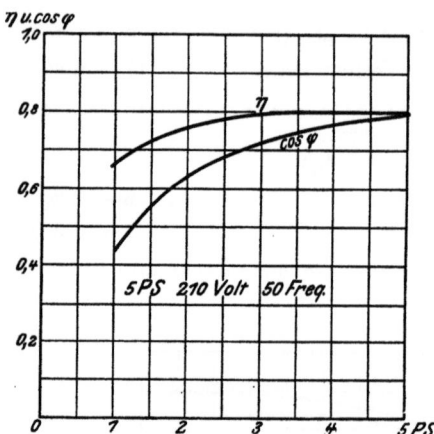

Fig. 60. Wirkungsgrad η eines Drehstrommotors bei verschiedenem Belastungsgrad.

Die Spannungsverluste in den Leitungen betragen etwa 2—3 % bei den üblichen Kupferquerschnitten.

Ein Blick auf die Zahlentafeln 40—42 zeigt, daß die Energieverluste der elektrischen Übertragung zwischen der Kraftmaschine bzw. dem Schaltbrett des Anschlußnetzes (bei Strombezug) und den Arbeitsmaschinen gewöhnlich beträchtlich sind, hauptsächlich bedingt durch die großen Verluste in den elektrischen Maschinen.

Beispiel: Eine nutzbare Arbeitsleistung von 200 PS soll durch eine Gleichstromdynamo abgegeben werden; die Kraftverteilung erfolge durch Gruppenantrieb für zwei größere Gruppen durch 2 Motoren von je 70 PS und für 10 Einzelantriebe durch 10 Motoren von je 6 PS. Es sei der günstige

Kraftverteilung durch elektrischen und Transmissionsantrieb.

Fall vorausgesetzt, daß sämtliche elektrische Maschinen mit Vollast arbeiten. Die Dynamo erhalte ihren Antrieb durch Riemen; ebenso sollen die Gruppenantriebe durch Riemen von den Motoren angetrieben werden, während die Einzelantriebe unmittelbar gekuppelt seien.

Zahlentafel 40.
Mechanische Wirkungsgrade von Elektromotoren bei Vollast[1]).
Gleichstrommotoren (leicht erreichbare Werte).

PS	Umdrehungen in der Minute						
	1800	1500	1200	1000	800	400	200
0,5	—	76	—	—	—	69,5	—
1	82	81,5	80,5	80	72,5	—	—
2	—	87	86	84,5	79,5	76	—
3	—	87	86	84,5	80	78	75
5	—	88	87,5	86,5	80,5	81	78
10	—	90	89	86,5	84,5	83	82
20	—	90	89	91	84	85	84
30	—	—	91	91	88,5	88,5	88
50	—	—	—	91	89,5	90	90
70	—	—	—	—	90	90	90
100	—	—	—	—	91	91	90
200	—	—	—	—	92	93	92
300	—	—	—	—	—	94	92

Zahlentafel 41.
Drehstrommotoren[2]).

PS	Umdrehungen in der Minute						
	1500	1000	750	600	500	430	375
0,5	77	77	—	—	—	—	—
1	81	80	—	—	—	—	—
2	84	83	80	—	—	—	—
3	85	83,5	82	—	—	—	—
5	86	84	84	—	—	—	—
10	87	87	86	86	85	—	—
20	89	89	88	88	88	87	87
30	90	90	89	89	89	88	87,5
50	91	91	90	90	90	89	89
100	93	92	91	91	91	91	90
300	93	93	93	93	93	93	93

[1]) Nach Strecker, Hilfsbuch der Elektrotechnik.
[2]) Verhalten bei Unterlast siehe Fig. 59 und 60.

Zahlentafel 42.[1])
Drehstrommotoren.
Wirkungsgrad bei Unterlastung.

Vollast-wirkungsgrad v. H.	Wirkungsgrad bei			
	$1/4$ Last	$1/2$ Last	$3/4$ Last	$5/4$ Last
60—70	41—50	53—62	58,5—68	59—69
71—80	56—64	67—75	70—79	70,5—79,5
81—85	67—71	78—82	80,4—84	80,5—84,5
86—93	76—83	83—90	85—92	85,5—92,5

Die Antriebskraftmaschine muß zur Deckung der Übertragungsverluste außer der nutzbaren Leistung von 200 PS mehr aufbringen:

für 2 Motoren:
($\eta = 0,9$, Riemen- u. Transmissionsverlust 0,04):

$$\frac{140}{0,9 \cdot 0,96} - 140 \ldots\ldots\ldots\ldots\ldots = 22{,}0 \text{ PS}$$

für 10 Motoren: ($\eta = 0,84$)

$$\frac{60}{0,84} - 60 \ldots\ldots\ldots\ldots\ldots\ldots = 11{,}4 \text{ PS}$$

für Verluste in el. Leitungen ($\eta = 0,97$) $\frac{233,4}{0,97} - 233,4 \ldots = 10{,}0$ PS

Insgesamt 43,4 PS

oder 21,7 % der abgegebenen Nutzleistung, die von der Dynamo mehr aufzubringen sind. Die Antriebskraftmaschine hat außerdem noch mehr zu leisten.

Verlust im Riementrieb ($\eta = 0,98$) $\frac{243,4}{0,98} - 243,4 \ldots = 4{,}8$ PS

Verlust in der Dynamo ($\eta = 0,91$) $\frac{248,2}{0,91} - 248,2 \ldots = 24{,}3$ PS

Insgesamt = 29,1 PS

Dieser letzte Verlust kommt bei Strombezug und niederspannungsseitigem Anschluß in Wegfall (Vorteil des Strombezuges); dagegen ist bei hochspannungseitigem Anschluß der Transformatorverlust ($\eta = 0{,}97 - 0{,}93$) vom Stromabnehmer zu tragen.

Bei eigener Stromerzeugung betragen im betrachteten Beispiel die elektrischen Übertragungsverluste bei ständiger Vollast der Motoren und Dynamo 36,3 % der nutzbar abgegebenen Leistung, bei Strombezug (niederspannungsseitig) 21,7 % und bei hochspannungsseitigem Anschluß 26,8 %, also Verluste, wie sie bei reiner Transmissionsübertragung (bei

---

Gleichstrommotoren nehmen unter $3/4$ Last schneller ab, z. B. 80 % Wirkungsgrad bei Vollast entspricht 78 % bei $3/4$ Last, 72 % bei $1/2$ Last und 52 % bei $1/4$ Last; vergl. auch die Fig. 59 und 60.

Strombezug z. B. von einem 250-PS-Elektromotor aus) durch eine sehr verzweigte und ziemlich schlechte Transmissionsanlage entstehen würden. Bei Schwankungen der abgegebenen Kraft und teilweiser Unterlastung von Dynamo und Motoren ergeben sich entsprechend den fallenden Wirkungsgraden bei Unterlastung noch größere Übertragungsverluste. Sind dagegen die Einzelantriebe z. B. nur 40 % der Arbeitszeit in Betrieb, so verringert sich der auf dieselben entfallende Übertragungsverlust auf durchschnittlich etwa 4,7 PS/st und die Gesamtverluste auf etwa 18,3 % gegenüber 21,7 % bei ständigem Betrieb.

Das Beispiel dürfte zunächst zeigen, daß die Größe der Übertragungsverluste durch Transmissions- oder elektrischen Antrieb vollständig von der örtlichen Anordnung jeder Fabrikanlage abhängt, und ferner, daß in den meisten Fällen bei größeren Nutzleistungen die elektrische Kraftübertragung innerhalb der Fabrik keine Verminderung der Betriebskosten der Kraftverteilung bringt gegenüber einer guten Transmissionsübertragung; wohl aber können die sonstigen Vorteile der elektrischen Übertragung, die auf Seite 196 und 197 angeführt sind, vor allem die unabhängige Anordnung und billigere Ausführung der Fabrikbauten, die bessere Regelbarkeit und Produktion einzelner Arbeitsmaschinen, der Betrieb außerhalb der sonstigen Arbeitszeit laufender Maschinen und schließlich die hygienischen Vorzüge ausschlaggebend für die Wahl der elektrischen Übertragung sein.

B. Strombezug oder Selbsterzeugung elektrischer Energie.

Die Frage: Strombezug oder eigene Krafterzeugung? ist nach vorstehendem zu untersuchen unabhängig von der Frage der Kraftverteilung innerhalb der Fabrik; bei beiden Arten der Kraftversorgung kann sowohl reiner Transmissionsantrieb als elektrische Übertragung oder eine gemischte Form gewählt werden. Wie auf S. 197 bereits ausgeführt, müssen unabhängig von der Frage der Kraftverteilung die Betriebskosten für Kraft und Heizung beider Arten einander gegenübergestellt werden.

Die Betriebskosten des Strombezugs setzen sich zusammen aus den Kapitalkosten für Schaltanlage, Transformatoren, Motoren nebst Zubehör, Leitungen u. a. mehr, den verschwindend geringen Wartungs- und Schmierungskosten und den Stromkosten. Die Kapitalkosten sind bei dem niederen Preis der Elektromotoren (vgl. Fig. 44 u. 45) dem geringen hier zulässigen Abschreibungssatz (vgl. Zahlentafel 1) sehr nieder. Gegenüber eigener Krafterzeugung sind infolge des Wegfalles der eigenen Zentrale die Kapitalkosten erheblich geringer. Ausschlaggebend sind die bei längerer Betriebsdauer stets überwiegenden Stromkosten, also Strommenge und Strompreis. Bei Feststellung der Strommenge sind die Übertragungsverluste für Kraftverteilung im oben ausgeführten Sinne zu berücksichtigen; bei Strombezug und elektrischer Übertragung, sind wie im Beispiel S. 200 ausgeführt, die Übertragungsverluste gegenüber eigener Stromerzeugung um die Verluste zwischen Kraftmaschine und den Dynamoklemmen (also in Riemen- und Seiltrieb und im Generator) geringer, die zu beziehende Strommenge ist also, abgesehen von den Transformatorverlusten bei hochspannungsseitigem Anschluß, um entsprechende Beträge kleiner. Letzten Endes entscheiden über die Wirtschaftlichkeit des Strombezuges, da die Stromkosten außer bei ganz geringer jährlicher KWst-Zahl in den Betriebskosten weit überwiegen, stets die Strompreise. Abgesehen von der Frage des Anlagekapitals (bei knappen flüssigen Mitteln wird häufig Strombezug vorgezogen, um die Anschaffungskosten der eigenen Zentrale nicht aufbringen zu müssen) ist die Frage des Strombezugs fast stets eine Tariffrage.

Die Höhe des Strompreises für die Schaltbrettkilowattstunde richtet sich nach der Höhe und der Gleichmäßigkeit der Stromentnahme. Das liefernde Elektrizitätswerk erhebt gewöhnlich für jede Anschlußgröße eine Mindestsumme[1]) (die sog. „Grundgebühr"), die auch abgeführt werden muß, wenn die monatlich vereinbarte Strommenge nicht erreicht wird, und die eine Verzinsung des Anlagekapitals für Zentralenanteil, Kabelanschluß, Transformatoranlage, Verwaltung u. dgl. darstellt. Für die Bereitstellung einer Transformatorenanlage und Überlassung der Zähler wird etwa 10 % des Anschaffungswertes als Miete erhoben.

Der Kilowattstundenpreis sinkt schnell mit wachsender Größe der monatlichen Entnahme.

Für kleine Abnehmer bis zu etwa 1000 KWst/Monat (meist gewerbliche Betriebe in Städten) beträgt der Strompreis

---

[1]) Etwa 5—10 M. monatlich für jedes KW „Anschlußwert".

für Kraftzwecke etwa 20—30 Pf./KWst; Elektrizitätswerke, die erhebliche Strommengen für Beleuchtung bereitstellen müssen (kommunale Werke) erheben vielfach für Lichtstrom einen erhöhten Preis (40—50 Pf./KWst.) oder erhöhen überhaupt den Strompreis während der Hauptbeleuchtungsstunden (in den sog. „Sperrzeiten").

Für größere Abnehmer wird eine wesentliche Ermäßigung der Strompreise gewährt; für Fabrikbetriebe mit ziemlich gleichmäßiger Stromentnahme während der Arbeitsstunden dürften sich zurzeit die mittleren Strompreise bewegen für einen Kraftbedarf von 50—100 PS zwischen 8 und 15 Pf./KWst, für 150—300 PS zwischen 5 und 8 Pf., für größere Verbraucher nehmen sie noch weiter ab und sinken bei Abnehmern von etwa 1 000 000 KWst pro Jahr bis auf 3—4 Pf.

Die meisten Elektrizitätswerke geben auf diese Grundtarife, die sich nach der Gesamthöhe der monatlichen Stromabnahme staffeln, noch Ermäßigungssätze, die einer möglichst gleichmäßigen durchschnittlichen Stromabnahme zugute kommen, um die in der Zentrale auftretenden Belastungsspitzen möglichst herabzumindern und eine gleichmäßigere Ausnutzung des Werkes in bezug auf die Entnahmedauer und die Höchstinanspruchnahme durch die Einzelanschlüsse zu erzielen. Diese Ermäßigungssätze steigen mit der Höhe der „monatlichen Benutzungsstunden" der angeschlossenen Höchstleistung. Dieselben werden berechnet nach der Formel

$$\text{Benutzungsstunden} = \frac{\text{Monatlich bezogene Schaltbrettkilowattstunden}}{\text{Anschlußwert am Ende des Monats}}$$

Als „Anschlußwert" gilt die Summe der Einzelhöchstleistungen aller angeschlossenen Motoren, Apparate und Lampen, bewertet in KW.

Der Ermäßigungssatz ist demnach bei bestimmtem monatlichen Strombedarf umso höher, je kleiner der Anschlußwert, d. h. die gleichzeitige Höchstentnahme, und je größer die Dauer der Entnahme. Durch Anpassung der Betriebszeit (z. B. Tag- und Nachtbetrieb von Fabrikteilen, die keine wesentliche Bedienung erfordern) an die Rabattbedingungen hat man also die Möglichkeit einer Tarifermäßigung in der Hand.

Die mittlere Höhe der jährlichen Benutzungsstunden bezogen auf die Höchstleistung der angeschlossenen Motoren beträgt z. B.

in Webereien und Spinnereien etwa 2300, in Maschinenfabriken etwa 1500.

Vergleicht man namentlich bei mittleren Betrieben die Stromkosten mit den veränderlichen Betriebskosten zeitgemäßer Wärmekraftmaschinen, so findet man, daß bei gleichmäßiger Ausnutzung und nicht zu geringem Belastungsgrad der Maschinenanlage die Tarifstellung meist sehr nieder sein muß, damit Strombezug gegenüber der eigenen Krafterzeugung in zeitgemäßen Anlagen in bezug auf Betriebskosten wettbewerbsfähig wird. Die anderen betriebstechnischen Vorteile des Strombezugs, die auf Seite 196 aufgeführt wurden, namentlich der Wegfall des Anlagekapitals für die eigene Zentrale, können auch bei etwas höheren Betriebskosten in vielen Fällen den Ausschlag für den Verzicht auf eigene Krafterzeugung geben.

Gegenüber den Stromkosten sind die übrigen Betriebskosten verhältnismäßig gering: Schmierungskosten, Wartung, Instandhaltung (etwa $\frac{1}{2}$ % der Anlagekosten) sind unerheblich; der Einfluß mäßiger Unterlastung[1]) ist nicht beträchtlich (vgl. Zahlentafel 42); namentlich bei Drehstrommotoren bleibt der Motorenwirkungsgrad über ein verhältnismäßig weites Belastungsgebiet fast gleich (vgl. Fig. 59 u. 60). Für die Ausgaben für Schmierung, Bedienung, Zählermiete und dgl. können die Angaben der Zahlentafel 43 als Anhalt dienen.

Ein Beispiel möge zeigen, wie erheblich gewöhnlich die Stromkosten über Kapitalkosten und sonstige Betriebskosten überwiegen.

Bei Motorenbetrieb für insgesamt 150 PS Anschlußwert, 3000 Betriebsstunden und 2400 auf den Anschlußwert bezogenen Benutzungsstunden[2]) betrage der Strompreis 8 Pf./KW-St. Die gesamten Anlagekosten bei 3 je 50 pferdigen Motoren betragen etwa 5000 M. einschließlich der Zwischen-

---

[1]) Nach Klingenberg beträgt die Arbeitsaufnahme A_z in PS für unterlastete Motoren, wenn PS_{max} die Höchstleistung und PS_u die jeweilige Betriebslast bedeutet:
Für Motoren von 2—5 PS:
$$A_z = 0{,}08\, PS_{max} + 1{,}07\, PS_u.$$
Für Motoren von 5—15 PS:
$$A_z = 0{,}07\, PS_{max} + 1{,}06\, PS_u.$$
Für Motoren von 50 PS:
$$A_z = 0{,}05\, PS_{max} + 1{,}04\, PS_u.$$

[2]) In der Strommenge, die der Bestimmung der Benutzungsstunden zugrunde gelegt wurde, sind alle Zwischenverluste an Energie in Transmissionen, leerlaufenden Motoren, Leitungen u. dgl. berücksichtigt.

Zahlentafel 43.
Elektromotoren.

Anschlußwert PS	Jährliche Ausgaben für Wartung, Schmierung, Zählermiete und dergl. in M.
1	15—20
3	20—25
5	25—30
10	35—40
20	35—40
30	40—45
50	45—50
100	50—60
200	70—80

transmissionen für die angetriebenen Gruppen; die Kapitalkosten (bei 5 % Verzinsung und 6 % Abschreibung und Instandhaltung) belaufen sich also auf 550 M. Für Schmierung, Wartung und dgl. erwachsen 65 M. Kosten. Dagegen betragen die Stromkosten 2400 · 150 · 0,736[1]) · 0,08 = 21 200 M. Die übrigen Betriebskosten betragen also nicht ganz 3 % der Stromkosten.

Über das ungefähre Wettbewerbsgebiet des Strombezuges mit den einzelnen Wärmekraftmaschinen gibt die Zusammenstellung S. 212 einen Anhalt. Allgemeine Regeln lassen sich hier noch weniger aufstellen als beim Vergleich der einzelnen Wärmekraftmaschinen, da außer der Tarifstellung namentlich der Belastungsgrad bzw. die Benutzungsdauer und die Art der Kraftverteilung, wie im vorstehenden kurz ausgeführt, die jeweiligen Gesamtkosten bedingen. Allgemein läßt sich nur sagen, daß bei bestimmtem Strompreis die **Wettbewerbsfähigkeit des Strombezugs umso größer ist, je geringer der Belastungsgrad und die Betriebsdauer bzw. Benutzungsdauer der für die Höchstleistung aufzustellenden Maschineneinheiten ist.** In vielen Fällen wird vorteilhaft eine Verbindung von eigener Krafterzeugung und Strombezug vorgesehen, derart, daß die konstante Durchschnittslast von einer eigenen Wärmekraftzentrale erzeugt wird, während die Belastungsspitzen von fremdem Netz bezogen werden (geringere Betriebskosten der eigenen Kraft durch kleinere Anlage und Vollastbetrieb);

---
[1]) 1 PS = 0,736 KW.

dies hat außerdem den Vorteil, daß bei einer Störung der eigenen Anlage das angeschlossene Netz eine vollwertige Reserve bietet. In letzterem Falle muß allerdings gewöhnlich die Abnahme einer Mindeststrommenge auf jeden Fall zugestanden werden.

In gleicher Weise kann z. B. vorteilhaft der Teil des Kraftbedarfes in Wärmekraftmaschinen erzeugt werden, dessen Abwärme sich nutzbringend vollständig im Betrieb unterbringen läßt, während der Rest der Kraft als elektrische Energie bezogen wird; z. B. Antrieb der Papiermaschine einer Papierfabrik mit 1000 kg/st Trockendampfbedarf durch eine 80-PS-Auspuffmaschine (12 kg pro PS/st Dampf); der Auspuffdampf wird für Trockenzwecke vollständig aufgebraucht, so daß der Papiermaschinenantrieb ohne Brennstoffkosten erzielt wird. Die übrige überwiegende Kraft für Holländer, Mühlen usw. (rund 400 PS) kann bei hohen Brennstoffpreisen zweckmäßig bezogen werden, wenn sehr billiger Strom verfügbar ist.

Die Überlegenheit des Strombezuges für kleine Betriebe mit kurzer Betriebsdauer wird auf S. 211 behandelt.

Sechster Abschnitt.

Abgrenzung der Wettbewerbsgebiete der Krafterzeuger und zusammenfassender Betriebskostenvergleich.

Im ersten Abschnitt wurde ausführlich begründet, daß die Frage nach der geeignetsten Betriebskraft für einen bestimmten Fabrikbetrieb sich in den seltensten Fällen ohne nähere Untersuchung der zu erwartenden Betriebsverhältnisse von vornherein richtig beantworten läßt; es wurde auf die Bedeutung hingewiesen, welche für die wirtschaftlich richtige Lösung dieser Frage vor allem dem „Betriebsbild", d. h. der durchschnittlichen Leistung und den Leistungsgrenzen der Kraft- und Heizanlagen, sowie der Dauer und den Schwankungen ihrer Inbetriebnahme zukommt, Verhältnisse, die nicht nur die Systemwahl, sondern auch die Wahl der zweckmäßigen Größe der Anlagen erheblich beeinflussen müssen.

Es wurde ferner darauf hingewiesen, daß das Abwägen der Kapitalkosten der in Wettbewerb tretenden Krafterzeuger gegen die zu erwartenden veränderlichen Betriebskosten den Endzweck verfolgen muß, die gesamten Betriebskosten für die Kraft und für sämtliche Heizvorgänge des Betriebs so klein als möglich zu erzielen. Um Wiederholungen zu vermeiden, muß hier namentlich auf die „Zusammenfassung" Seite 29 verwiesen werden, in welcher auch kurz die Umstände beleuchtet werden, die manchmal zur Wahl von Anlagen bestimmen müssen, die ein höheres als das erreichbare Mindestmaß der Betriebskosten bedingen. Es geschieht dies namentlich außer mit Rücksicht auf die Seite 30 aufgezählten betriebstechnischen Gesichtspunkte auch in Fällen, wo die etwas weniger wirtschaftliche Betriebsart ausschlaggebende Vorteile in der Fabrikation oder in bezug auf Betriebssicherheit und auf zwanglosere **Ausbaufähigkeit** (bei noch in der Entwicklung befindlichen Betrieben) bringt (vgl. auch Seite 51 und 196).

Von dem 2. Abschnitt, welche die zahlenmäßigen Grundlagen für die Betriebskostenermittlung schaffen sollen, und dem 3. Abschnitt, der die Verschiebung der Betriebskosten darlegt, welche durch die mehr oder weniger vollkommen durchführbare Abwärmeverwertung im Einzelfall sich erreichen läßt, zeigt namentlich der 2. Abschnitt, der die mannigfachen wirtschaftlichen und betriebstechnischen Vor- und Nachteile der verfügbaren Krafterzeuger behandelt, daß sich allgemein geltende Regeln für die Wahl der Kraftversorgung nicht aufstellen lassen. Die Zweckmäßigkeit der zu wählenden Anlagen, d. h. weitgehende Verbindung ihrer Anpassungsfähigkeit an die Anforderungen des Fabrikationsganges mit der größtmöglichen Wirtschaftlichkeit des Betriebs, muß vielmehr in jedem Einzelfall sorgsam durch vergleichende Gegenüberstellung der wettbewerbsfähigen Systeme ermittelt werden.

Immerhin lassen sich für verschiedene Stufen des von Fabrikbetrieben geforderten **Kraftbedarfs** bestimmte **Gruppen** der verfügbaren Krafterzeuger kennzeichnen, die im Hinblick auf ihre betriebstechnischen und wirtschaftlichen Eigenschaften für die einzelnen **Stufen ausschließlich in Wettbewerb treten**. Die Angabe derartiger Gruppen, für welche das Wettbewerbsgebiet abgegrenzt wird, erleichtert einigermaßen die Auswahl und läßt überflüssige vergleichende Wirtschaftlichkeitsberechnungen für Maschinen, die von vornherein nicht in Betracht kommen, vermeiden.

Am einfachsten gestaltet sich die Maschinenauswahl für Betriebe mit **sehr geringem Kraftbedarf** (bis zu etwa 12 PS), bei denen ohnehin gewöhnlich das Konto der Kraftversorgung nicht allzuschwer innerhalb der Gesamtunkosten ins Gewicht fällt. In derartigen Kleinbetrieben treten hauptsächlich die kleinen **Verbrennungskraftmaschinen**, in Städten vor allem der **Leuchtgasmotor**, mit dem **Bezug von elektrischem Strom** und Antrieb durch Elektromotoren in Wettbewerb. Da Benzinmotoren infolge des hohen Preises des Treibmittels immer höhere Betriebskosten verursachen als Leuchtgas-, Rohöl- oder Naphthalinmotoren (vgl. die Fig. 63 u. 64), da ferner für intermittierenden Betrieb Rohölmotoren schlecht und Naphthalinmotoren gar nicht geeignet sind, so wird für die weitaus meisten kleingewerblichen Betriebe, denen gewöhnlich häufiger Stillstand der Arbeitsmaschinen eigentümlich ist, die engere Auswahl auf Strombezug oder Leuchtgasmotor sich beschränken müssen. (Hier tritt also Gas und Strom in ähnlichen Wettbewerb wie für Beleuchtung.)

Ausschlaggebend für die Entscheidung ist außer Strom- und Gaspreis hier meist die jährliche Maschinenbetriebszeit. Nach umfassenden Erhebungen von Hoeltje, die für Schnelläufer von Neumann ergänzt sind, wurde in der Figur 61 die Abgrenzung der Wettbewerbsfähigkeit von Elektromotor und Leuchtgasbetrieb bei den für derartige Kleinabnehmer üblichen Strom- und Gaspreisen nach praktischen Betriebsergebnissen dargestellt, und zwar in Abhängigkeit von der Zahl der jährlichen Betriebsstunden. Für kurze Betriebszeiten (links und unterhalb der Grenzkurven) ist der Elektromotor überlegen, und zwar erstreckt sich seine Wettbewerbsfähigkeit auf eine umso größere Betriebsdauer, je geringer der Kraftbedarf ist. Bei 8 PS ist Strombezug z. B. den billigen Schnelläufern bis zu etwa 180 Betriebsstunden, den langsamlaufenden Motoren bis zu etwa 650 Betriebsstunden überlegen. Bei nur 1 PS Kraftbedarf dagegen erstreckt sich seine Überlegenheit gegenüber Schnelläufern schon bis zu etwa 1300 Betriebsstunden; langsamlaufenden Maschinen ist der Strombezug hier überhaupt überlegen. Auf die Gesichtspunkte, die selbst bei höheren Betriebskosten des Strombezugs für die Wahl des Elektromotors entscheidend sein können, wurde bereits mehrfach hingewiesen.

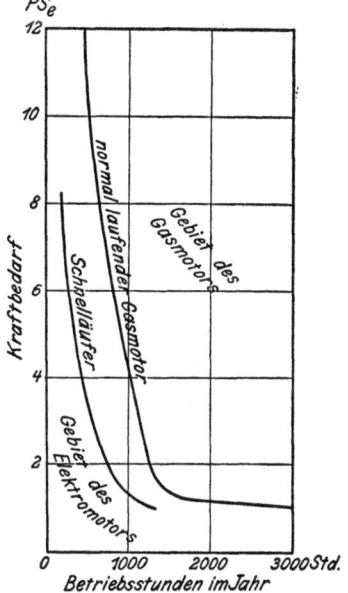

Fig. 61. Wettbewerbsgebiet von Elektromotor und Leuchtgasmotor

Zahlentafel 44.

Höchste Nutzleitsung PSe	Wettbewerbsfähige Maschinenbauarten	Bemerkungen über Wettbewerbsfähigkeit des Bezuges von elektrischem Strom	
1—15	Leuchtgas-, Benzin-, Benzol-, Ergin-, Petroleum-, Naphthalin-, Rohöl-, Kleindiesel- (von 5 PS an) motor	Bei kurzen Betriebszeiten oder häufigem Stillstand Strombezug und Antrieb durch Elektromotor häufig vorzuziehen (vgl. Fig. 61)	
15—30	Leuchtgas-, Rohöl-, Gasöldiesel-, Sauggas- motor; Auspuff-Kolbendampfmaschine; Auspuff- und Kondensationslokomobile	Strombezug bei günstiger Tarifstellung, besonders bei intermittierendem Betrieb, fast immer wettbewerbsfähig	
30—300	Sauggasmotor; Dieselmaschine (Gasöl und Teeröl), Kolbendampfmaschine; Lokomobile (Dampfturbine, z. B. Gegendruckturbine nur bei Abdampfverwertung)	Strombezug nur bei sehr günstiger Tarifstellung wettbewerbsfähig	Bei Verwertung der Maschinenabwärme Strombezug fast immer ungünstiger als eigene Krafterzeugung
300—500	Dieselmaschine (Teeröl); Lokomobile; Kondensationskolbenmaschine (bei Abdampfverwertung auch Auspuff- und Gegendruckkolbenmaschinen und Turbinen)	Strombezug meist ungünstiger als eigene Krafterzeugung	
500—3000	Kolbendampfmaschine; Dampfturbine; Dieselmaschine (Teeröl); (Großgasmaschine)		
über 3000	Dampfturbine; Dieselmaschine (Teeröl); (Großgasmaschine)		

Weniger einfach als die Auswahl der Kraftversorgung für Kleinbetriebe gestaltet sich die Abgrenzung für mittleren und großen Kraftbedarf, während für ganz große Werke die Auswahl wieder beschränkter wird.

Die Zahlentafel 44 gibt eine Übersicht über die ungefähren wirtschaftlichen Anwendungsgebiete der Wärmekraftmaschinen und des Strombezugs.

In bezug auf die Beurteilung des Strombezugs muß auf die eingehende Berücksichtigung aller im fünften Abschnitt erörterten Gesichtspunkte ausdrücklich verwiesen werden. Die in der Zahlentafel 44 ungefähr abgegrenzten Wettbewerbsgebiete gelten für durchschnittliche Strompreise und namentlich nur für den Vergleich mit neu zu erstellenden Kraftmaschinen von zeitgemäßer Ausführung und nicht allzuschwachem Ausnutzungsgrad. Besonders günstige Tarife, ferner die unwirtschaftliche Arbeitsweise vorhandener älterer Maschinen usw. können auch für den Strombezug mitunter günstigere Wettbewerbsbedingungen in bezug auf Betriebskosten — und lediglich auf diese bezieht sich die Zahlentafel — bedingen. Im allgemeinen aber, wenn also die Höhe der Betriebskosten und nicht anderweitige Rücksichten (vgl. Seite 196) für die Entscheidung maßgebend sind, wird, wie aus der Zusammenstellung ersichtlich, schon für mittlere Kraftbetriebe die Selbsterzeugung des Stromes in modernen Krafterzeugern vorteilhafter, und diese Überlegenheit der Selbsterzeugung steigt natürlich mit der Größe des Strombedarfs und mit der Menge der verwertbaren Maschinenabwärme, um deren Brennstoffwert die Kraftbrennstoffkosten (nach Abzug der für die Abwärmeverwertung erforderlichen Kapitalkosten) vermindert werden.

Innerhalb der einzelnen Wettbewerbsgebiete geben in der vergleichenden Betriebskostenberechnung außer den Kapitalkosten gewöhnlich der verfügbare Brennstoff und die Brennstoffpreise den Ausschlag, ferner sind von starkem Einfluß auf die Wahl der Maschine der Ausnutzungsgrad, die Möglichkeit der Abwärmeverwertung und vor allem die allgemeinen betriebstechnischen Eigenschaften der einzelnen Maschinen, wie sie im 2. Abschnitt ausführlich behandelt wurden.

Allgemein läßt sich der Zusammenstellung entnehmen, daß die Kleinverbrennungsmaschinen von etwa 15 PS an, der

Leuchtgasmotor und der mit reinem Gasöl betriebene Dieselmotor von etwa 30 PS an ausscheiden, daß zwischen 30 und 300 PS ein scharfer Wettbewerb zwischen der Sauggasanlage, dem Teeröldieselmotor und der Kolbendampfmaschine herrscht. Besonders scharf ist in diesem Kraftgebiet für Fabrikbetriebe, die auf Abwärmeverwertung keine Rücksicht zu nehmen brauchen, also vor allem auch für mittlere Elektrizitätswerke, der Wettkampf zwischen Dieselmaschine und der mit ebenfalls sehr geringen Brennstoffkosten arbeitenden Heißdampflokomobile, denen indes namentlich bei Braunkohlenbriketts die Sauggasanlage häufig erfolgreich gegenübertritt. Über 300 PS scheidet die Sauggasanlage, wenigstens als Leistungseinheit, aus (durch Aufstellung mehrerer Sauggasanlagen nebeneinander lassen sich mit höheren Kapitalkosten selbstredend auch größere Leistungen wirtschaftlich erzielen), über 500 PS. gewöhnlich auch die Lokomobile, wofür hier die Dampfturbine als Mitbewerber auftritt. Bei mehrtausendpferdigen Leistungen muß dann auch die Kolbenmaschine der Dampfturbine weichen, so daß Dampfturbine und Teeröldieselmotor für Großkraftwerke allein das Feld behaupten. Die bedeutend billigere Dampfturbine ist trotz des höheren Wärmeverbrauchs dem Dieselmotor für mehrtausendpferdige Leistungen bei hinreichender Kühlwasserversorgung überlegen, wenn der Ausnutzungsgrad über 20% liegt[1]), und wenn der Wärmepreis des Brennstoffes für die Dampferzeugung unter 25 Pf., der des Teeröls (mit Zündöl) über 50 Pf. beträgt[2]) (vgl. auch Fig. 22 über den Einfluß der Unterlastung). Für Zentralen größter Leistung ist in Fabrikbetrieben bei billiger Kohle und reichlichem Wasser die Dampfturbine die wirtschaftlichste Betriebskraft. Der Vollständigkeit halber wurde auch das Anwendungsgebiet der Großgasmaschine gekennzeichnet, die indes gewöhnlich nur für Hütten- und Walzwerke, denen Koksöfen- und Hochöfenabgase verfügbar sind, nicht aber für gewöhnliche Fabrikbetriebe Bedeutung besitzt. In ihrem Anwendungsgebiet ist sie der Dampfmaschine überlegen.

Eine scharfe Abgrenzung der Anwendungsgebiete nach Leistungseinheiten kann durch die Zusammenstellung natürlich

---

[1]) Was für Fabrikbetriebe wohl immer der Fall ist.
[2]) Nach Gercke, Z. Ver. deutsch. Ing. 1913, S. 948.

nicht gegeben werden. Auf die Verschiebung durch die Möglichkeit der Abdampfverwertung wurde bereits hingewiesen. Ist vollständige Verwertbarkeit des Abdampfes möglich, so können z. B. Auspuff- und Gegendruckdampfturbinen schon für wesentlich kleinere Leistungen als 500 PS. wirtschaftlich wettbewerbfähig sein (da der hohe Dampfverbrauch gleichgültig ist), andererseits können z. B. Einzylindergegendruckkolbenmaschinen für sehr große Leistungen der Turbine überlegen sein, wenn für diese Leistung ihre Abdampfmenge voll verwertbar ist, während die (größere) Abdampflieferung der Turbine nicht untergebracht werden kann. Ebenso wurde bereits früher ausgeführt, daß für Reserve - oder Spitzenmaschinen immer nur billige Maschinensysteme, deren hoher Brennstoffverbrauch bei der kurzen Betriebszeit keine Rolle spielt, in Frage kommen, wenn nicht besondere Anforderungen (schnelle Betriebsbereitschaft usw.) gestellt werden.

Auf die zweckmäßige Verteilung der Krafterzeugung auf verschiedene Systeme bei Betrieben mit stark schwankender Last wurde bereits hingewiesen (z. B. konstante Last durch vollbelastete Sauggasanlage, Belastungsspitzen durch Dampfmaschine), ebenso auf die teilweise Selbsterzeugung bei Abwärmebedarf und günstigen Strompreisen (Selbsterzeugung des Teiles der Kraft, dessen Abwärme verwertbar ist, Strombezug für den Rest). Schließlich wurde auch die oft zweckmäßige Verbindung zweier Betriebe erwähnt, von denen der eine überwiegenden Kraft-, der andere überwiegenden Heizbedarf hat (z. B. Weberei und Färberei, Elektrizitätswerk oder Pumpstation und Badeanstalt), die durch gemeinsame Kraft- und Wärmeversorgung (durch Abwärmelieferung von seiten des überwiegenden Kraftbetriebs) die Gesamtbetriebskosten der beiden Betriebe sehr günstig gestalten können.

Die Tabelle S. 216 u. 217 gibt eine Anleitung zur sachgemäßen Aufstellung von vergleichenden Betriebskostenberechnungen, die alle erforderlichen Gesichtspunkte, vor allem auch den Einfluß von Belastungsgrad und Abwärmeverwertung berücksichtigen. Die Zusammenstellung ermöglicht unter Verwendung der in den vorausgehenden Abschnitten gegebenen Grundlagen, die zweckmäßig durch Einholen von Angeboten für den Einzelfall ergänzt werden, eine einwandfreie Berechnung der wirklichen Betriebskosten der Kraftversorgung, wie sie mit den verschiedenen Maschinensystemen bei dem vorliegenden Betriebsbild für Kraft- und Heizvorgänge erwartet werden können, und erleichtert die Entscheidung für die jeweils zweck-

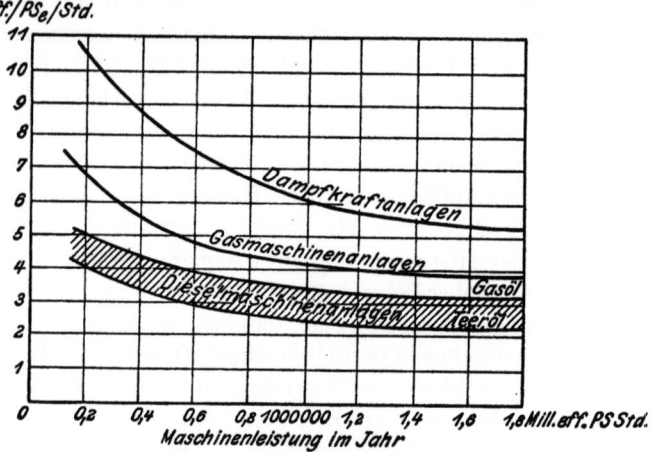

Fig. 62. Veränderliche Betriebskosten.

Schema zur Ermittlung der Betriebskosten.

	Einzel-Satz M od. %	Summe M	Jährl. Kosten M
I. Feste Betriebskosten.			
A. Kapitalkosten für die auftretende Höchstlast			
1. Anlagekosten für Maschinen nebst Zubehör, Fracht, Montage, Probebetrieb, Abnahmeversuche, Bauarbeiten, Fundamente, Unvorhergesehenes (bei verschiedener Kraftübertragung der einzelnen Systeme auch Kosten der Kraftübertragung)	….	—	
2. Grundkosten, Gebäudekosten, Kosten der Brennstofflagerung	….	—	
3. Kosten der Wasserversorgungsanlage	….	—	
Verzinsung von 1—3 . . . . %		….	—
Abschreibung von 1 . . . . %	—	—	—
„ „ 2 . . . . %	—	—	—
„ „ 3 . . . . %	—	—	—
Grundkosten werden nicht abgeschrieben			
B. Versicherung	….	….	—
C. Revisionsgebühr	….	….	—
Übertrag	….	….	—

	Einzel-Satz M od. %	Summe M	Jährl. Kosten M
Übertrag	....	....	—
II. Bewegliche Betriebskosten.			
A. Wartung und Instandhaltung			
1. Maschinenanlage			
Wartung	....	....	—
Instandhaltung .... %	—	....	—
2. Gebäudeinstandhaltung .... %	—	....	—
3. Wasserversorgung, Wartung und Instandhaltung .... %	—	....	—
B. Schmierung, Putz- und Dichtungsmaterial ..	....	....	—
C. Wasserversorgung und Aufbereitung	....	....	—
D. Brennstoffkosten			
a) spezifischer Brennstoffverbrauch bei Normallast .... kg/PSe/std	—		
b) durchschnittlicher Belastungsgrad in Proz. der Höchstlast .... %	—		
c) spezifischer Brennstoffverbrauch beim vorliegenden Belastungsgrad ... kg/PSe/std	—		
d) Brennstoffkosten für die jährliche PS-Stundenleistung	....		
e) Betriebszuschlag .... %	—		—
f) bei verschiedener Kraftübertragung, Übertragungsverluste in Proz. der nutzbar abgegebenen Leistung .... %			
g) Brennstoffkosten der Übertragungsverluste .	....		—
h) gesamte jährliche Brennstoffkosten	....		—
i) Abzug für nutzbar verwertete Abwärme[1]) .	....		—
k) gesamte Brennstoffkosten für Krafterzeugung	....	....	
Gesamtkosten der Krafterzeugung	....	....	—
Jährliche nutzbare PS-Stunden	—		—
Betriebskosten der PSe/Std		....	—

mäßige Kraftversorgung. Besonders ist dabei die richtige Wahl der Betriebszuschläge (vgl. Seite 115) zu berücksichtigen.

Die Figur 62 gibt eine Zusammenstellung von mittleren Betriebsergebnissen über die wirklichen veränderlichen Be-

---

[1]) Nach Verminderung um die Kapitalkosten für die Einrichtungen, welche für die Abwärmeverwertung erforderlich sind; die Kapitalkosten der nur bei gesonderter Heizung notwendigen Einrichtungen müssen dagegen bei der Betriebskostenberechnung der letztgenannten Betriebsart ebenfalls berücksichtigt werden (z. B. Niederdruckkessel).

triebskosten (also Brennstoff, Wartung, Schmierung, Instandhaltung, ausschließlich Kapitalkosten) im Wettbewerbsgebiet der Kolbendampfmaschinen, Sauggas- und Dieselmaschinen ohne Abwärmeverwertung (nach Erhebungen von Josse, ergänzt durch Neumann). Die Kosten sind dargestellt in Abhängigkeit von der jährlich abgegebenen Leistung (Anlagen von etwa 80 bis 1200 PSe). Ein Vergleich mit den Figuren 23 und 24, welche ausschließlich die Brennstoffkosten darstellen, ergibt eine wesentliche Verschiebung der Gesamtkosten, hauptsächlich zugunsten der Dieselmotoren; dies ist auf den geringen Anteil der Bedienungs- und Nebenkosten bei den Dieselmotoren (nur 40—55%[1]) der dargestellten veränderlichen Betriebskosten, gegenüber 50 bis 60% bei den Dampfanlagen und 63—65% bei Gasanlagen) zurückzuführen. Die höheren Kapitalkosten der Diesel- und Gasmaschinen rücken dann die Kurven der **Gesamtbetriebskosten** wieder näher zusammen und bedingen die Wettbewerbsfähigkeit der drei Maschinensysteme, die natürlich auch von den Brennstoffpreisen erheblich beeinflußt wird.

Als beachtenswert sei noch der Unterschied der **veränderlichen** Betriebskosten großer Dampfanlagen mit Kolbenmaschinen und Turbinen kurz betrachtet. Nach Betriebserhebungen von Josse ergaben sich bei mittleren Kohlenpreisen die veränderlichen Kosten (ausschließlich Kapitalkosten) entsprechend den Angaben der Zahlentafel 45. Lokomobilbetriebe mit ihren kleineren Brennstoff- und Bedienungskosten verhalten sich günstiger als ortsfeste Kolbenmaschinen, kommen indes für die betrachteten großen Leistungen über 1000 PS seltener in Frage. Die veränderlichen Kosten, die bei 60-PS-Anlagen etwa 8—10 Pf., bei 200-PS-Anlagen 6—8 Pf. betragen und

Zahlentafel 45.

Jährlich abgegebene Leistung PSe-st.	Veränderliche Betriebskosten für Löhne, Schmierung, Dichtung, Instandhaltung, Brennstoff.	
	Kolbenmaschinen Pf/PSe/st	Dampfturbinen Pf/PSe/st
1 200 000	5,3	4,5
3 000 000	4,8	3,2
5 000 000	4,2	2,6
10 000 000	3,8	2,3
15 000 000	3,5	2,2

[1]) Die kleineren Werte gelten für große Anlagen.

hauptsächlich durch Zuschläge und Löhne so hoch gesteigert werden, sinken bei etwa 1000 P. S.-Anlagen auf 5,3 Pf. bei Kolbenmaschinen gegenüber nur 4,5 Pf. bei Turbinen; noch erheblicher wird der Unterschied bei den größten angeführten Leistungseinheiten (etwa 6000 PS). Die geringen Anforderungen der Turbinenanlagen in bezug auf Löhne und Schmierung und der im Betrieb wenig veränderliche Dampfverbrauch derselben kommen hier vorteilhaft zum Ausdruck. (Für niedere Brennstoff-

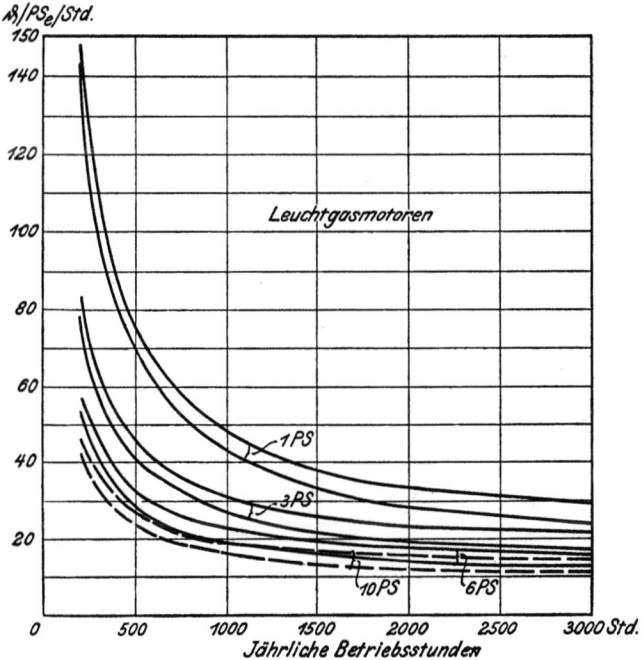

Fig. 63. Betriebskosten von Leuchtgasmotoren.

preise [z. B. Ruhrgebiet und Sachsen] ergeben sich entsprechend geringere veränderliche Kosten, als den Werten der Zahlentafel 45 entspricht.) Die von Josse festgestellten Werte beziehen sich überwiegend auf Elektrizitätswerke, deren Ausnutzungsgrad der aufgestellten Maschinensätze, die für die höchsten Spitzenleistungen ausreichen müssen, ein viel geringerer ist (nur etwa 10—35%) als der von Fabrikbetrieben, der zwischen 30 und 90% sich bewegt. Daher können für mittlere und große Fabrikbetriebe bei gutem Ausnutzungsgrad oft erheblich geringere als die vorgenannten veränderlichen Betriebskosten bei Kolbendampfmaschinen erwachsen.

Als Beispiel dafür, daß im Wettbewerb zwischen Kolbenmaschine und Turbine oft nicht nur der allgemeine Vergleich der durch die vorbehandelten Faktoren entstehenden Betriebs-

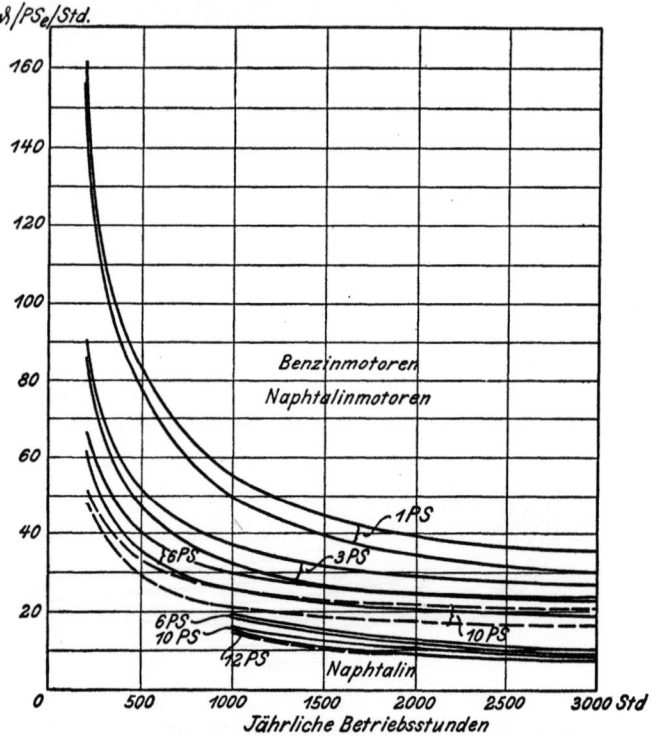

Fig. 64. Betriebskosten von Benzin- und Naphtalinmotoren.

kosten ausschlaggebend ist, daß vielmehr noch anderweitige, z. B. fabrikationstechnische Gesichtspunkte Unterschiede in den Betriebskosten ausgleichen oder überwiegen können, sei eine vergleichende Kostenberechnung für Turbinenbetrieb mit elektrischer Kraftverteilung und für Kolbenmaschinenbetrieb mit Transmissionen angeführt, die für eine Baumwollspinnerei aufgestellt wurde. Die durch den Turbinen- und elektrischen Betrieb ermöglichte gesteigerte Garnerzeugung der Spindeln gleicht im Verein mit den sonstigen geringeren Betriebskosten das erhebliche Mehranlagekapital für Turbinenbetrieb vollständig aus.

Beispiel: Vergleich zwischen Kolbenmaschine (Transmissionsantrieb) und Turbodynamo für eine Baumwollspinnerei von 700 KW Kraftbedarf (20 000 Spindeln). Die Übertragungsverluste sind gleich groß angenommen (elektr. Gruppenantrieb für Öffner, Skutcher, Karden und Strecken, Einzelantrieb für Ringspinnmaschinen).

Preis der langsamlaufenden Kolbenmaschine einschließlich
Seilgang und Mehrtransmissionen . . . . 138 000 M.
Preis der Turbodynamo mit Schaltanlage, Leitungen, Gruppenmotoren, Spezialantrieben usw. . . . . 220 000 M.
Dampfverbrauch: Kolbenmaschine 4,0 kg/PSi/st,
Turbine 5,9 kg/KW/st.
Ersparnisse bei Turbinenbetrieb:
Anlagekapital: durch die bei elektrischem Antrieb erhöhte
Produktion werden 1000 Spindeln weniger nötig = 15 000 M.
Betriebskosten: Kohlenersparnis . . . . 8 450 M.
Schmierung und Bedienung. . . . . . 2 000 „
Lohn für 1000 Spindeln . . . . 1 800 „
Ersparnisse . . . . 12 250 M.

Mehranlagekapital 82 000 M.; bei 15 % Verzinsung, Abschreibung und Instandhaltung ergeben sich also im vorliegenden Falle gleich hohe Betriebskosten für Kraft; man wird mit Rücksicht auf größere Helligkeit und Übersichtlichkeit des Betriebes zweckmäßig Turbodynamoantrieb vorziehen, zumal man dadurch in der örtlichen Anordnung der Arbeitsmaschinen unabhängiger wird.

Für Dampfbetriebe und Sauggasanlagen lassen sich mit Rücksicht auf die ganz von den örtlichen Verhältnissen bedingten Kapital-, Brennstoff- und Wartungskosten einigermaßen allgemeingültige nach Leistungen abgestufte Angaben über die Betriebskosten der Krafteinheit nicht aufstellen.

Dagegen lassen sich mit Rücksicht auf die fast in ganz Deutschland gleichen Brennstoffpreise der Kleinverbrennungskraftmaschinen und der Dieselmaschinen, ferner der einheitlichen Preisbildung[1]) wegen, die infolge der großen Anzahl konkurrierender Firmen entstanden ist, für die genannten Maschinenbauarten sich durchschnittliche Betriebskosten angeben, die als erster

---

[1]) Nach dem Erlöschen der Hauptdieselpatente haben eine sehr große Anzahl von Maschinenbauanstalten die Fabrikation aufgenommen; da die Dieselmaschine indes durchaus sorgfältige Werkstattarbeit erfordert, können nur sehr gut eingerichtete Firmen erfolgreich konkurrieren, so daß auch hier eine bestimmte Preisbildung eingetreten ist.

Anhalt für vergleichende Rechnungen dienen können. Die genaue Aufstellung für den Einzelfall kann indes durch die Angaben nicht ersetzt werden. Die Figuren 63 bis 66 sind nach Zahlentafeln entworfen, die von Barth[1]) für die Gesamtbetriebskosten von Leuchtgas-, Benzin-, Naphthalin-, Gasöl-

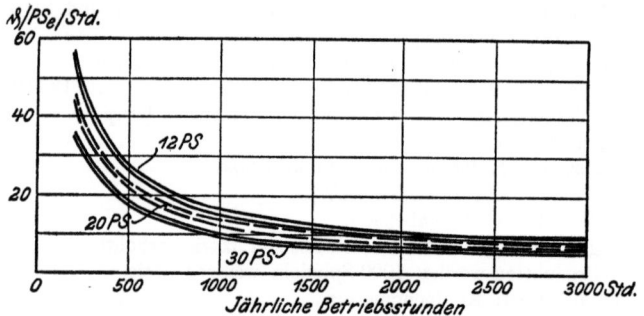

Fig. 65. Betriebskosten von Gasöldieselmotoren.

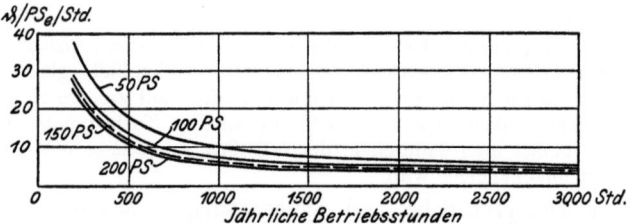

Fig. 66. Betriebskosten von Teeröldieselmotoren.

und Teeröldieselmotoren durchgerechnet wurden. Die Zahlen beziehen sich sämtlich auf einen durchschnittlichen Belastungsgrad von $2/3$ der Höchstlast bei den Kleinmotoren und auf $3/4$ Last bei den größeren Maschinen und enthalten keine Betriebszuschläge (die nach früherem etwa 5—10% der Brennstoffkosten betragen). Es sind jeweils zwei Kurven für die Grenzen der Brennstoffpreise aufgenommen, und zwar für Benzinpreise von 30 M. und 40 M., für Naphthalinpreise von 7 M. und 10 M., für Leuchtgaspreise von 0,10 M./cbm und 0,15 M./cbm, für Gasölpreise von 10 M. und 15 M., während für Teeröl nur ein Preis von 4,50 M. zugrunde gelegt ist. Der Einfluß der

---

[1]) Z. Ver. deutsch. Ing. 1912, S. 1691 u. f.

Maschinengröße und der Betriebsdauer auf die Betriebskosten der Krafteinheit ist klar ersichtlich. Auffallend ist die wirtschaftliche Überlegenheit des Naphtalinkleinmotors (nur für Dauerbetrieb geeignet) über Benzin- und Leuchtgasmotor, und vor allem die geringen Betriebskosten der Teeröldieselmotoren, die schon bei Leistungen von 100 PS. und nur 1500 jährlichen Betriebsstunden auf die geringe Höhe von nur etwa 5 Pf./PSe/st herabsinken. Daß bei größeren Maschinen und längerer Betriebszeit sich noch beträchtlich geringere Kosten der Krafteinheit ergeben können, zeigt folgendes Beispiel über die an einem 480 PS-Teeröldieselmotor ermittelten Betriebskosten.

Beispiel:[1]) Teeröldieselmotor (4 Zyl., 480 PSe Normalleistung), (Dieselöl 5,00 M., Gasöl 11,00 M., Schweröl 4,50 M.) Belastungsgrad 0,80 (250 KW).

Betriebskosten: 300 Arbeitstage, je 20 Betriebsstunden.
Anlagekosten: 103 400 M. (Dieselmotor und Zubehör),
          32 600 ,, (Generator und Zubehör),
          20 000 ,, (Gebäude),

Verzinsung und Abschreibung: Maschine 15 % . . . . } 0,15 Pf./KWSt
                        Gebäude 10 %(sehr hoch) }

Bedienung: 1 Maschinist 5,50 M./Schicht . . . . . . } 0,40 Pf./KWst
          1 Wärter 4,50 M./Schicht . . . . }

Schmieröl 3,6 g/KWst (30 Pf./l) + 25% Putzmaterial . 0,15 Pf./KWst
Kühlwasser 5 Pf/cbm . . . . 0,05 Pf./KWst
Treiböl ¾ Last 320 g Dieselöl + 27 g Gasöl/KWst . 1,90 Pf./KWst
         320 g Schweröl + 25 g Gasöl/KWst . 1,72 Pf./KWst
Gesamtbetriebskosten bei Dieselöl und Gasöl . . . . 2,59 Pf./KWst
                                    = 1,75 PSe/st
Gesamtbetriebskosten bei Schweröl und Gasöl . . . . 2,41 Pf./KWst
                                    = 1,60 Pf./PSe/st

Für reine oder überwiegende Kraftbetriebe dürfte bei mittleren und hohen Kohlenpreisen daher der Teeröldieselmotor in seinem Wettbewerbsgebiet zurzeit in sehr vielen Fällen die wirtschaftlichste Betriebskraft darstellen, zumal er auch in dem früher ausgeführten beschränkten Maße Abwärmeverwertung zuläßt.

Aus den im vorstehenden auf knappen Raum zusammengedrängten Unterlagen und Betrachtungen dürfte zur Genüge hervorgehen, daß bei der Vielgestaltigkeit der verfügbaren Betriebsmittel und Betriebsarten, ferner in Hinblick auf die Verschiedenartigkeit der besonderen Anforderungen eines jeden

---

[1]) Glückauf 1912, S. 988.

Fabrikbetriebes die Entscheidung über die zweckmäßigste Wahl der Kraft- und Wärmeversorgung eine Aufgabe geworden ist, die nicht mehr ohne besonders eingehende Prüfung kurzerhand getroffen werden darf, wenn eine unnötige Erhöhung der Betriebskosten mit Sicherheit vermieden werden soll. Eine sachgemäße Durchprüfung aller einschlägigen Fragen erfordert nicht nur die Vertrautheit mit der fabrikationstechnischen und lokalen Eigenart des Betriebes, sondern auch eine Beherrschung des umfangreich gewordenen Wissensgebietes über die wirtschaftlichen und betriebstechnischen Eigenschaften der verfügbaren Kraft- und Heizungsanlagen. Die vorstehenden Ausführungen können hierfür die wesentlichsten Unterlagen bieten, ohne natürlich erschöpfend sein zu wollen. Zudem sind sämtliche Zweige der Technik, die sich über das geschilderte Gebiet erstrecken, in einer ständigen regen Entwicklung begriffen, die eine stetige Verschiebung aller wirtschaftlichen Vergleichsgrundlagen zur Folge haben muß. Es sei hier nur z. B. an die Fortschritte in der Veredelung des Teers und die Ermöglichung seiner Verwertung in Dieselmaschinen erinnert oder an den Fortschritt in der hochwertigen Ausnutzung früher wertloser Abfallprodukte des Kohlenbergbaus in Generatoren oder Kesselfeuerungen[1]). Der Betriebsleiter, der stets dem Stand der Technik entsprechend wirtschaftlich arbeiten will, muß also auch ständig sich über den Verlauf dieses Entwicklungsganges unterrichten. Die Anforderungen, welche die Sorge für eine ungestörte Produktion, für die Instandhaltung aller Betriebsmittel und für die sonstige kaufmännische, technische und statistische Kleinarbeit in zeitgemäßen Betrieben an den Betriebsleiter stellen, lassen ihm indes meistens kaum Zeit, sich mit der erwünschten Gründlichkeit ständig auch dem Studium des kraft- und wärmetechnischen Wissengebiets zu widmen, oder eingehend zu untersuchen, ob

---

[1]) Hierher gehört auch die Torfverwertung zu Kraftzwecken, die indes in den letzten Jahren trotz vervollkommneter Torfgasmaschinen nur wenig Feld erobert hat, vor allem wegen der Schwierigkeit der gleichmäßigen Torfversorgung. In Großkraftwerken, die mitten in ausgedehnten Mooren angelegt wurden, ergab sich ein Torfverbrauch von 2 kg/KWst bei Vergasung in Generatoren und von 2,5 kg/KWst bei Verbrennung unter Dampfkesseln. Die Wirtschaftlichkeit ist namentlich von den Gewinnungs- und Transportkosten des Torfes sowie von der Nebenproduktengewinnung (Ammoniumsulfat) abhängig.

Abänderungen irgendwelcher Art jeweils geeignet sind, Reinersparnisse in seinem Betriebe zu bringen. Mit dem Umfang dieses Wissensgebiets und der zugehörigen Untersuchungen, ebenso mit dem Ansteigen der Brennstoffpreise wird das Bedürfnis nach der Beiziehung unabhängiger sachverständiger Berater zur Lösung derartiger Fragen wachsen, die indes nicht, wie dies in Deutschland vielfach leider der Fall ist, ein Interesse am Vertrieb bestimmter Fabrikate oder der Fabrikate bestimmter Unternehmungen haben dürfen, oder die Beratung nur als Nebenzweck oder Deckmantel für Verkaufsinteressen ausüben. Für Neubauten oder für die Verbesserung großer Fabrikanlagen ist heute die Beiziehung gewissenhafter, auf geringstmögliche Betriebskosten hinzielende Beratung, die aber auch entsprechend vergütet wird, meist lohnend zur Vermeidung von Fehlgriffen sowohl bei der Wahl des Systems und der Ausführung der Kraft- und Heizanlagen als auch vor allem für eine sachgemäße Anordnung, die ein wirtschaftliches Ineinandergreifen der einzelnen Teile, ihre richtige Inbetriebnahme und Überwachung bezweckt Selbstredend soll sich eine derartige Beratung nicht auf die Abgabe allgemein gehaltener Gutachten beschränken, sondern sie soll durch tatkräftige Mitwirkung bei Entwurf, Vergebung, Abnahme und Überwachung der Anlage das anzustrebende Endziel erreichen helfen: **geringstmögliche Betriebskosten für Kraft und Wärme bei ständig gewährleisteter Betriebssicherheit.**

Verlag von Julius Springer in Berlin.

Die Zwischendampfverwertung in Entwicklung, Theorie und Wirtschaftlichkeit. Von Dr.-Ing. **Ernst Reutlinger,** Chefingenieur des beratenden Ingenieurbureaus Bidag der Hans Reisert-Gesellschaft m. b. H. in Cöln. Mit 69 in den Text gedruckten Figuren.
Preis M. 4,—; in Leinwand gebunden M. 4,80.

Die Abwärmeverwertung im Kraftmaschinenbetrieb mit besonderer Berücksichtigung der Zwischen- und Abdampfverwertung zu Heizzwecken. Eine kraft- und wärmewirtschaftliche Studie. Von Dr.-Ing. **Ludwig Schneider.** Zweite, bedeutend erweiterte Auflage. Mit 118 Textfiguren und einer Tafel.
Preis M. 5,—; in Leinwand gebunden M. 5,80.

Hilfsbuch für Wärme- und Kälteschutz. Von **F. Andersen,** Ingenieur beim Amts- und Landgericht Dresden vereidigter Sachverständiger. Mit 3 Textfiguren.
Preis M. 3,60; in Leinwand gebunden M. 4,60.

Formeln und Tabellen der Wärmetechnik. Zum Gebrauch bei Versuchen in Dampf-, Gas- und Hüttenbetrieben. Von **Paul Fuchs,** Ingenieur. In Leinwand gebunden Preis M. 2,—.

Wärmetechnik des Gasgenerator- und Dampfkesselbetriebes. Die Vorgänge, Untersuchungs- und Kontrollmethoden hinsichtlich Wärmeerzeugung und Wärmeverwendung im Gasgenerator- und Dampfkessel-Betrieb. Von **Paul Fuchs,** Ingenieur. Dritte, erweiterte Auflage. Mit 43 Textfiguren.
In Leinwand gebunden Preis M. 5,—.

Der Dampfkessel-Betrieb. Allgemeinverständlich dargestellt von **E. Schlippe,** Ober-Regierungsrat. Vierte, verbesserte und vermehrte Auflage. Mit 114 Abbildungen im Text. Erscheint im Herbst 1913.

Die Herstellung der Dampfkessel. Von **M. Gerbel,** Behördlich autor. Inspektor der Dampfkesseluntersuchungs- und Versicherungs-Ges. a. G. in Wien. Mit 60 Textfiguren. Preis M. 2,—.

Anleitung zur Durchführung von Versuchen an Dampfmaschinen, Dampfkesseln, Dampfturbinen und Dieselmaschinen. Zugleich Hilfsbuch für den Unterricht in Maschinenlaboratorien technischer Lehranstalten. Von **Franz Seufert,** Ingenieur, Oberlehrer an der Kgl. höheren Maschinenbauschule zu Stettin. Dritte, erweiterte Auflage. Mit 43 Abbildungen.
In Leinwand gebunden Preis M. 2,20.

Neue Tabellen und Diagramme für Wasserdampf. Von Dr. **R. Mollier,** Professor an der technischen Hochschule zu Dresden. Mit 2 Diagrammtafeln. Preis M. 2,—.

Zu beziehen durch jede Buchhandlung.

Verlag von Julius Springer in Berlin.

Die Dampfkessel nebst ihren Zubehörteilen und Hilfseinrichtungen.
Ein Hand- und Lehrbuch zum praktischen Gebrauch für Ingenieure, Kesselbesitzer und Studierende. Von **R. Spalckhaver**, Regierungsbaumeister, Kgl. Oberlehrer in Altona a. E., und **Fr. Schneiders**, Ingenieur in M.-Gladbach (Rhld.). Mit 679 Textfiguren.
In Leinwand gebunden Preis M. 24,—.

Die Dampfkessel.
Lehr- und Handbuch für Studierende Technischer Hochschulen, Schüler Höherer Maschinenbauschulen und Techniken, sowie für Ingenieure und Techniker. Bearbeitet von Professor **F. Tetzner**, Oberlehrer an den Kgl. Vereinigten Maschinenbauschulen zu Dortmund. Vierte, verbesserte Auflage. Mit 162 Textfiguren und 45 lithogr. Tafeln. In Leinwand gebunden Preis M. 8,—.

Dampfkessel-Feuerungen zur Erzielung einer möglichst rauchfreien Verbrennung.
Von **F. Haier**. Zweite Auflage im Auftrage des Vereins deutscher Ingenieure bearbeitet vom Verein für Feuerungsbetrieb und Rauchbekämpfung in Hamburg. Mit 375 Textfiguren, 29 Zahlentafeln und 10 lithographischen Tafeln.
In Leinwand gebunden Preis M. 20,—.

Die Dampfturbinen.
Mit einem Anhange über die Aussichten der Wärmekraftmaschinen und über die Gasturbine. Von Dr. phil., Dr.-Ing. **A. Stodola**, Professor am Eidgenöss. Polytechnikum in Zürich. Vierte, umgearbeitete und erweiterte Auflage. Mit 586 Textfiguren und 9 Tafeln. In Leinwand gebunden Preis M. 30,—.

Die Gasmaschine.
Ihre Entwicklung, ihre heutige Bauart und ihr Kreisprozeß. Von **R. Schöttler**, Geh. Hofrat, o. Professor an der Herzogl. Technischen Hochschule zu Braunschweig. Fünfte, umgearbeitete Auflage. Mit 622 Figuren im Text und auf 12 Tafeln.
In Leinwand gebunden Preis M. 20,—.

Technische Thermodynamik.
Von Prof. Dipl.-Ing. **W. Schüle**. Zweite, erweiterte Auflage der „Technischen Wärmemechanik". **Erster Band:** Die für den Maschinenbau wichtigsten Lehren nebst technischen Anwendungen. Mit 223 Textfiguren und 7 Tafeln.
In Leinwand gebunden Preis M. 12,80.

Kondensation.
Ein Lehr- und Handbuch über Kondensation und alle damit zusammenhängenden Fragen, auch einschließlich der Wasserrückkühlung. Für Studierende des Maschinenbaues, Ingenieure, Leiter größerer Dampfbetriebe, Chemiker und Zuckertechniker. Von **F. J. Weiß**, Zivilingenieur in Basel. Zweite, ergänzte Auflage. Bearbeitet von Ingenieur E. Wiki in Luzern. Mit 141 Textfiguren und 10 Tafeln. In Leinwand gebunden Preis M. 12,—.

Zu beziehen durch jede Buchhandlung.

Verlag von Julius Springer in Berlin.

Hilfsbuch für den Maschinenbau. Für Maschinentechniker sowie für den Unterricht an technischen Lehranstalten. Von Prof. **Fr. Freytag,** Lehrer an den Technischen Staatslehranstalten zu Chemnitz. Vierte, vermehrte und verbesserte Auflage. Mit 1108 Textfiguren, 10 Tafeln und einer Beilage für Österreich. In Leinwand gebunden Preis M. 10,—; in Leder gebunden M. 12,—.

Entwerfen und Berechnen der Dampfmaschinen. Ein Lehr- und Handbuch für Studierende und angehende Konstrukteure. Von **Heinrich Dubbel,** Ingenieur. Dritte, verbesserte Auflage. Mit 470 Textfiguren. In Leinwand gebunden Preis M. 10,—.

Technische Untersuchungsmethoden zur Betriebskontrolle, insbesondere zur Kontrolle des Dampfbetriebes. Zugleich ein Leitfaden für die Übungen in den Maschinenbaulaboratorien technischer Lehranstalten. Von **Julius Brand,** Professor, Oberlehrer der Kgl. vereinigten Maschinenbauschulen zu Elberfeld. Dritte, verbesserte Auflage. Mit 285 Textfiguren, 1 lithographischen Tafel und zahlreichen Tabellen. In Leinwand gebunden Preis M. 8,—.

Wahl, Projektierung und Betrieb von Kraftanlagen. Nachschlagebuch und Ratgeber für Ingenieure, Betriebsleiter, Fabrikbesitzer. Von **Friedrich Barth,** Oberingenieur an der Bayerischen Landesgewerbeanstalt in Nürnberg. Mit ca. 140 Textabbildungen. Erscheint im Herbst 1913.

Der Fabrikbetrieb. Praktische Anleitungen zur Anlage und Verwaltung von Maschinenfabriken und ähnlichen Betrieben sowie zur Kalkulation und Lohnverrechnung. Von **Albert Ballewski.** Dritte, vermehrte und verbesserte Auflage, bearbeitet von C. M. Lewin, beratender Ingenieur für Fabrik-Organisation in Berlin. In Leinwand gebunden Preis M. 6,—.

Fabrikorganisation, Fabrikbuchführung und Selbstkostenberechnung der Firma Ludw. Loewe & Co., Aktiengesellschaft, Berlin. Mit Genehmigung der Direktion zusammengestellt und erläutert von **J. Lilienthal.** Mit einem Vorwort von Dr.-Ing. **G. Schlesinger,** Berlin. Zweiter, berichtigter Abdruck. Mit 132 Formularen. In Leinwand gebunden Preis M. 10,—.

Werkstättenbuchführung für moderne Fabrikbetriebe. Von **C. M. Lewin,** Diplom-Ingenieur. In Leinwand geb. Preis M. 5,—.

Die Betriebsleitung, insbesondere der Werkstätten. Autorisierte deutsche Ausgabe der Schrift: „Shop management". Von Fred W. Taylor, Philadelphia. Von **A. Wallichs,** Professor an der Technischen Hochschule zu Aachen. Zweite, vermehrte Auflage. Mit 15 Abbildungen und 2 Zahlentafeln. In Leinwand gebunden Preis M. 6,—.

Werkstattstechnik. Zeitschrift für Anlage und Betrieb von Fabriken und für Herstellungsverfahren. Herausgegeben von Dr.-Ing. **G. Schlesinger,** Professor an der Kgl. Technischen Hochschule zu Berlin. Jährlich 24 Hefte. Preis vierteljährlich M. 3,—.

Zu beziehen durch jede Buchhandlung.

MIX
Papier aus verantwortungsvollen Quellen
Paper from responsible sources
FSC® C105338

If you have any concerns about our products,
you can contact us on
ProductSafety@springernature.com

In case Publisher is established outside the EU,
the EU authorized representative is:
**Springer Nature Customer Service Center GmbH
Europaplatz 3, 69115 Heidelberg, Germany**

Printed by Libri Plureos GmbH
in Hamburg, Germany